研究生用书

牧草与草坪草种子科学与技术

Forage and Turfgrass Seed Science and Technology

毛培胜 主编

中国农业大学出版社
CHINA AGRICULTURAL UNIVERSITY PRESS

内容简介

本书以牧草和草坪草种子的形成发育规律和形态解剖特点为基础，重点介绍种子生产加工和贮藏技术。全书共分八章，其中第一章绪论，第二章牧草与草坪草种子的形成发育，第三章牧草与草坪草种子的形态解剖结构，第四章牧草与草坪草种子质量检测技术，第五章牧草与草坪草种子生产认证技术，第六章牧草与草坪草种子生产技术，第七章牧草与草坪草种子的收获与加工技术，第八章牧草与草坪草种子的贮藏技术。

图书在版编目(CIP)数据

牧草与草坪草种子科学与技术/毛培胜主编. —北京：中国农业大学出版社，2011.3

ISBN 978-7-5655-0227-9

Ⅰ.①牧… Ⅱ.①毛… Ⅲ.①牧草-种子-研究 ②草坪-种子-研究 Ⅳ.①S540.32 ②S688.4

中国版本图书馆 CIP 数据核字(2011)第 026450 号

书　　名 牧草与草坪草种子科学与技术

作　　者 毛培胜　主编

策划编辑 梁爱荣　席　清　　**责任编辑** 王登喜

封面设计 郑　川　　**责任校对** 陈　莹　王晓凤

出版发行 中国农业大学出版社

社　　址 北京市海淀区圆明园西路 2 号　　**邮政编码** 100193

电　　话 发行部 010-62731190，2620　　读者服务部 010-62732336

编辑部 010-62732617，2618　　出　版　部 010-62733440

网　　址 http://www.cau.edu.cn/caup　　**E-mail** cbsszs @ cau.edu.cn

经　　销 新华书店

印　　刷 北京时代华都印刷有限公司

版　　次 2011 年 5 月第 1 版　　2011 年 5 月第 1 次印刷

规　　格 787×980　　16 开本　　18.75 印张　　330 千字

定　　价 29.00 元

主　　编　毛培胜　中国农业大学
编写人员　王显国　中国农业大学
孙　彦　中国农业大学
马春晖　塔里木大学
石凤翎　内蒙古农业大学
王佺珍　西北农林科技大学
马　啸　四川农业大学

出版说明

我国的研究生教育正处于迅速发展、深化改革时期，研究生教育要在研究生规模和结构协调发展的同时，加快教学改革步伐，以培养高质量的创新人才。为加强和改进研究生培养工作，改革教学内容和教学方法，充实高层次人才培养的基本条件和手段，建设研究生培养质量基准平台，促进研究生教育整体水平的提高，中国农业大学通过一系列的改革、建设工作，形成了一批特色鲜明的研究生教学用书，本书是其中之一。特别值得提出的是，本书得到了“北京市教育委员会共建项目”专项资助。

建设一批研究生教学用书，是研究生教育教学改革的一次尝试，这批研究生教学用书，以突出研究生能力培养为出发点，引进和补充了最新的学科前沿进展内容，强化了研究生用书在引导学生扩充知识面、采用研究型学习方式、提高综合素质方面的作用，必将对提高研究生教育教学质量产生积极的促进作用。

中国农业大学研究生院

2008 年 1 月

前 言

随着我国现代草业的快速发展，牧草种子作为人工草地建植、退化草地改良的物质基础，在优质高产牧草新品种的推广、草地生产力的提高、生态环境的改善中发挥了重要的作用。同样，城市绿化和运动场草坪面积随着我国经济发展而不断增加，也有赖于草坪草种子的供给。可见，牧草和草坪草种子不仅是草地建设、牧草生产、草坪绿化的重要保证，而且其产量水平、质量优劣也关系到草产业的健康持续发展。

长期以来，种子只是牧草生产的副产品，并且受广种薄收生产方式的影响，种子生产专业化程度低、生产技术落后，种子产量低、质量差的现状成为我国草业发展的瓶颈。而且单纯依赖草种进口，虽然能够缓解种子的供求矛盾，但也限制了我国草种业的国产化进程。自 2000 年以来，我国政府投入 10 亿元国债资金和农业综合开发经费进行牧草种子生产和良种繁育基地建设，但迄今为止，大部分种子生产基地难以维持，种子平均产量为 400 kg/hm^2，种子生产技术水平相对落后，仍与发达国家种子生产水平有很大差距。因此，掌握牧草和草坪草种子科学与技术的基本知识，运用生产、加工、贮藏技术，促进种子生产的专业化和规范化，形成牧草和草坪草种子生产技术体系，满足我国草业生产对各类牧草和草坪草种子的需求，对于推动我国草种业的健康持续发展将是必不可少的。

该教材以我国现代种子科学与技术发展的最新成果为基础，搜集借鉴国内外种子科学与技术发展的最新成果，重点介绍种子质量检测技术、种子生产认证技术、种子生产田间管理技术、种子收获技术、种子贮藏技术等相关生产实践技术。在编写过程中，由中国农业大学组织了部分全国高等农业院校的专业骨干教师共同完成。全书共分八章，第一章、第六章由中国农业大学毛培胜负责撰写，第二章由中国农业大学王显国负责撰写，第三章由内蒙古农业大学石凤翎负责撰写，第四章由中国农业大学孙彦负责撰写，第五章由四川农业大学马啸负责撰写，第七章由西北农林科技大学王佺珍负责撰写，第八章由塔里木大学马春晖负责撰写。

《牧草与草坪草种子科学与技术》主要是为草业科学专业研究生培养提供教学参考和学习用书，也可作为牧草或草坪草种子生产、加工领域科技人员的生产实践技术指导资料。

由于编者专业理论和技术水平有限，编写过程中存在的不足和缺陷在所难免，请读者批评指正。

编　者

2011 年 2 月

目　　录

第一章　绪论…………………………………………………………………（1）
第一节　种子的含义………………………………………………………（1）
第二节　牧草与草坪草种业的发展现状……………………………………（2）
一、世界牧草与草坪草种子生产的现状 ……………………………………（2）
二、我国牧草与草坪草种子生产的发展与现状 ……………………………（6）
第三节　我国牧草与草坪草种子生产当中存在的问题…………………………（9）
一、国外种子生产实践的成功经验 …………………………………………（9）
二、我国牧草与草坪草种子生产当中存在的问题 …………………………（10）
第二章　牧草与草坪草种子的形成与发育……………………………………（13）
第一节　牧草与草坪草的花芽分化…………………………………………（13）
一、禾本科牧草与草坪草的花序分化 ………………………………………（14）
二、豆科牧草与草坪草的花序分化 …………………………………………（15）
第二节　牧草与草坪草的开花、传粉与受精 ………………………………（21）
一、开花 ………………………………………………………………………（21）
二、传粉 ………………………………………………………………………（22）
三、受精 ………………………………………………………………………（23）
第三节　牧草与草坪草种子的发育过程……………………………………（25）
一、牧草或草坪草种子发育的一般模式 ……………………………………（26）
二、牧草与草坪草种子发育的形态学和生理学 ……………………………（27）
第四节　牧草与草坪草种子形成发育过程中的物质变化…………………（33）
一、种子贮藏物质的来源 ……………………………………………………（33）
二、种子发育过程中的物质运输途径与转化形式 …………………………（37）
三、种子发育过程中贮藏物质的合成与积累 ………………………………（39）
第五节　牧草与草坪草种子的成熟…………………………………………（45）
一、种子成熟的含义 …………………………………………………………（45）
二、种子的成熟阶段 …………………………………………………………（46）

三、种子成熟过程中的脱水作用及生理效应 …………………………… (48)
四、环境条件对种子成熟的影响 ………………………………………… (49)
第三章 牧草与草坪草种子的形态解剖结构 ……………………………… (52)
第一节 牧草与草坪草种子的解剖结构 ……………………………………… (52)
一、种被 …………………………………………………………………… (53)
二、种胚 …………………………………………………………………… (55)
三、胚乳 …………………………………………………………………… (58)
四、各器官的比例 ………………………………………………………… (59)
第二节 牧草与草坪草种子的形态特征 ……………………………………… (60)
一、种子的形态 …………………………………………………………… (60)
二、主要牧草与草坪草种子的形态特征 …………………………………… (62)
三、牧草与草坪草种子的分类和鉴别方法 ………………………………… (83)
第四章 牧草与草坪草种子质量检测技术 ………………………………… (96)
第一节 概述 ………………………………………………………………… (96)
一、草种子质量检验的起源与发展 ……………………………………… (96)
二、种子质量检验的目的意义 …………………………………………… (98)
第二节 种子扦样 …………………………………………………………… (99)
一、扦样的目的 …………………………………………………………… (99)
二、扦样原则 ……………………………………………………………… (99)
三、种子批的确定 ………………………………………………………… (100)
四、扦样仪器和使用方法 ………………………………………………… (102)
五、扦样程序 ……………………………………………………………… (103)
六、扦样方法 ……………………………………………………………… (105)
七、分样 …………………………………………………………………… (108)
第三节 净度分析 …………………………………………………………… (112)
一、目的和意义 …………………………………………………………… (112)
二、净度分析各组分定义及划分 ………………………………………… (112)
第四节 其他植物种子数测定 ………………………………………………… (120)
一、目的和意义 …………………………………………………………… (120)
二、其他植物种子数测定原则 …………………………………………… (121)
三、测定程序 ……………………………………………………………… (121)
四、结果计算与表示 ……………………………………………………… (121)
五、结果报告 ……………………………………………………………… (122)

第五节 发芽试验 …………………………………………………………… (122)
一、目的和意义 …………………………………………………………… (122)
二、发芽试验原则 ………………………………………………………… (122)
三、发芽介质与发芽床 …………………………………………………… (123)
四、发芽材料与设备 ……………………………………………………… (125)
五、发芽条件与促进发芽的处理方法 …………………………………… (127)
六、发芽试验程序 ………………………………………………………… (131)
第六节 水分测定技术 ……………………………………………………… (134)
一、目的和意义 …………………………………………………………… (134)
二、水分测定原则 ………………………………………………………… (135)
三、水分的定义 …………………………………………………………… (135)
四、水分测定方法 ………………………………………………………… (135)
第七节 草种子质量的分级 ………………………………………………… (141)
一、草种子质量分级目的和意义 ………………………………………… (141)
二、草种子质量分级标准 ………………………………………………… (141)
第五章 牧草与草坪草种子生产认证技术 ……………………………… (145)
第一节 种子认证的目的和意义 …………………………………………… (145)
一、种子认证 ……………………………………………………………… (145)
二、种子认证的主要目的 ………………………………………………… (149)
三、种子认证的主要内容 ………………………………………………… (150)
第二节 草种子认证资格及等级 …………………………………………… (151)
一、种子认证资格 ………………………………………………………… (151)
二、认证种子的等级 ……………………………………………………… (151)
第三节 种子认证的标准和要求 …………………………………………… (154)
一、草种子认证的种子田管理 …………………………………………… (154)
二、种子收获加工过程中的管理要求 …………………………………… (160)
第四节 牧草及草坪草种子认证程序 ……………………………………… (165)
一、申请 …………………………………………………………………… (165)
二、田间检查 ……………………………………………………………… (166)
三、种子收获和加工时的监督检查 ……………………………………… (167)
四、种子的室内检验 ……………………………………………………… (168)
五、贴签和封缄 …………………………………………………………… (168)
六、对照检验 ……………………………………………………………… (169)

第六章 牧草与草坪草种子生产技术 …… (171)
第一节 种子产量组分 …… (171)
一、种子产量组分 …… (172)
二、种子产量的划分 …… (175)
三、牧草或草坪草潜在种子产量与实际种子产量间的关系 …… (176)
四、提高牧草与草坪草实际种子产量的可能性 …… (178)
第二节 种子生产的地域性要求 …… (179)
一、牧草或草坪草种子生产对气候条件的要求 …… (180)
二、种子生产对土地的要求 …… (182)
第三节 种子生产的田间管理 …… (183)
一、播种 …… (185)
二、施肥 …… (189)
三、灌溉 …… (194)
四、杂草防治 …… (197)
五、病虫害防治 …… (201)
六、人工辅助授粉 …… (204)
七、植物生长调节剂的运用 …… (205)
八、种子收获后的田间管理 …… (207)
第七章 牧草与草坪草种子的收获与加工技术 …… (211)
第一节 种子收获与加工的特点 …… (211)
一、技术要求高 …… (211)
二、时间性强 …… (211)
三、收获与加工工艺和设备特殊 …… (212)
四、种子成熟不一致性 …… (212)
五、种子的落粒性 …… (212)
六、种子水分的变化 …… (213)
第二节 种子的收获 …… (213)
一、收获前准备 …… (213)
二、收获时间 …… (214)
三、收获时间的确定依据 …… (215)
四、收获技术 …… (219)
第三节 种子的加工 …… (223)
一、种子的干燥 …… (223)

二、种子的清选和精选 ……………………………………………………………… (225)
三、种子处理 ………………………………………………………………………… (233)
第八章 牧草与草坪草种子的贮藏技术……………………………………………… (236)
第一节 种子的寿命……………………………………………………………… (236)
一、牧草与草坪草种子寿命的概念及类型 ……………………………………… (236)
二、影响种子寿命的因素 ……………………………………………………………… (238)
三、种子贮藏寿命的预测 ……………………………………………………………… (241)
第二节 种子的劣变……………………………………………………………… (242)
一、种子劣变的概念 …………………………………………………………………… (242)
二、种子劣变的原因 …………………………………………………………………… (243)
三、种子劣变引起的生化、生理以及细胞形态结构上的变化……………………… (244)
四、种子劣变的不可避免性和不可逆性 …………………………………………… (253)
五、延缓种子劣变的方法 ……………………………………………………………… (254)
六、种子劣变的修复 …………………………………………………………………… (254)
第三节 种子的贮藏管理………………………………………………………… (255)
一、种子贮藏的生物学基础 …………………………………………………………… (255)
二、种子的贮藏管理技术 ……………………………………………………………… (264)
参考文献………………………………………………………………………………… (275)

第一章

绪　论

第一节　种子的含义

种子在植物学上是指胚珠发育而成的繁殖器官。在农业生产中，种子是最基本的生产资料，其含义要比植物学上的种子广泛得多，凡农业生产中可直接用作播种材料的植物器官都称为种子。牧草与草坪草种子具有农业种子的特点，但牧草不常用营养繁殖器官（根茎、鳞茎、球茎、块茎、块根等）进行播种。

牧草与草坪草的播种材料大致分为：

(1)真种子。真种子系植物学上所指的种子，它们都是由胚珠发育成的，如豆科牧草苜蓿（*Medicago* spp.）、三叶草（*Trifolium* spp.）、百脉根（*Lotus corniculatus*）等的种子。

(2)类似种子的果实。一些牧草或草坪草种子成熟过程中，种子是由整个子房发育而成的干果，成熟后果皮不开裂，可直接用果实作为播种材料，如禾本科草翦股颖（*Agrostis* spp.）、披碱草（*Elymus* spp.）等的颖果，菊科牧草的瘦果，豆科牧草中二色胡枝子（*Lespedeza bicolor*）、草木樨（*Melilotus* spp.）等的荚果，蓼科牧草的坚果等。

(3)带有附属物的真种子或果实。有些牧草或草坪草在发育过程中花序或花的其他结构如苞片等紧包在成熟的种子或果实外面，不易脱落，形成了带有附属物的真种子或干果，如草地早熟禾（*Poa pratensis*）、多年生黑麦草（*Lolium perenne*）等禾本科草中大部分带稃片或带颖片的颖果，饲用甜菜（*Beta vulgaris*）的种球，野牛草（*Buchloe dactyloides*）、地三叶（*T. subterraneum*）的种球等。

(4)营养器官。除了种子或果实外，牧草或草坪草的营养体、营养繁殖器官如茎秆、根茎、鳞茎、球茎、块茎、块根等也可作为播种材料。对于部分种子产量低或难以结实的牧草或草坪草而言，营养器官对于该种植物的扩繁是非常必要的，但其生产与管理技术则与常规种子不同。例如象草（*Pennisetum purpureum*）、扁穗牛鞭草（*Hemarthria compessa*）用茎节来繁殖。

第二节　牧草与草坪草种业的发展现状

一、世界牧草与草坪草种子生产的现状

世界上，在北美地区、欧洲、新西兰和澳大利亚四个地区生产了几乎所有在市场上销售的温带牧草与草坪草种子，但草种子生产对世界其他地区的农民和农业也很重要，阿根廷、巴西、土耳其、伊朗、印度、中国、日本和俄罗斯等国的草种业也在兴起。对于温带牧草与草坪草种子生产，通常在禾草中包括冰草属（*Agropyron* spp.）、翦股颖属、燕麦草属（*Arrhenatherum* spp.）、雀麦属（*Bromus* spp.）、洋狗尾草属（*Cynosurus* spp.）、鸭茅属（*Dactylis* spp.）、羊茅属（*Festuca* spp.）、绒毛草属（*Holcus* spp.）、黑麦草属（*Lolium* spp.）、虉草属（*Phalaris* spp.）、猫尾草属（*Phleum* spp.）、早熟禾属（*Poa* spp.）；豆科牧草中包括小冠花（*Coronilla* spp.）、岩黄芪属（*Hedysarum* spp.）、百脉根属（*Lotus* spp.）、苜蓿属、红豆草属（*Onobrychis* spp.）、三叶草属、野豌豆属（*Vicia* spp.）。

世界草地畜牧业发达国家，如美国、加拿大、丹麦、新西兰、澳大利亚等国都建立了强大的牧草种子产业，成为重要的牧草种子生产和输出国，国际种子联盟（ISF）对国际牧草种子市场长期调查的数据表明（表 1-1），在 2001—2007 年期间，禾本科牧草种子生产量远高于豆科牧草种子生产量，且豆科和禾本科牧草种子生产量的年际波动较大，在 2001/2002 年禾本科、豆科牧草种子生产量分别达到 851126t、136072t。到 2002/2003 年种子生产量急剧下滑，禾本、豆科牧草种子生

产量分别下降33%、28%。此后种子生产量呈现逐渐上升的态势，只有豆科牧草种子生产量在2006/2007年增长较快，超过2001/2002年的生产水平。但禾本科牧草种子生产量仍未达到2001/2002年的生产水平。

表1-1 国际种子联盟对于牧草和草坪草种子市场调查情况汇总 t

年度	禾本科草种子	豆科草种子
2006/2007	757 446	141 879
2003/2004	647 206	132 954
2002/2003	568 906	97 853
2001/2002	851 126	136 072

1. 北美和南美种子生产区

北美地区是目前世界上最大的冷季型草坪草、牧草种子主产地和商品种子供应地，集中分布于美国西北部的俄勒冈州、爱达荷州、华盛顿州以及加拿大的西南四省区。北美地区具有优越的气候条件、土地肥沃，而且具有种草的历史传统，种植者拥有丰富的生产经验和熟练的操作技能，使该区域成为世界上最重要的商品种子生产区。主要生产草地早熟禾、高羊茅（*Festuca arundinacea*）、黑麦草（一年生和多年生）、细叶羊茅、翦股颖、鸭茅（*Dactylis glomerata*）、猫尾草（*Phleum pratense*）、冰草、无芒雀麦（*Bromus inermis*）以及苜蓿（*Medicago sativa*）、白三叶（*Trifolium repens*）、红三叶（*T. pratense*）等草种。

美国年产草籽40万t以上，其中草坪草种子约为20万t。而俄勒冈州、华盛顿州、爱达荷州是草籽的集中生产地区。俄勒冈州是世界上重要的禾草种子生产基地，历年平均具有种子生产田21.2万hm^2，年产种子35万t以上（2006—2009年平均），以生产多年生黑麦草、多花黑麦草（*Lolium multiflorum*）、高羊茅和草地早熟禾为主。而在大平原北部和中部各州是冰草属、披碱草属和雀麦属种子的生产区，明尼苏达州及邻近各州长期以来一直进行虉草（*Phalaris arundinacea*）种子的生产。在加拿大每年生产牧草种子3.5万～4.5万t，豆科牧草以紫花苜蓿为主，其他牧草有红三叶、杂三叶（*T. hybridum*）、草木樨和百脉根，禾本科牧草种子生产以猫尾草为主，还有一些无芒雀麦和冰草属种子的生产。

根据国际种子联盟的调查统计（表1-2），在2003/2004年和2006/2007年，北美地区黑麦草属种子生产量达到全球总产量的59%，而羊茅属种子则达到全球总产量的73%。草地早熟禾在2006/2007年生产量高达全球产量的80%，其中美国是主要的生产地区。雀稗属种子生产量所占比例较低，仅为1/3。豆科牧草中紫花苜蓿也是北美地区生产的主要草种之一，在 2003/2004 年生产量达到全球产量的 58%，在 2006/2007 年有所下降，也占到 48%。

表 1-2　国际种子联盟对北美地区部分牧草与草坪草种子生产量的调查　t

草种	2003/2004 年种子产量			2006/2007 年种子产量		
	美国	加拿大	全球总产量	美国	加拿大	全球总产量
黑麦草属	218 500	8 700	385 060	245 428	14 000	441 165
羊茅属	119 000	15 200	184 416	152 991	14 900	230 641
草地早熟禾	25 000	2 200	37 327	47 000	0	58 885
雀麦属	1 100	560	12 778	0	1 250	3 949
紫花苜蓿	31 000	18 000	85 799	0	13 500	28 418

在南美生产区，乌拉圭、阿根廷等国家也能生产部分禾本科羊茅属、黑麦草属、无芒雀麦及豆科苜蓿、三叶草等草种，但生产能力有限，尚不能满足本国需要，部分种子来源仍靠进口。2006/2007 年阿根廷生产的禾本科、豆科牧草种子生产量分别为 8 471 t 和 3 027 t，分别占到世界商品生产量种子的 1.1%和 2.1%。阿根廷年种子生产量虽然不大，但几乎涉及了大多数牧草和草坪草种类。

2. 欧洲生产区

欧洲是世界上第二大草种生产区，集中分布于欧洲中北部的荷兰、丹麦、意大利、德国、法国、比利时等国家。如丹麦有专业草种生产田 5.1 万 hm^2，集中在干旱地区。东欧地区的捷克、匈牙利、罗马尼亚等国也正在积极寻找和开辟草种生产。草坪高羊茅在欧洲的使用不像美国那么普及，这一地区生产的草坪草种子主要集中在黑麦草（一年生和多年生）、细羊茅、鸭茅、无芒雀麦和蓟股颖等种类上，草坪绿地所用的草地早熟禾种子大部分依然来自美国。

根据国际种子联盟的调查（表 1-3），欧洲地区每年可生产大部分牧草和草坪草种子，其中一年生黑麦草和多年生黑麦草的产量占到全球总产量的 31%。但由于各国家气候和生产条件的差异，所生产的牧草和草坪草种类也不同。其中，德国、丹麦、法国和荷兰能够生产大部分牧草和草坪草种，提供大量种子。虽然丹麦没有紫花苜蓿种子生产，但其白三叶种子生产量较高。法国和意大利可以生产约 1.1 万 t 的紫花苜蓿。比利时主要生产一年生和多年生黑麦草，其他种类种子很少。英国除了主要生产多年生黑麦草外，还生产一定量的鸭茅、紫羊茅、一年生黑麦草种子。

表 1-3 国际种子联盟对欧洲地区部分牧草与草坪草种子 2006/2007 年生产量的调查

t

草种	比利时	德国	丹麦	法国	意大利	荷兰	英国
雀麦属	0	0	0	200	0	0	0
鸭茅	0	84	2 451	2 600	27	35	232
高羊茅	0	207	3 937	4 100	140	2 850	0
草地羊茅	10	2 781	1 086	55	0	15	0
紫羊茅	4	1 766	33 830	3 400	0	2 900	281
一年生黑麦草	2 401	12 642	3 377	3 500	4 865	1 900	227
多年生黑麦草	1 038	9 006	50 403	11 500	10	26 500	5 679
草地早熟禾	0	161	10 123	0	0	1 300	0
紫花苜蓿	0	44	0	5 500	5 540	0	0
红三叶	8	364	105	1 400	125	1	12
白三叶	0	32	2 806	60	3	0	2

3. 澳洲生产区

澳大利亚和新西兰畜牧业很发达，也堪称是世界上重要的草种子生产国，其中的绝大部分为牧草用种子。在新西兰南岛干旱区分布着 2.5 万～4.6 万 hm^2 的专业牧草种子生产田，占新西兰牧草种子生产田 80%以上。生产种类主要有黑麦草和三叶草，另有少量无芒雀麦、猫尾草、小黑麦（*Triticale*）、鸭茅、落草（*Phalaris* spp）、冰草等。澳大利亚的维多利亚省及南澳某些地区，开辟有一定面积的草坪草种子生产田，但产量很小，市场需要量的绝大部分依靠美、欧进口。因此，寻求扩大冷季型草坪草种子的生产，在当地已越来越多地受到人们的重视。

新西兰是黑麦草、白三叶种子的生产大国，按照国际种子联盟的统计，白三叶种子产量年平均 3 322 t，2006/2007 年生产种子 5 387 t，占世界白三叶种子产量的 43%。

4. 亚洲和非洲生产区

亚洲和非洲虽然是世界上农业发展历史最久远的地区，但是草业发展的整体水平却比较落后。该地区基本没有商品化草坪植物种子生产，牧草种子生产方式大多沿用原始方式，草种子生产量很低，基本上都是供应本地区所用。然而，随着该地区经济发展和环境保护事业的加强，这两大洲必然孕育着巨大的市场潜力和发展空间，也由此形成对草坪、牧草种子的巨大需求。

二、我国牧草与草坪草种子生产的发展与现状

新中国成立初期，我国是“家家种田、户户留种”，是一种自给自足的小农经济形式。为了适应农业合作化的需要，各地逐步建立了以县良种场为骨干、公社良种队为桥梁、生产队种子田为基础的县、社、队三级良种繁育体系，种子工作实行自繁、自选、自留、自用，辅之以国家调剂的“四自一辅”的方针。这种方针和体系虽在当时条件下起了一定的积极作用，但仍然没有摆脱自给自足的封闭式农业经济的范畴。生产队既种田又留种，繁育制种零星分散，隔离条件不完善，技术力量差。因此很难保证种子的纯度和典型性。随着农业生产现代化的进展，对种子的质和量提出了更高的要求。1978 年国家决定实行“种子生产专业化、加工机械化、质量标准化和品种布局区域化，以县为单位统一组织供种”的种子工作方针，简称种子“四化一供”。

新中国成立初，虽然在全国建立了 20 多个草籽繁殖场，但由于对牧草种子生产对气候的特殊要求的认识不足，有些草籽繁殖场的地区选择不太合理，其产量始终不高，严重挫伤了种子生产者的积极性。我国牧草种子的生产在 20 世纪 80 年代初才开始起步，经过多年的努力，已取得了一定的成绩。1989 年全国有牧草种子基地 33 万 hm^2，年产牧草种子 2.5 万 t，到 2006 年全国专业的牧草种子生产田产量保持在 7 万～9 万 t 的水平，其中豆科的苜蓿、禾本科的多花黑麦草和披碱草是主要的生产草种。

我国牧草种子生产主要集中在北方地区，南方部分省市主要生产黑麦草和一些热带牧草种子。西北、西南诸省区是我国重要的畜牧业生产基地，由于气候、生态条件的多样性，所产牧草种类丰富，其中豆科牧草包括紫花苜蓿、红豆草、沙打旺、毛苕子、草木樨和三叶草等。禾草主要为老芒麦、燕麦、苏丹草、多花黑麦草、多年生黑麦草和鸭茅等。在发展畜牧业生产和提高农民经济收入方面具有举足轻重的地位。

甘肃省气候干燥、温差较大，有利于牧草种子生产，商品草籽除紫花苜蓿、草木樨外，还有披碱草、老芒麦、红豆草、箭筈豌豆、燕麦等。并且自 1983 年以来甘肃省投资先后在通渭、民勤、永昌等地共建紫花苜蓿、白花草木樨、红豆草、沙打旺、红三叶、老芒麦等草籽繁殖基地 20 处，面积 1 900 hm^2。到 2005 年，甘肃省牧草种子产量和种子生产田面积居于全国首位，年产量达到 3 万～4 万 t，种子田面积近 8 万 hm^2。

草地畜牧业是内蒙古自治区的主体产业，畜牧业种子工程是内蒙古自治区“双增双提”的战略基础工程。所以，生产量多质优适合该地区自然条件的优良牧草种

子来满足草原建设的需要和大规模生态治理的需求，是目前亟待解决的重要问题。据统计，1995 年内蒙古有国营牧草种子繁殖场 12 个，种子生产面积只有 876.7 hm^2，年产牧草种子仅 310 t，加上民间生产的种子年产牧草种子近 1.4 万 t。1997 年内蒙古自治区牧草种子田总面积为 165 216.6 hm^2，占全区人工半人工草场面积的 4.75%，共生产牧草种子 1.2 万 t，平均产量为 72.6 kg/hm^2。主要产区为伊克昭盟、赤峰市、乌兰察布盟、哲里木盟，这 4 个地区的牧草种子生产量占全区总产量的 82.59%。内蒙古生产的多年生牧草主要有草木樨、柠条、沙打旺等 11 种，一年生饲草主要有苏丹草等 5 种。到 2008 年，内蒙古自治区各类牧草种子生产量在 1.2 万～1.5 万 t。虽然有时达到 2.0 万 t，但其优质牧草种子的生产量极不稳定，进入流通领域的商品种子更少。同时，由于受气候、市场、信息等的不对称或不畅通，生产地域不稳定、不协调等多种现象影响着其生产量。

青海省从 20 世纪 50 年代后期开始了牧草种子的生产，60 年代初建立了青海省铁卜加草原改良站，70 年代以后又相继在果洛、玉树、贵南、泽库等地建立了数处国营牧草种子繁殖场，到 80 年代初，全省国营牧草种子生产繁殖单位计有育种地近 0.3 万 hm^2，年产多年生牧草种子 750 t。此后牧草种子生产发展较快，1980—1985 年全省牧草种子田面积和产量逐年上升，1985 年达 1.07 万 hm^2，收获草籽 1 207.75 t，1990 年年底，受牧草种子市场萎缩的影响，牧草和燕麦种子田计 0.23 万 hm^2，其中牧草种子田仅为 300 hm^2，仅生产毛苕子、红豆草、早熟禾、老芒麦和披碱草几种牧草。到 2009 年，作为我国燕麦种植的主产区和高产区，青海省每年燕麦饲草种植面积达 4 万 hm^2，在增强高寒牧区抗灾保畜能力的同时，每年向省外提供燕麦良种 300 万 kg。并在全省范围内建立多年生牧草原种繁育田 66.6 hm^2，商品种子基地 1.33 万 hm^2，年产多年生牧草种子规模达 600 万 kg。

贵州省牧草种子的引种、评价、推广利用和生产工作始于 20 世纪 80 年代，1982 年在威宁县成立了新合草种场，1983 年贵州与新西兰合作建立了贵州独山牧草种子场，标志着牧草种子生产已成为一个新兴产业。贵州省牧草种子的生产区域主要在该省的西部、中部和东部。在西部主要是以威宁高原站、新合草种场为主，生产白三叶、多年生黑麦草、多花黑麦草等草种；在中部主要是以惠水水泡冲草畜示范基地、长顺柜子大坡草场、龙里飞播草场为主，生产白三叶、多年生黑麦草等草种；南部贵州独山草种场是我省最大的草种生产基地，生产红三叶、白三叶、多年生黑麦草、鸭茅等草种。贵州牧草种子生产面积从 1980 年开始扩大，1985 年草种地达到 1 433 hm^2，种子产量 274 t，仅威宁县就收草种 200 t。此后受市场变化等因素影响致使草种子生产变化很大。1994 年全省种子生产面积为 333 hm^2，生产牧草种子 95 t，平均产量多花黑麦草为 6 000 kg/hm^2、多年生黑麦草 600 kg/hm^2、白三叶 195 kg/hm^2、红三叶 300 kg/hm^2。据贵州省畜牧局统计资料，2004 年全省草地建设对各种草种的需求量是 3 000 t，而全省草种生产量不足 100 t，且只有多年生黑麦草和少量的白三叶及一年生黑麦草，其余都是从美国、加拿大及新西兰等国家进口的草种。

海南省牧草种子生产区主要分布在高温、雨量和光照适宜的南部和西部地区。在南部热带牧草种子生产的三亚市种畜场、三亚市田独畜牧场为主，西南部以乐东县种畜场为主。1991 年热带牧草种子生产田达 933 hm^2，生产种子 24 万 kg。豆科牧草种子产量占 92.6%，禾本科牧草种子产量占 7.4%，其中 184 柱花草（*Stylosanthes guianensis* CIAT184）占豆科牧草种子产量的 80%，棕籽雀稗（*Paspalum plicatulm*）、糖蜜草（*Melinis minutiflora*）、卡松古拉狗尾草（*Setaria ancops* cv. Kazungula）分别占禾本科牧草种子产量的 46.2%、39.3%和 8.9%。

1983 年以来设有草原专业的高等院校分别为本科生和研究生开设了牧草种子学及牧草种子技术等方面的课程，为我国牧草种子事业的发展奠定了一定的基础。国家在 1982 年颁布了"牧草种子检验规程"，农业部从 1985 年以来分别在北京、内蒙古、甘肃、山西、新疆等地建立了 18 个牧草种子质量检验监督中心（站），中国农业大学牧草种子实验室代表国家的牧草种子检验机构于 1989 年加入了国际种子检验协会（International Seed Testing Association），在我国牧草种子对外贸易活动中对牧草种子质量的检验监督起了重要作用。中国草原学会于 1987 年成立了种子科学与技术委员会，在我国牧草种子教学、科研、质量标准的制定、质量监督、牧草种子流通中信息的交流与传递等方面起了积极的作用。近几年随着改革的深入，以专营或兼营牧草种子和草坪草种子的公司不断增加，充分显示了牧草种子产业的生命力。尽管我国牧草种子事业有了长足的发展，但与草地畜牧业发达国家相比还存在着很大的差距，我国牧草种子总产量不仅低，单位面积的种子产量也低，平均为 395 kg/hm^2，仅为美国的 1/4～1/3，而种子质量也较差。这与我国迅速发展的草地畜牧业和绿化事业极不适应。我国每年需从国外进口 1.5 万～3.0 万 t 优质牧草和草坪草种子来满足人工草地建设和绿地建植的需求，其中国内草坪草种子用量的 99%以上依赖进口。因此，建立健全牧草种子经营组织机构、建立牧草种子区域化生产基地、制定植物品种保护条例、制定牧草种子认证规程及执行机构、完善和补充牧草种子检验规程、加强牧草种子的教学、科学研究和技术推广工作，是促进我国牧草种子事业的发展，加速牧草种子市场完善和提高我国草地畜牧业产值的重要措施。

第三节　我国牧草与草坪草种子生产当中存在的问题

一、国外种子生产实践的成功经验

国外牧草或草坪草种子生产技术先进和产业发达国家，都先后经历了由农户自繁、分散经营到专业种子生产田、区域化规模生产的发展阶段，生产技术、经营管理水平明显提高。世界上，高水平种子生产国家在牧草与草坪草种子产业化发展过程中积累了大量成功的经验，对于我国种子产业的健康发展是非常值得借鉴和学习的。

(1)具有健全的法律制度和完善的种子质量管理机构。凡草种子产业发达的国家都有“种子法”、“种子检验规程”、“种子生产认证规程”、“植物新品种保护条例”等法律条规以及相应的执法或监督机构，如种子质量检验中心(站)、种子审定局(站)、植物检疫站等，使牧草种子在生产、贸易和使用中有法可依，依法进行种子质量的管理，保护了育种者、种子生产者和种子消费者的利益，促进了牧草种子市场的繁荣和发展。

(2)形成区域性牧草种子生产基地。凡草种子产量较高并稳定的国家或地区，都根据草种子生产对气候条件的特殊要求，划定或自然形成草种子的集中生产区，集中生产一种或数种牧草或草坪草种子，以获得最佳种子产量和质量，提高种子生产的经济效益，如美国的俄勒冈州、爱达荷州、华盛顿州等地，丹麦的干旱地区，新西兰南岛干旱的东海岸地区，澳大利亚北部热带牧草种子生产区等。

(3)建立全国性或跨国性的草种子生产经营机构。这些机构如种子集团、种子公司、种子贸易协会、种子生产者协会等，负责组织和协调牧草种子的生产和贸易，有些机构已成为全球性的，其牧草或草坪草种子在国际市场上占有很重要的地位。

(4)重视科学研究与成果转化。草种子生产发达的国家，如美国、丹麦、新西兰等，政府和种子公司每年投入大量的资金进行新品种的选育、品种适应性检验、种子田间管理技术、种子收获、加工和清选技术、种子检验和认证技术等方面的研究。研究成果均以最快的速度转化为实用技术应用于实践，大幅度地提高了草种子的产量和质量，在国际市场的竞争中处于领先地位，如美国俄勒冈州多年生黑麦草的平均产量已达 1 200 kg/hm^2，高羊茅达 1 400 kg/hm^2；新西兰试验区多年生黑麦草的产量已达 2 900 kg/hm^2、高羊茅达 3 600 kg/hm^2。

二、我国牧草与草坪草种子生产当中存在的问题

1.种子生产不规范、技术落后、总体生产水平低

我国种子生产除少数的种子繁殖基地统一生产外，多数牧草种子以农户为基本生产单位，牧草种子生产主要是群众性自繁自育和人工草场上收获，缺少专业化的种子生产者。在种子生产过程中常常沿用传统的牧草收获方式，兼顾干草和种子的生产，对于种子生产所要求的环境条件，水肥、授粉等田间管理技术以及收获加工技术具有的特殊性，缺乏相应的配套措施，多采用大田留种，人工收打，手工清选，造成我国牧草种子生产能力低。我国仅有种子田 23 万 hm^2 左右，每年可生产 7.0 万～9.0 万 t 牧草种子(2006 年统计)，虽然与美国俄勒冈州具有相近的种子田面积，但俄勒冈州 2006—2009 年的平均种子产量为 35 万 t，是我国种子生产水平的 4～5 倍。在草坪草种子生产方面，除了结缕草种子能够有一定产量外，其余草坪草种子几乎全靠进口来解决。

2.草种子生产的管理水平落后，造成种子产量低、质量差

由于我国草种子生产起步较晚，种子生产仍停留于“广种薄收、疏于管理”的传统经营方式上，缺乏科学合理的田间管理措施，这是影响我国牧草种子产量提高的重要因素，而且对于牧草种子生产的田间管理技术研究不够深入，同商品化牧草种子生产国相比存在很大差距。在国外商品化牧草种子生产的实践中，生产者通过对牧草生长环境条件的选择，采取各种技术措施，使牧草实际种子产量有很大的提高。种子产量由 400～500 kg/hm^2 提高到现在的 1 000 kg/hm^2 以上，而且像播种时间、播种方法、播种量、施肥制度、收获制度以及杂草病虫害控制等这些田间管理措施仍然是种子生产者所关注的问题。适宜的环境条件加上合理的田间管理才能获得最高牧草种子产量，根据土壤养分状况、气候条件和种子生产对营养物质的需求进行合理的施肥可最大限度地提高牧草种子产量。氮肥是影响禾本科牧草种子产量的关键因素，施氮肥可增加禾本科牧草种子的产量。另外，国外一些国家在豆科牧草种子生产中，在种子田中配置一定数量的蜂巢或蜂箱，以促进豆科牧草传粉提高种子产量。针对禾本科牧草出现的倒伏现象，利用植物生长调节剂能使禾草种子产量提高 50%～100%。我国在豆科和禾本科牧草种子生产中对于蜜蜂传粉和植物生长调节剂的使用尚停留在研究阶段，很少应用于生产实践。还有，我国缺乏适于牧草种子的清选设备和牧草种子去芒、磨圆的加工设备，种子混杂严重而且瘪粒种子含量增多，降低种子质量，成为限制我国牧草种子生产规模扩大和提高质

量的主要因素之一。

3.草种子质量检验和监督体系不完善

我国在进行了全国多年生栽培牧草区划工作后，各地建立了一批牧草原种和良种繁育基地。先后制定了牧草种子检验规程，豆科、禾本科牧草种子的质量分级标准和生产技术规程等技术标准，全国建有47个牧草与草坪草种子质量检验中心，其中部级检验中心5个，省级18个。我国虽然颁布了“种子管理条例”，但长期以来，牧草种子的质量监督工作没有得到足够的重视，技术监督部门虽然将牧草种子纳入质量监督范围，但工作开展得很少。我国牧草种子质量低劣已是不争的事实，对牧草种子的抽检很少，没有形成经常化和制度化，已经建立的一批省级牧草种子检测中心，未能开展经常性工作。而有些牧草种子生产者避开检验部门的检验，生产的种子未经检验合格就进入市场。市场上销售的牧草种子大多未有检验部门签发的合格证书和合格标签，包装不规范，种子袋不合格，没有标明品名、数量、产地、净度、发芽率等，这样的劣质种子流入市场，势必造成不少生产、经营和使用者蒙受损失。

我国草种子生产当中缺乏各具特色、规模化生产的牧草或草坪草品种，而且无法保证品种的基因纯度，缺乏在市场上的竞争力。自全国牧草品种审定工作开展以来，我国通过审定登记的优良牧草或草坪草品种已有434个。但在审定登记的品种中，多数未能用于生产推广，在已生产推广的品种中又大多忽视了原种的生产，导致许多优良品种在粗放的生产管理条件下逐渐退化和消失。尚未实行种子生产的认证制度，虽然有关牧草种子生产认证的标准已经颁布实施，但相关法规和认证机构还未落实，这在一定程度上制约着我国草种业的发展和国际种子贸易的开展。

4.草种子生产经营混乱

20世纪80年代初，我国牧草种子的生产由农业部草原处统一管理，统一调剂，各牧草良种繁育基地以生产的种子偿还种子预购定金，但由于市场信息不畅，产销脱节，种子积压过多，经济效益不高，有的种子基地名存实亡。随着市场经济的发展，牧草种子的生产经营出现多渠道。现在牧草种子的经营者不仅有畜牧、渔业部门的技术推广服务中心，也有许多个体户参与经营，造成市场混乱，管理无序。部分省区牧草种子经营产销脱节现象普遍。另外，一些不法经营者在牧草种子生产中掺假、销售伪劣种子，坑害种植者使他们蒙受经济损失，也损害了一些种子生产单位的信誉和经济利益。

随着我国农业结构调整和西部大开发战略的实施、天然草地改良和植被恢复、人工草地建设以及防沙治沙等生态治理工程的深入开展，国内优质牧草种子的需求量急剧增加，为此我国政府为确保生态建设工程的顺利开展、加速草种生产的国产化进程，每年利用国债资金进行草种子生产基地建设，这不仅体现了国家政府对草种生产的高度重视，而且也推动我国草种生产的国产化，为实现种子产业的健康持续发展奠定基础。

第二章

牧草与草坪草种子的形成与发育

牧草或草坪草生长发育到一定时期，在光、温度等因素及其诱导的某些激素的作用下，植株就进入了生殖生长阶段，在一定部位上形成花芽，然后开花、结实产生种子。了解牧草或草坪草花序和小花的分化、开花、传粉和受精过程，种子的形成和发育规律，种子发育过程中的物质变化规律及环境因素的影响，对更深入地认识牧草与草坪草种子产量的形成及提高种子的产量和质量都具有重要的意义。

第一节　牧草与草坪草的花芽分化

牧草或草坪草进入生殖生长时，茎尖的分生组织不再形成叶原基和腋芽原基，而形成花或花序原基，并逐渐形成花或花序。

茎尖的分生组织可分为中央区和周围区，各区的分生组织也会发生相应的变化，中央区下部及髓分生组织上部的细胞很快出现活跃的有丝分裂，接着中央区的细胞和周围区细胞迅速分裂，中央区的界线消失。这种变化与细胞中 RNA 及蛋白质的合成显著增加有密切的关系。与此同时，茎尖中心髓分生组织分裂出来的细胞体积增大，出现较大的液泡，逐渐分化成髓部细胞，髓分生组织消失。

在茎尖端细胞内部活动变化的基础上，逐渐开始花萼、花冠、雄蕊群和雌蕊群的分化，通常起源于茎尖周围区的第二层或第三层细胞。分化开始时，有关部位的细胞先进行平周分裂，接着进行垂周分裂，使各原基逐渐突起。除花托外，花芽各部分的分化顺序通常由外向内地进行。牧草或草坪草种类不同，花芽分化顺序常有变化，但最早分化的多为萼片原基。花序的发生和分化与花相似，花序基部或外侧的花苞通常最早分化，然后向顶或自外向内地进行小花的分化。

一、禾本科牧草与草坪草的花序分化

禾本科牧草与草坪草花序的形成一般称为幼穗分化。幼穗分化过程以茎尖生长锥伸长开始。经过春化和光周期的诱导，生长锥表面一层或数层细胞分裂加速，细胞小而原生质浓；中部一些细胞则分裂减慢，细胞变大，原生质稀薄，有的出现了液泡。许多禾草幼穗分化时生长锥中部细胞内积累淀粉，而表面的细胞则没有淀粉的积累，但蛋白质和 RNA 的含量很高。细胞分裂的结果使生长锥表面出现褶皱，在原来形成叶原基的地方形成花序原基，在此基础上再分化出花的各部分的原基。

冰草（*Agropyron cristatum*）的幼穗分化：冰草完成一定的营养生长，在感受了环境因素的成花刺激之后，茎尖伸长便转入幼穗分化阶段（图 2-1）。

1. 幼穗分化

分化开始时，茎尖顶端从半球形显著伸长，扩大成圆锥体，渐渐在下部两侧相继出现环状苞叶原基（苞叶原基着生的地方是穗轴的节），接着从幼穗下部开始，由下部向顶部，在苞叶原基的叶腋处分化出小穗原基（图 2-1，a～f）。

2. 小穗分化

首先在基部分化出颖片原基，随之在小穗轴的两侧自下而上地进行小花的分化。常常小穗中下部的小花已形成，但上部小花原基仍在继续分化（图 2-2，a～f）。

3. 小花分化

小花的分化中，首先在基部形成外稃原基，之后在外稃的内侧出现 3 个雄蕊原基突起，在雄蕊原基发育的过程中出现了内稃的分化，接着在小花原基的顶端出现了雌蕊原基的分化，浆片原基最后出现（图 2-2，g～k）。

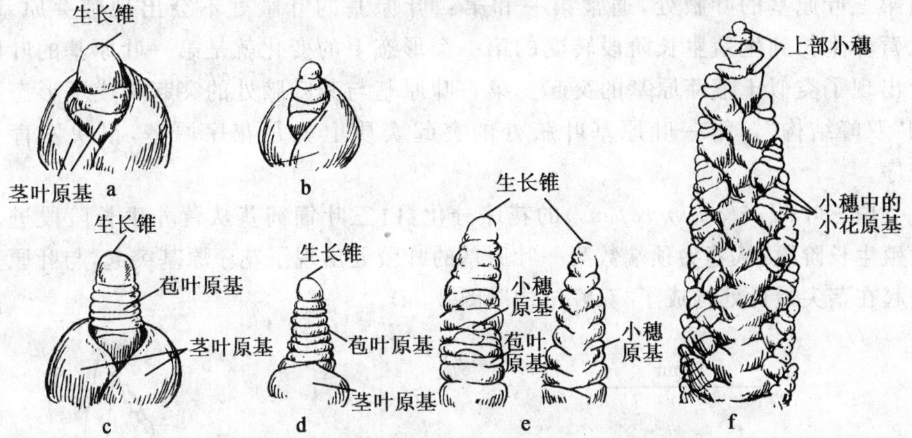

图 2-1 冰草(*Agropyron cristatum*)的幼穗分化过程

a. 生长锥；b～d. 苞叶原基分化；e. 小穗原基分化；f. 小花原基分化

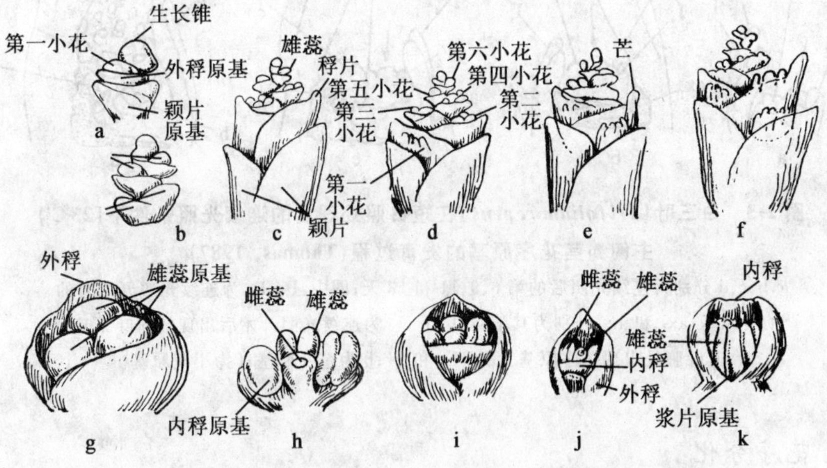

图 2-2 冰草小穗与小花的分化过程(韩建国,1997)

a. 小穗生长锥及颖片原基和外稃原基的分化；b～d. 小花从下而上地分化；
e～f. 外稃上芒的分化；g. 雄蕊的分化；h～j. 雌蕊、花药、内稃的分化；k. 去掉外稃的小花

二、豆科牧草与草坪草的花序分化

营养生长阶段的豆科牧草与草坪草，茎尖最幼的腋芽原基常出现于从顶端

数第三叶原基的叶腋处，通常第一和第二叶原基的叶腋处不会出现腋芽原基。从营养生长到生殖生长阶段转变的第一个形态上的变化就是第一叶原基的叶腋处出现了类似于腋芽原基的突起。第一叶原基与其叶腋处的突起构成了形态上的“双峰结构”。第一叶原基叶腋处的突起实质上就是花序原基，很快发育为花序。

白三叶(*Trifolium repens*)的花序分化：白三叶匍匐茎从营养生长阶段进入生殖生长阶段，从茎尖顶端数第一叶原基的叶腋处出现了花序原基突起，与叶原基一起在茎尖最近处构成了“双峰结构”(图 2-3a)。

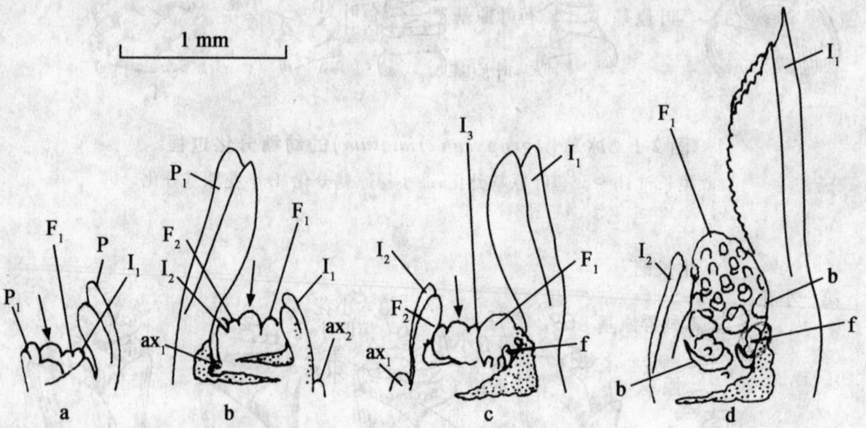

图 2-3　白三叶(*Trifolium repens*)在短日照处理后的连续光照条件下(23℃)主匍匐茎花序原基的发育过程(Thomas, 1987)

a、b、c、d 分别为连续光照后的第 6、9、11 和 13 天；图中：P_1、P_2 为连续光照开始时的幼叶原基；ax_1 和 ax_2 分别为其腋芽；I_1、I_2、I_3 为连续光照开始后出现的新叶原基，其叶腋处出现花序原基为 F_1、F_2 和 F_3；b 为苞叶原基；f 为小花原基。

1. 花序分化

第一叶原基叶腋处的花序原基分化后，其细胞迅速分裂形成一粗糙的半球形突起(图 2-3b)，半球形的花序原基继续增大。其体积和形状逐渐超过由分生组织组成的茎尖端，形成一个近轴一侧稍平的圆锥体，这时圆锥体花序原基基部的远轴一侧开始了由苞叶原基包被的小花原基的分化，形成了突起(图 2-3c)，随着花序原基的继续伸长和加宽，在两侧和近轴一侧的小花原基进行分化，其顺序为从基部向顶部，直到被小花原基布满(图 2-3d)，苞叶原基的分化早于小花原基，并发育迅速，最终形成苞片，保护内侧的花蕾。

2.小花分化及雌雄蕊发育

在小花的器官分化之前,小花原基分化为由分生组织组成的半球形突起,之后进行花器官的分化,顺序为萼片、雄蕊、花瓣和心皮。

(1)花萼的分化。分化开始时在花托的基部出现一环状突起,最初萼片连在一起,呈合萼状,之后各萼片原基分离,首先远轴方出现一萼片,并逐渐被两侧出现的两萼片包被,近轴方的两萼片最后出现(图 2-4B),最终形成两侧对称的花萼。花萼发育过程中,基部连生部分和先端分离部分同时生长,开始远轴方的萼片生长快于近轴方萼片(图 2-4E),之后近轴方萼片生长速度加快,当花器官发育成熟时,近轴方较远轴方长 1 mm。

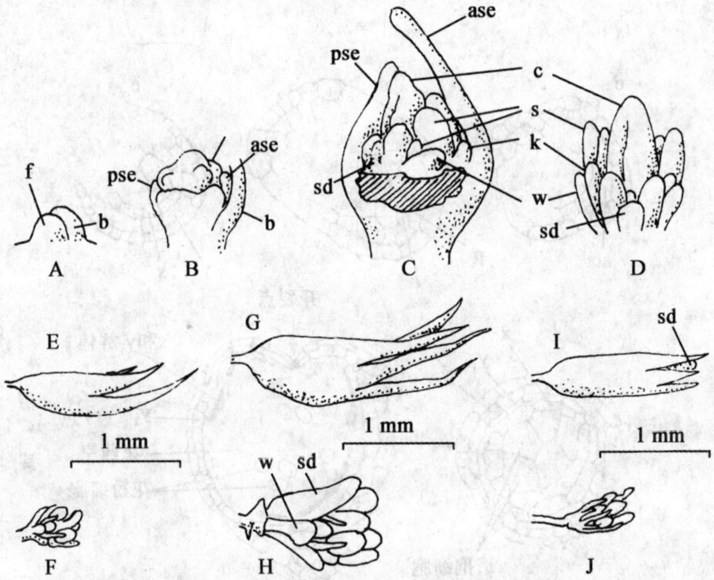

图 2-4　白三叶小花的分化过程(Erith,1924)

A. 苞叶原基包被的小花原基;B. 幼花;C. 去掉一个近轴方和一个远轴方萼片的小花;D. 去掉全部花萼的小花;E～I. 小花发育中的外观;F 和 H 为 E 和 G 去掉萼片的花器官;J 为 I 去掉花萼和花冠的有性器官。ase. 远轴方萼片;b. 苞叶原基;c. 心皮;f. 小花原基;k. 龙骨瓣;pse. 近轴方萼片;s. 雄蕊;sd. 旗瓣;w. 翼瓣。

(2)雄蕊的分化与发育。当近轴方的萼片出现时,花托上第一个雄蕊原基以小突起的形式出现于远轴方萼片的内侧,随后另两个雄蕊原基出现于第一个雄蕊原基的两侧,稍后在花托近轴方萼片的内侧出现两个雄蕊原基,至此全部 5 个雄蕊原基在萼片内侧形成一轮(图 2-4B、C)。在轮生的 5 个雄蕊原基中的近轴方的两个雄蕊原基发育的同时,第二轮 5 个雄蕊原基在第一轮 5 个雄蕊原基的每两个之间相继出现,顺序与第一轮相同(从远轴方到近轴方)。雄蕊原基很快分化出花药和花丝。小花发育后期,除第二轮近轴方的 1 个雄蕊外,其余 9 个雄蕊基部的分生组织开始活动,向上生长,使 9 个雄蕊基部联合成管状,并在近轴一方分开(图 2-5b)。

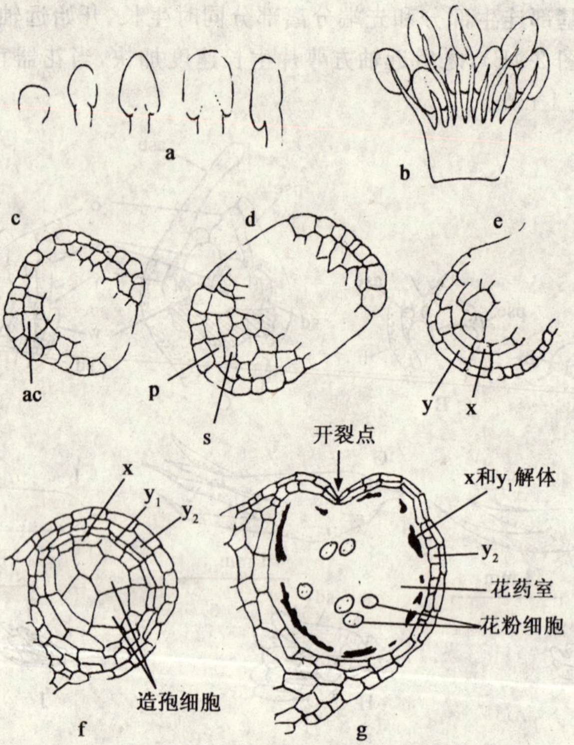

图 2-5 白三叶雄蕊的发育过程(Erith,1924)

a. 雄蕊发育的连续过程;b. 5 个先形成和 4 个后形成的雄蕊;c～g. 发育过程中雄蕊的横切面。图中:ac. 孢原细胞;p. 原始壁细胞;s. 原始造孢细胞;x. 绒毡层细胞;y_1. 中层;y_2. 药室内壁。

(3)花药的发育。横切面解剖结构表明,花药的发育过程中,花药两端表皮内侧的 2～3 个细胞——孢原细胞迅速增大,进行一次平周分裂,形成内外两层(图 2-5c),外层为原始的壁细胞,内层为原始的造孢细胞(图 2-5d),原始的壁细胞及相邻细胞进行平周分裂形成内外两层,内层分化为绒毡层,外层继续分裂形成与绒毡层相接的中层和与表皮相接的药室内壁(图 2-5e、f),这样,造孢细胞被同心的药室内壁、中层和绒毡层所包被。

花药通过已形成的细胞迅速生长而增大,随着花药的发育,中层解体并消失;绒毡层细胞膨大,原生质消失,细胞内被其他物质填充;表皮细胞的内含物消失;药室内壁发生条纹状加厚(图 2-5g)。在中层和绒毡层解体时,花粉囊内造孢细胞也进行分裂,形成很多花粉母细胞,每个花粉母细胞经过减数分裂形成 4 个子细胞,每个子细胞发育成为一个花粉粒。

(4)花冠的分化及发育。花瓣原基较雄蕊原基出现略晚。在第二轮雄蕊出现之前,首先两个龙骨瓣形成,接着是两个翼瓣,最后是旗瓣。旗瓣出现最晚,开始时最短(图 2-4C)。但其生长速度很快,当小花长到 0.7 mm 时,已发育为最长的花瓣(图 2-4F、H)。

(5)雌蕊的发育。在花轴的端点出现一半球形的心皮分生组织,其上近轴方出现一浅凹(图 2-6a、b),随着心皮组织环绕浅凹的生长和伸长,形成由突出边缘围绕的空腔结构(图 2-4C、图 2-6c),最终边缘相互靠拢,卷合并压在一起形成子房腔。压合部位形成腹缝线,胎座自腹缝线上形成。当心皮长到 0.8～1 mm 长时,先端伸长形成一短而钝圆的长柱,其顶端加宽形成柱头(图 2-6e)。

腹缝线上的胎座表皮细胞或表皮之下的细胞进行分裂形成胚珠原基,发育过程中每一胚珠的基部形成二层环套状向上延伸的结构,内层为内珠被,外层为外珠被(图 2-6f、图 2-7b)。开始外珠被略短于内珠被,但外珠被生长较快,在内珠被生长到一半时,外珠被已达到珠心的顶端(图 2-6f、图 2-7c)。最终内珠被到达珠心顶端,接近包被珠心,同时距珠柄较远一侧的外珠被继续生长并包被内珠被和珠心,仅留一珠孔。

胚珠原基开始与心皮腹缝线成垂直生长,很快生长方向转向心皮顶端,在心皮的近轴一侧出现了珠柄的发育,珠心先端几乎与珠柄垂直(图 2-6e、f),之后由于距珠柄较远一侧的珠被和合点的迅速生长使珠柄和珠心的相对位置发生变化,最终形成弯生珠心。

当胚珠原基发育到 50 μm 长时,在靠近珠孔一端的表皮下细胞体积较大,细胞质浓,核大而显著,称为孢原细胞。孢原细胞通过两次平周分裂形成大孢子四分体,四分体排列成纵行,最上面的细胞紧接表皮(图 2-7a)。四分体形成后,与四分体最上面细胞紧接的表皮中 2～3 个细胞进行一次平周分裂覆盖其上,使珠心顶点的表皮为两层,同时内珠被产生(图 2-7b),随后四分体中从珠孔一端数第三个细胞继续增大形成胚囊细胞,其余 3 个细胞萎缩退化(图 2-7b)。

胚囊发育时,珠心的其余细胞,特别是靠近珠孔一端的细胞逐渐萎缩退化,胚

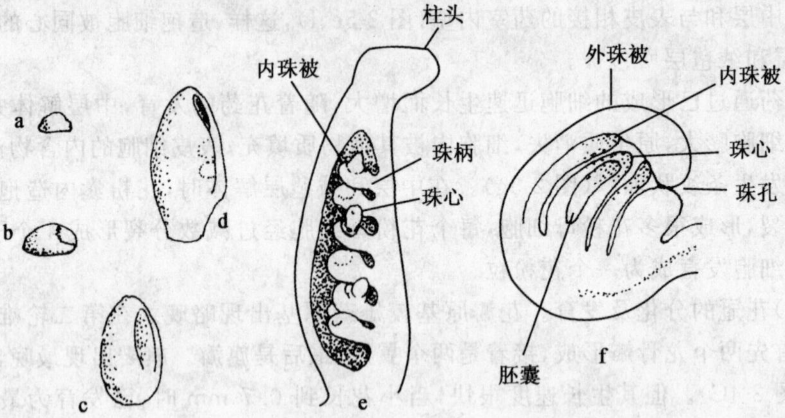

图 2-6　白三叶心皮和胚珠发育过程(Erith,1924)

a～d. 心皮的连续发育过程；e. 心皮发育晚期，胚珠在心皮内的排列；f. 近成熟时胚珠的纵切面。

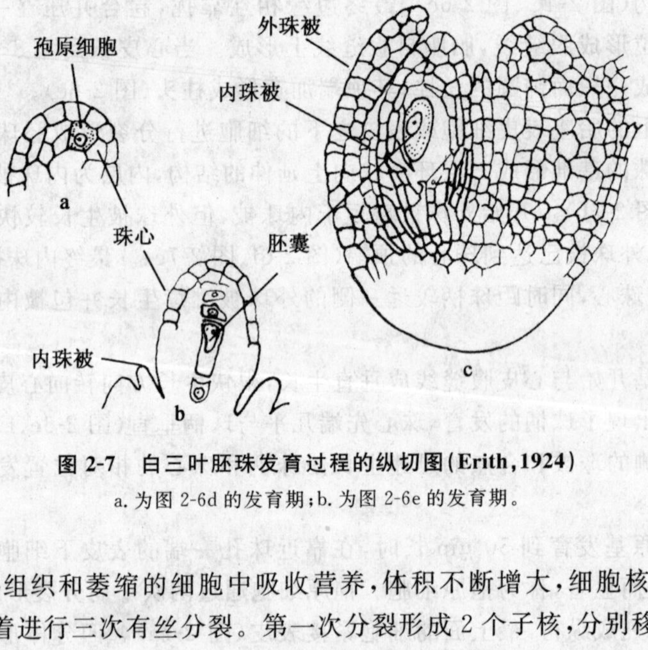

图 2-7　白三叶胚珠发育过程的纵切图(Erith,1924)

a. 为图 2-6d 的发育期；b. 为图 2-6e 的发育期。

囊细胞从珠心组织和萎缩的细胞中吸收营养，体积不断增大，细胞核也稍有增大(图 2-7c)，接着进行三次有丝分裂。第一次分裂形成 2 个子核，分别移至胚囊细胞的两极后，各自再分裂 2 次，形成 8 个细胞核，其中 4 个在珠孔一端，另 4 个在合点一端。之后每端的 4 个核中各有 1 核移到胚囊中央，互相靠拢，成为极核。近珠孔的另 3 个核，1 个分化为卵细胞，2 个分化为助细胞。近合点的 3 个核分化成反足细胞。

第二节 牧草与草坪草的开花、传粉与受精

一、开花

牧草与草坪草的花芽分化中雄蕊的花药发育成熟或雌蕊的胚囊发育成熟后，包被雌、雄蕊的花器官展开，使雄蕊或雌蕊（或二者同时）暴露出来称为开花。不同类型的牧草与草坪草其开花具有一定的规律性。

（一）开花期

开花期是指一株牧草或草坪草从第一朵花开放到最后一朵花开毕所用的时间。一般禾本科牧草或草坪草开花期较短，为 5～15 d（表 2-1），豆科牧草与草坪草开花期较长，如苜蓿可延续 1～2 个月，其余豆科牧草与草坪草开花持续时间见表 2-2。

表 2-1 禾本科牧草与草坪草开花的习性

	开花期	单序开放期	一日内开花的时期
羊草	返青后 50 d 左右	16 d，以开花后第 6 d 达最高峰	14～18 时，以 15～16 时开花达高峰
冰草	返青后 65～66 d	13 d，以第 8 d 为最高峰	14～18 时，以 14～15 时达最高峰
无芒雀麦	返青后 60 d 左右	16 d，以第 3、4 d 为高峰	14～19 时，以 18～19 时为高峰
猫尾草	6 月中、下旬	4～6 d	2～4 时，以 3～4 时开花最多
草地羊茅	6 月中、下旬	6～8 d，5～6 d 达高峰	3～9 时，以 5～8 时为高峰
高燕麦草	6 月中、下旬	7～8 d，3～7 d 大量开放	2:30～7 时，以 4～7 时开花最多
鸭茅	6 月上、中旬	6～8 d，以 3～5 d 达高峰	3～9 时，以 3～7 时开花最多
虉草	6 月上、中旬	6～8 d，以 3～5 d 达高峰	3 时以后
看卖娘	5 月下至 6 月上旬	8～10 d，4～7 d 大量开放	2～6 时，3～5 时最盛
多年生黑麦草	6 月中、下旬	7～8 d，大量开花时间为 3～5 d	3～5 时
草地早熟禾	6 月上、中旬	6～8 日	3～4 时
披碱草	8 月上旬	7～8 d，大量开花为 4～6 d	9～11 时
苏丹草	出苗后 80～90 d	7～8 d，大量开花在 4～5 d	3～4 时

资料来源：内蒙古农牧学院，1987。

(二)每日开花时间

很多牧草或草坪草在一个昼夜的循环中仅在某一段时间开花，具有开花的昼夜周期性。如草地早熟禾、多年生黑麦草、猫尾草等夜间开花；披碱草、鸭茅、草地羊茅等清晨或上午开花；羊草、冰草、无芒雀麦、草木樨等下午开花；紫花苜蓿、红豆草、红三叶等整个白天都开花(表 2-1，表 2-2)。

表 2-2　豆科牧草与草坪草的开花习性

种类	开花顺序	一日内开花的时间	全序开花持续的时间
紫花苜蓿	下部腋生花序先开，上部的依序后开；在一个花枝上，下部的花先开	5～17 时，其中 9～12 时开花最盛	40～60 d；一个总状花序 2～6 d
草木樨	无限花序，一个总状花序下部先开，向上延伸	14～15 时	一个总状花序 8～10 d
红豆草	最早从茎生枝的下部先开，自下而上，侧生枝在主茎花序开放一半时开放	4～21 时均开放，9～10 时和 15～17 时开花最盛	一个花序为 10～13 d
红三叶	总状花序下部花先开，并向上延伸，每日开 2～3 层，下部花先开	早 8 时开始	3～10 d，全株一月左右
箭筈豌豆	下部花先开，两花一先一后	10～20 时	1 d
毛苕子	无限花序，下部花先开，并向上延伸	整日	20～28 d
白花山黧豆	下部花先开	10～20 时	

资料来源：内蒙古农牧学院，1987。

(三)每花开花时间

各种牧草与草坪草每朵小花开放的时间也各不相同，有些牧草或草坪草只开 5～20 min，有些牧草或草坪草开 1～2 h，而有些牧草或草坪草小花开花时间可长达 1～2 d。

二、传粉

成熟的花粉粒借助于外力从雄蕊开裂的花药传到雌蕊的柱头上称之为传粉。

(一)自花传粉

自花传粉是指成熟的花粉粒传到同一朵花的柱头上。生产中常把同株异花间的传粉也叫自花传粉，最典型的自花传粉为闭花受精，在花蕾开放之前已完成了传粉和受精作用。如地三叶(*Trifolium subterraneum*)、南苜蓿(*Medicago hispida*)、加拿大披碱草(*Elymus canadensis*)、弯叶画眉草(*Eragrostis curvula*)等。

(二)异花传粉

成熟的花粉粒传到同一朵花或同一植株花的柱头上不能萌发,或能够萌发但不能受精,而传到另一朵花或另一植株花的柱头上可以萌发并受精。异花传粉主要借助于风、昆虫、水、鸟、蚂蚁等作为传粉媒介。异花传粉的牧草与草坪草有多年生黑麦草(*Lolium perenne*)、冰草(*Agropyron cristatum*)、无芒雀麦(*Bromus inermis*)、紫花苜蓿(*Medicego sativa*)、白三叶(*Trifolium repens*)、红三叶(*T. pratense*)等。

豆科牧草与草坪草属虫媒花植物,昆虫的数量和活动直接影响传粉和结实。像紫花苜蓿只有当龙骨瓣被弹开后才能提高传粉率,不同种类的蜂对这种弹开能力有很大的差异,切叶蜂(*Megachile rotundata*)、碱蜂(*Nomia melanderi*)和蜜蜂(*Apis mellifera*)对紫花苜蓿的传粉最为有效。为了提高豆科牧草的传粉率,增加结实率,在种子生产田配置一定数量的传粉昆虫是非常必要的。

三、受精

到达柱头的花粉粒借助于花粉管将精细胞送入胚囊中,使精子和卵子结合完成受精作用。

(一)花粉粒的萌发及花粉管的生长

1. 花粉粒的萌发

花粉粒到达柱头后,经过"识别",只有同种或亲缘很近的花粉粒才能萌发,使花粉粒内壁穿过外壁上的萌发孔向外突出,形成花粉管。亲缘较远的异种花粉往往不能萌发,或在异花传粉的牧草中,柱头对自花传粉的花粉粒产生毒害或抑制的作用。

在花粉粒与柱头的"识别"中,来自绒毡层的花粉粒外壁蛋白是"识别"物质。在柱头的乳头状突起的外表,有一层蛋白质薄膜覆盖在角质层之上,是"识别"的感受器。花粉粒落在柱头上,几秒钟之内,花粉粒外壁释放蛋白质,与柱头的蛋白质薄膜相互作用。如果二者是亲和的,随后在内壁释放出来的角质酶前体被柱头蛋白质薄膜所活化,蛋白质薄膜内侧的角质层被溶解,花粉管得以进入柱头。如二者是不亲和的,柱头的乳头状突起随即产生胼胝质,阻碍花粉管的进入。此外,柱头的分泌物,如酚类物质、油脂、糖类、硼酸等,对花粉粒的萌发和生长会起到促进或抑制的选择作用。

2. 花粉管的生长

经过相互"识别"或选择,亲和的花粉粒开始在柱头上吸水,呼吸作用增强,合成作用加快，细胞内部物质增多，花粉粒的内部压力增加，使内壁在萌发孔处向外突出形成花粉管，在角质酶、果胶酶的作用下，花粉管穿过柱头乳头状突起的角质层、细胞壁被局部溶解的胞内层，经由细胞间隙或穿过柱头细胞，伸向花柱。

花粉管进入花柱后，或沿花柱沟表面上的黏性分泌物生长（空心花柱），或穿过充满分泌物的传递组织细胞间隙生长（实心花柱）。花粉管在花柱中向前生长时，常从花柱沟细胞或传递组织吸取营养物质，用于花粉管的生长和新壁的合成。如果由于其他因素的刺激作用导致不亲和的花粉粒萌发，在花粉管通过花柱沟或传递组织时，花柱沟或传递组织将分泌有害物质或胼胝质阻止花粉管的生长。如白三叶在花柱向下的 3/4 处，不亲和花粉产生花粉管的生长受到了抑制。

花粉管穿过花柱到达子房后，一般经珠孔，穿过珠心进入胚囊。有些牧草或草坪草花粉管是从合点进入胚囊的，有的是穿破珠被进入胚囊的。

助细胞与花粉管在雌蕊中的单向或定向生长有密切关系，它可分泌趋化物质，能诱导亲和花粉粒产生的花粉管伸向胚囊，因而大多数牧草与草坪草花粉管多在助细胞或其附近进入胚囊。

花粉粒在柱头上萌发、花粉管在花柱中的生长以及花粉管最后进入胚囊所需的时间，随牧草种类和外界环境条件而异。白三叶从花粉萌发到花粉管穿过花柱沟进入子房需 1～2 h，到达第二个胚珠需 4 h，到达第四个胚珠需 6 h。白三叶亲和的异花花粉粒在 15℃条件下萌发需 20 h 到达子房，35℃条件下仅需 2 h。

（二）双受精过程

当花粉管生长时，如为三核花粉粒，1 个营养细胞核和 2 个精细胞都流入花粉管。如为二核花粉粒，则营养核和生殖细胞流入花粉管，生殖细胞在花粉管中有丝分裂 1 次，形成 2 个精细胞，如白三叶。

花粉管到达子房后，通常从珠孔经珠心进入胚囊（图 2-8a）。当花粉管穿过胚囊的壁后，大多进入助细胞，或在助细胞与卵细胞的附近进入胚囊。之后花粉管在向着卵细胞的顶端侧壁上或先端开一小孔，花粉管中的精细胞、营养细胞核及其他物质一起由小孔喷泻而出，形成一种细胞质流，将精细胞带到卵细胞和中央细胞之间的位置，随之花粉管中产生一个胼胝质塞，阻止物质继续进入胚囊。

两个精细胞中的一个与卵细胞渐渐相接，另一个与中央细胞接近（图 2-8b）。在精细胞和卵细胞之间的质膜发生融合，形成桥状，精细胞的核通过桥进入卵细胞，而精细胞的细胞质留在卵外。另一精细胞进入中央细胞（图 2-8c）的过程也与此相似。

进入卵细胞的精核与卵核紧密接触后，接触处的外核膜首先融合成桥状，接着内核膜融合，精核和卵核的核质相连，并开始融合，核仁随之融合，精和卵的受精完成，形成二倍体合子（受精卵），将来发育为胚。中央细胞的次生核和精核的融合过程也与此相似。中央细胞受精后形成三倍体的初生胚乳核，将来发育成胚乳。

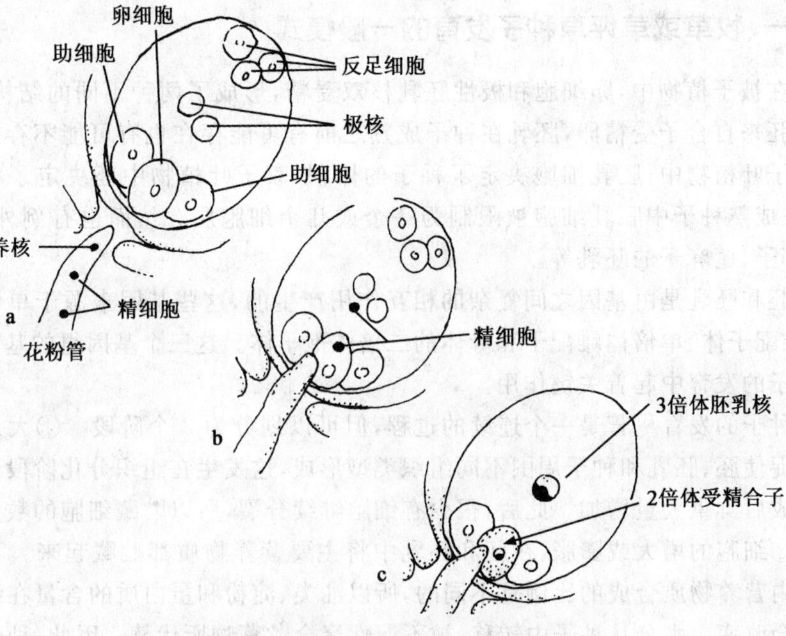

图 2-8　双受精过程（韩建国，2000）

a. 携带两个精核和一个营养核的花粉管进入珠孔；

b. 精细胞与卵细胞和中央极核接近；c. 双受精完成

第三节　牧草与草坪草种子的发育过程

牧草或草坪草植株生长到一定阶段，在光、温度等外源因子和内源激素的共同作用下进入生殖生长，经过开花、传粉后，其中一个精子与卵细胞结合形成合子（受精卵），进而发育成胚；另一个精子与极核融合，形成初生胚乳核，最终发育成胚乳，珠被发育成种皮。整个种子发育过程伴随着多种基因的表达、强烈的细胞分裂增长和复杂的形态生理变化，在发育中期开始贮藏物质的积累，后期以种子迅速干燥脱水为典型特征，最后成熟的种子达到最大干重，获得发芽能力。牧草或草坪草种子发育成熟周期往往较长，易受外界环境条件的影响。这一阶段发育的好坏，直接决定种子的质量与产量水平，进而影响下一代的生长发育和经济产量形成。种子发育形成机制是牧草或草坪草种子生产的基本理论之一，了解并运用这一理论对提高种子生产水平具有重要意义。

一、牧草或草坪草种子发育的一般模式

在被子植物中，卵细胞和极性胚乳核双受精，形成了两种不同的结构：胚和胚乳。胚来自合子受精卵，胚乳在种子成熟之前有可能存在也有可能不存在。大多数单子叶植物中，胚乳细胞决定了种子的体积，双子叶植物中胚决定了种子的体积，在成熟种子中胚乳细胞被限制为一个或几个细胞层。然而也有例外，如咖啡豆、椰子、蓖麻子的胚乳等。

胚和胚乳是由基因之间复杂的相互作用产生的，这些基因来源于单倍体花粉粒、雌配子体、单倍体雌配子和母体的二倍体孢子体。这三个基因组的基因特异性在种子的发育中起着关键作用。

种子的发育尽管是一个连续的过程，但可以划分为 3 个阶段。①大量细胞的分裂促使胚、胚乳和种子周围不同组织类型形成，这发生在组织分化阶段。这个阶段完成后鲜重大量增加。此后，很少有细胞继续分裂，所以贮藏细胞的数量是固定的。②细胞的增大或膨胀，在胚和胚乳中将主要营养物质都贮藏起来。不同植物种子内营养物质合成的比例是不同的，所以油类、淀粉和蛋白质的含量在线性生长阶段会改变。水分从种子中转移，被不溶性聚合贮藏物所代替。因此，种子的干重增加，相对含水量下降。③干物质积累缓慢，并且在生理成熟时停止。大多数种类的种子都遵循这一发育模式(图 2-9)。

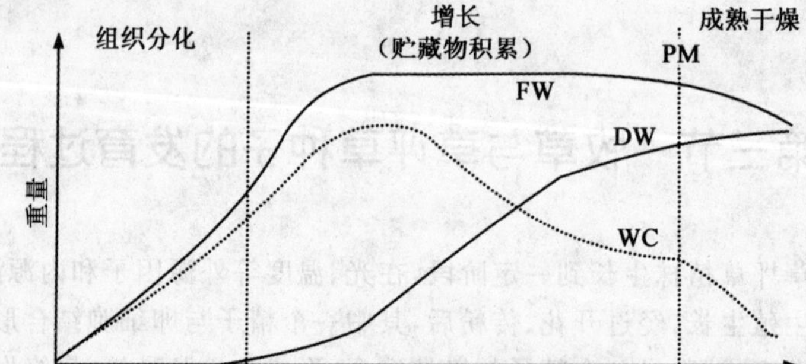

图 2-9 种子发育不同时期鲜重、干重和含水量的变化
(PM 生理成熟期，FW 鲜重，DW 干重，WC 含水量)
(Bewley and Black，1994)

种子中主要营养物质的合成来源于一些由亲本提供的基础原料（主要是蔗糖、氨基酸和矿质营养）。碳和养分的供给在决定种子生长的速率和持续时间方面起着重要作用，并决定了每粒种子最终的大小。

种子干重最大时含水量在种间不同，总是高于种子收获时的含量。成熟后水分持续损失直到种子达到可收获的含水量水平，脱水比例在不同的种类和环境下不同。呼吸作用在脱水的早期阶段继续进行，但是干物质可能没有明显的损失。

种子含水量（单粒种子中的水分重量）增加到最大值，并在种子干重接近最大时开始下降（图 2-9）。第二阶段中，水分向种子的移动造成细胞体积的增大，有证据说明种子体积持续增大的能力在维持种子的生长上起着重要的作用。例如，大豆的最终成熟可能在细胞膨胀停止后由干物质的持续积累引起。谷物中，大多数的贮藏物质贮藏在胚乳内，许多双子叶植物的种子中，主要的贮藏场所是子叶，种子发育期间胚乳被重新吸收，其降解成分作为胚中贮藏物合成时碳和养分的来源而被利用。一些物种拥有宿存的胚乳，胚乳成为了贮存贮藏物质的主要场所，例如，蓖麻子中的油类和蛋白质，或豆科中的半纤维素都贮存在这类胚乳中。大多数物种种子发育的最终阶段，成熟脱水伴随着种子与亲本的分离（珠柄的皱缩），种子变得抗旱，含水量下降到 7%～15%，并且脱落。在这一阶段，种子是静止的，新陈代谢活动极轻微，其中有些在发育期间休眠。

二、牧草与草坪草种子发育的形态学和生理学

（一）禾本科牧草与草坪草种子发育的形态学和生理学

牧草或草坪草在传粉受精后，子房发育成果实，胚珠发育形成种子，其中，合子（受精卵）发育成胚，初生胚乳细胞发育成胚乳，珠心被吸收消失或形成外胚乳（后者罕见），珠被形成种皮（内、外种皮），珠孔形成种孔。卵细胞受精后，形成有一层纤维素细胞壁的合子。合子进入减数分裂间期，间期长短随草种类而异，长的可达 5、6 个月，短的只需要几个小时。胚的发育从合子开始，经过原胚、胚分化和胚成熟三个阶段。

1. 胚发育

以羊草为例来说明胚发育的过程。卵细胞受精后，合子体积没有明显变化。大多数合子内有 1 个大核仁，少数合子内雌雄性核仁一直没有融合，合子经历10～12 h 的休眠期。合子分裂前期，大部分雌雄核仁已融合为 1 个大核仁，少部分合子在雌雄性核仁没有融合的情况下进入有丝分裂的前期，经中期、后期，进入末期，2 个子核形成。最后形成 2-细胞原胚。其中顶细胞体积较小具有浓厚的细胞质；

基细胞较大，其珠孔端有液，2-细胞原胚进一步分裂，形成4-细胞原胚。4-细胞原胚呈线形或倒T形排列。

纵观由合子到胚发育中期，合子横分裂产生顶细胞与基细胞，顶细胞纵向分裂，顶细胞分裂的衍生细胞与基细胞分裂衍生细胞的一部分构成胚体。顶细胞分裂较快，新形成的靠近珠孔端的细胞与基细胞一起参与胚柄的建成。基细胞分裂的衍生细胞构成胚柄，观察到双胚现象。

2.胚乳发育

胚乳是由一个精细胞与中央细胞融合而形成的。它为胚的发育提供营养物质（糖类、脂类、蛋白质等）。通常，受精后初生胚乳核很快进入分裂。

形成胚乳的方式主要有核型胚乳和细胞型胚乳。绝大多数草种子的胚乳都属核型胚乳，初生胚乳核第一次有丝分裂，以及以后的多次核分裂，不伴随细胞壁的形成，胚乳核呈游离核状态，核分裂到一定阶段，游离核周围出现放射状的细胞质相互联系，以后从珠孔到合点，由胚囊周围到中央逐渐形成具细胞壁的胚乳细胞，这种细胞分裂方式称为细胞的自由形成。核型胚乳在单子叶植物和双子叶植物离瓣花中最为普遍。

草地早熟禾在种子发育的第一阶段，胚乳通过细胞分裂的方式生长最快，而第二阶段，由于胚乳细胞要积累养分，主要表现为细胞增大。截至细胞分裂末期，胚乳成为一个被充满和无光泽的结构，但是，由于细胞增大起始于第二阶段，胚乳横向部分迅速发生卷曲形成腹沟或折缝。胚乳的原外层分生组织层将变为糊粉层组织，一般有一层或几层细胞厚，糊粉层主要为种子萌发提供营养。

羊草胚乳的发育早于胚的发育。在合子处于休眠期时胚乳就开始发育。传粉后约4h，初生胚乳核便进入有丝分裂前期，经中期、后期，最终形成2个游离型胚乳。初生胚乳核的分裂不伴随形成细胞壁，故羊草的胚乳发育属于核型胚乳。随着胚乳游离核数目的增加和液泡的扩大，胚乳游离核常常被挤到胚囊的周缘。中央被1个大液泡所占据。形成2-细胞原胚时胚乳游离核就达到32个，直到64个胚乳游离核之前其分裂是同步进行的。原胚发育到4-细胞时，胚乳游离核开始细胞化。按照从胚囊的珠孔端到合点端，从胚囊边缘向胚囊内部的顺序进行。细胞化的胚乳细胞，仍以有丝分裂来增加胚乳细胞的数目。其分裂速度根据离原胚远近而有所不同。合点端的分裂速度较快，胚乳组织不断地从周围的珠心位置吸收营养物质，并贮存在胚乳细胞中。

沙生冰草初生胚乳核首先进行核分裂，游离核沿着胚囊周边分布。当胚细胞发育为多细胞原胚时，开始从珠孔端到合点端（沿胚囊边缘）依次形成细胞壁。在胚乳细胞壁的形成过程中，见到胚囊中央的核仍在进行有丝分裂，增加细胞量，最后胚乳细胞充满整个胚囊。当原胚分化盾片或盾片迅速生长时，在花后8～10 d，胚乳最外层的胚乳细胞径向伸长细胞质增加，外切向壁和两个径向壁增厚，细胞内的淀粉粒减少，并出现糊粉粒，最终发育为糊粉层。

细胞型胚乳是在初生胚乳核分裂时，随即产生胞质分裂，形成细胞壁，继续分裂后形成许多胚乳细胞。本类型多见于双子叶植物的合瓣花类。

3. 种皮发育

在胚和胚乳发育的同时，珠被也变化，形成种皮，包被在胚和胚乳的外面，起保护作用。通常外珠被发育为外种皮，内珠被发育为内种皮。但有的牧草在种子发育过程中，内珠被或外珠被被吸收消失，只有一层外珠被形成种皮。多年生黑麦草、草地早熟禾等禾草种子的种皮则由内珠被发育而来，而且种皮与果皮合生，不易分开。种孔由珠孔而来；种脐是胚珠与珠柄相连处断落留下的痕迹。

有四个不同的组织与禾草种皮形成有关，分别是珠心残余部、珠被、子房壁（果皮）和两个小花苞片（外稃和内稃）。在禾草中种皮的明显变异均是这四种组织不同形式的变换。Cochrane 和 Duffus（1981）发现大麦开花后 23 d 珠被表皮细胞仍存在，但是在 10d 后该层细胞退化成了一个紧实的壁质内层（透明层）。该层导致大麦糊粉层细胞与种皮的紧密结合。在二层种皮细胞高度分化的同时，其外层比内层变得更薄，当颖果成熟时，这两层细胞通常变成结皮，其内层常呈谷色。

（二）豆科牧草或草坪草种子发育的形态学和生理学

一旦可育的小花成熟，种子成熟取决于从授粉到受精、胚乳形成和胚发生各过程的发育完全性。豆科与禾本科牧草或草坪草不同，它属于虫媒花，因此，种子的结实性还受传粉昆虫和环境的影响。在大多数牧草或草坪草种中，限制种子产量的主要因素是低的小花结实率。

1. 胚发育

苜蓿早期的球形期胚胎是椭圆形的（图 2-10A），随后胚胎继续增长变成了由大量细胞构成的球状物（图 2-10B）。紧接着球形胚顶部变得扁平（图 2-10C），子叶开始形成（图 2-10D），这标志着发育的心形期开始。当子叶长度大约 10μm 时到达心形期末期（图 2-10E）。随着子叶继续延长胚根开始形成，这时胚胎进入鱼雷期（图 2-10F）。当子叶继续生长，其长度超过种子宽度时致使胚胎弯曲（图 2-10G）。有时候，在苜蓿胚胎发育期间可能会形成三片或四片子叶（图 2-10H），但这比较罕见。

苜蓿合子胚包含胚柄（图 2-10A～E）。对胚柄结构的早期研究认为胚柄只是由一排细胞组成的。然而显微扫描显示其至少有两个细胞厚，并且可能会更厚（图

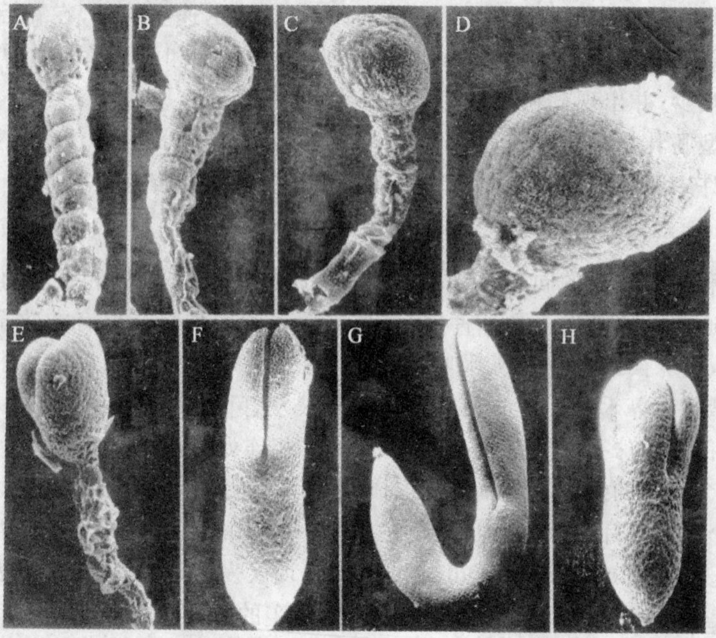

图 2-10　电子显微镜扫描苜蓿合子胚的照片(Xu and Bewley，1992)

A. 球形期的早期；B. 球形期的中期；C. 球形期的后期；D. 心形期的早期，子叶开始形成；E. 心形期的后期，子叶开始伸长；F. 鱼雷期(胚根开始形成)；G. 子叶伸长期；H. 拥有 4 个子叶的合子胚

2-10A)。

2. 胚乳发育

除三叶草属外，大多数豆科牧草或草坪草趋向于无胚乳，即胚乳组织被发育的胚所消化。但是，在所有种中，胚乳是胚发育所需营养的重要来源。这一点可以通过三叶草种间杂交胚因胚乳发育差而败育来证明。

初始胚乳发育是游离的胚乳核受精后开始胚乳核分裂，继而发生同步的，至少是部分同步的分裂，这取决于种。在发育最初阶段，胚乳核和细胞质在胚区域的胚囊边缘，并且在胚囊中胚体一端要比反足细胞一端分裂速度快，数量也多，在子叶出现时，游离胚乳核之间出现细胞壁分化，由游离胚乳核产生的胚核占胚囊的一半以下。在胚乳的位于合点一端胚乳吸器迅速发育，扩展到合点的顶端。

在红三叶中，授粉后第 18 d，糊粉层清晰可见(图 2-11)，糊粉层也是一个重要的营养物质贮藏组织，有利于种子建植和抵御水分胁迫。

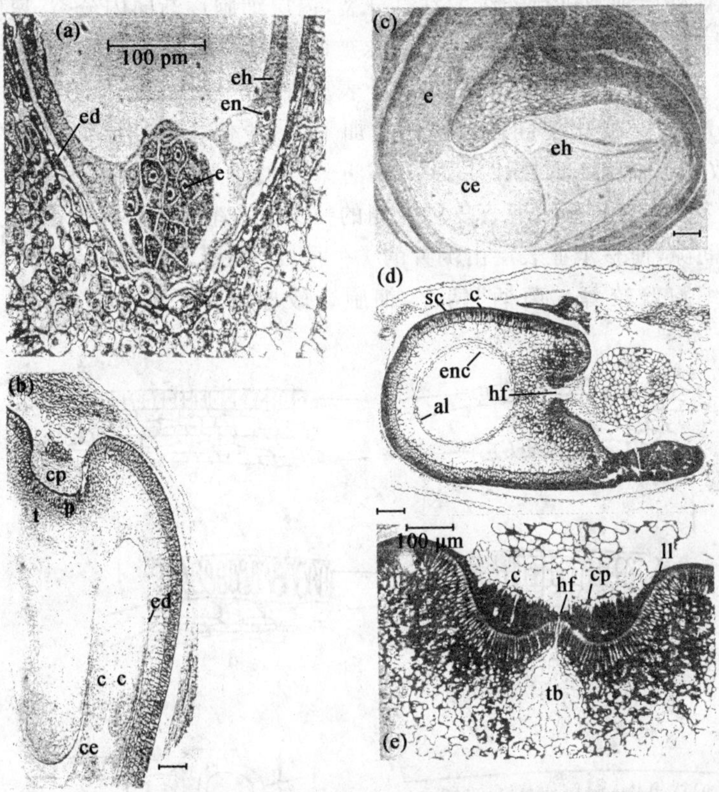

图 2-11 红三叶种子发育(Win,1978)

(a)授粉后第 6 d:球形胚时期,e,胚;eh,胚乳吸器;en,胚乳核;ed,内皮。

(b)授粉后第 8 d:鱼雷形期,胚由细胞状的胚乳管包围着,ce,细胞状的胚乳;c,子叶;cp,反栅栏细胞;p,栅栏细胞;t,管胞;ed,内皮(标尺=100 μm)。

(c)子叶:cp,反栅栏细胞;p,栅栏细胞;t,管胞;ed,内皮(标尺=100 μm)。

(d)授粉后第 18 d:交错胚腔的横切片,al,糊粉层;enc,细胞状的胚乳;sc,下皮层;c,角质层;hf,种脐缝隙(标尺=100 μm)。

(e)授粉后第 18 d:种脐区,c,角质层;hf,种脐缝隙;cp,反栅栏细胞;ll,明线;p,栅栏细胞;tb,管胞柱(标尺=100 μm)

3. 种皮的发育

种子成熟时珠被在发育上的变化以及珠被的数目,使种皮的结构在不同豆科牧草或草坪草中差异很大,现以白三叶种子种皮的发育为例说明。白三叶的内外珠被在未受精之前就融合在一起了,共计 6 层细胞(图 2-12a)。受精之后,融合在一起的珠被外层细胞进行连续的垂直分裂，内层细胞逐渐向内分裂，速度减缓。外珠被的外表皮及毗邻的亚表皮层和内珠被的内表皮相对细胞数量从 14：10：11 发展到18：10：4(图 2-12a、b)。最终外表皮细胞与亚表皮细胞数的相对比为 3：1(图2-12d)。这一变化使胚珠的直径增加了 3～4 倍。当外层细胞还在继续分裂时，大多数内层细胞变得拉长并萎缩，靠近外缘的细胞胞间层分解形成胞间空隙，胞间空隙多在亚表皮层。亚表皮层内侧的拉长程度较外侧大，故在表皮之下形成较大胞间间隙，使整个亚表层由倒置的类似蘑菇“菌蕾”的“骨状石细胞”组成，“菌帽”朝下，细胞壁较薄，“菌柄”朝上，细胞壁较厚。种子成熟时亚表层细胞全部死亡。

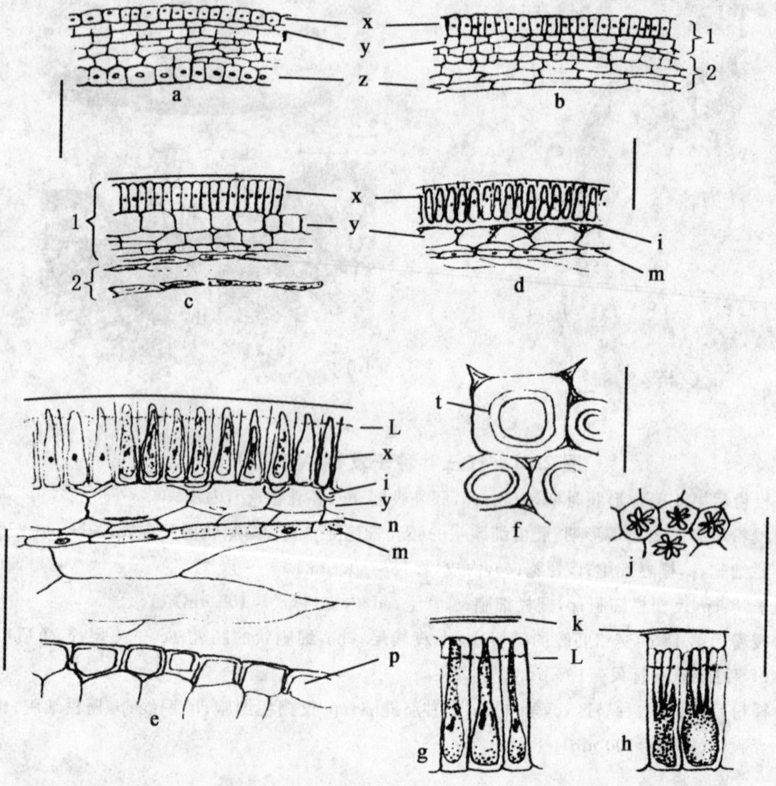

图 2-12　白三叶种皮的发育过程(Erith, 1924)

a. 成熟而未受精胚珠壁的横切面；b～d. 受精后胚珠壁发育过程的横切面；e. 种皮；f. 亚表层(y)表面结构；j～h. 成熟种皮栅栏层细胞的纵切面。图中：1. 外珠被；2. 内珠被；x. 栅栏层；y. 亚表皮层；z. 内珠被内层；n.“营养层”；m.“糊粉层”；i. 胞间隙；t.“骨状细胞”的厚壁；L. 明线；k. 角质层成熟的种子中亚表层细胞之下有两层完整的细胞(图 2-12c)。外层为外珠被的第三层细胞,由薄壁细胞构成,未成熟种子种皮剥落时,包括这一层作为分离层,很容易与种子分离;内层为内珠被的外表皮,为一层保留完整的薄壁细胞,其外侧略加厚并强烈角化。内珠被的第二层和第三层细胞在种皮发育过程中解体。

外珠被的外层细胞发育为防止种子外部损伤和不透水的结构。未受精之前,外珠被的外层细胞是等径细胞(图 2-12a)。受精之后,进行垂周分裂,并沿着与胚珠表面垂直的方向伸长,使细胞的长为宽的 4～5 倍。伸长后称之为栅栏细胞(或肾锥体细胞)的细胞壁沿顶端到基部形成 6～8 个加厚的棱,横切细胞表现为星状结构。细胞顶端加厚的棱脊很宽,细胞腔几乎消失,基部加厚减弱,细胞腔变宽,顶端的细胞壁非常厚,在外面形成一盖层,并被一层角质所覆盖。

第四节　牧草与草坪草种子形成发育过程中的物质变化

种子的形成过程,实质上是种子从小长大的形态建成和营养物质在种子中变化与积累的过程。种子成熟期间物质的变化与种子萌发时的变化相反,牧草与草坪草营养器官合成的养分以可溶性的低分子化合物状态,如葡萄糖、蔗糖、氨基酸等形式运往种子,在种子中逐渐转化为不溶性的高分子化合物,如淀粉、蛋白质、脂肪等,并在种子中积累起来。种子中营养物质的积累过程伴随着激素和酶的一系列变化(图 2-13)。经过一段旺盛的生长,种子的干物质积累速度减缓,激素含量下降,酶活性下降,水分大量散失,呼吸作用强度下降,胚外围细胞大量死亡(珠被、珠心、胚乳等),胚进入静止状态,种子便开始静止或休眠。

蒺藜苜蓿种子发育早期(形态发生时期)主要是以细胞分裂为特征。在开花后 12～13 d,胚的细胞分裂停滞或减慢,且发生核内复制,这表明种子灌浆期开始。干重的大部分是在种子灌浆和随后的成熟期间增加的,贮藏产物主要在胚细胞里积累。蒺藜苜蓿种子成熟时积累大量蛋白质(干重的 32%～42%),有 8%～10%脂肪酸和 6%～10%的可溶性糖,其余物质主要是复杂的多糖,淀粉含量小于 1%。蒺藜苜蓿种子成分更加类似于含油种子的豆类如大豆或羽扇豆,而不是更类似于豌豆或蚕豆。

一、种子贮藏物质的来源

种子生长发育的过程,是胚珠发育为种子以及营养物质在种子中积累贮藏的

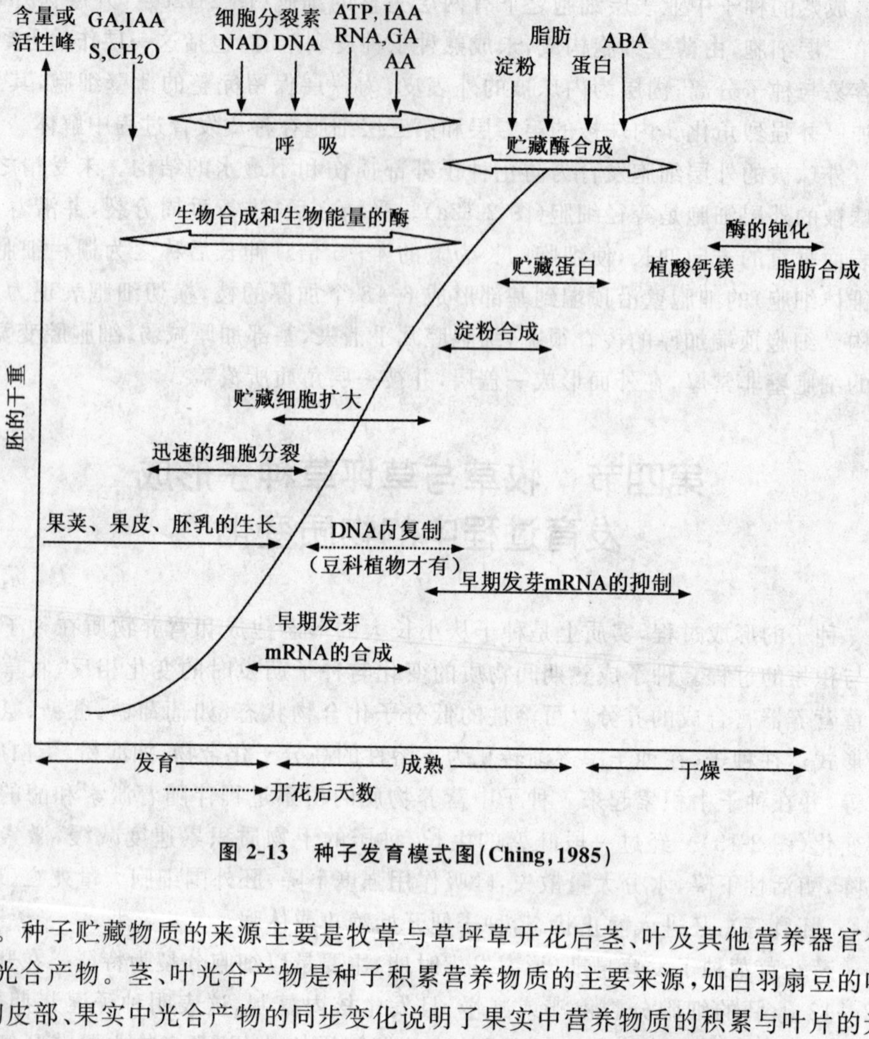

图 2-13 种子发育模式图(Ching,1985)

过程。种子贮藏物质的来源主要是牧草与草坪草开花后茎、叶及其他营养器官合成的光合产物。茎、叶光合产物是种子积累营养物质的主要来源,如白羽扇豆的叶片、韧皮部、果实中光合产物的同步变化说明了果实中营养物质的积累与叶片的光合作用有直接关系。除茎叶外其他光合器官,如禾草的穗部、芒、果实的外表皮和豆科牧草与草坪草的果荚制造的营养物质,对种子的物质积累也起着重要的作用。禾草穗部的光合作用在种子干物质的积累中也起着很重要的作用。特别是在种子发育的后期,内、外释的光合作用合成的物质集中输入种子中。

有研究表明,多年生黑麦草开花后营养组织中可溶性碳水化合物的总量不限制种子产量。在种子灌浆期间高分子可溶性碳水化合物在多年生黑麦草植株基部乃至上部的节间都有积累,尽管增加幅度不大,但这个积累的过程是持续进行的。节间可溶性碳水化合物的总量中 38%是在种子灌浆期间积累的。在种子灌浆期间，节间的干重和可溶性碳水化合物获得净增重，与此同时，穗部干重也在增加(图 2-14)。这表明穗部有足够的能力去填充种子并且积累可溶性碳水化合物而很少或者不需要从节间把碳水化合物转移到发育中的种子中去。

(a)

组织	每个分蘖枝损失或增加的总量/mg	
	WSC	干重
叶鞘	−1.3	−10.6
叶片	−5.7	+0.7
穗	+49.0	+107.0
节间	−4.5	+160.0

注：WSC为可溶性碳水化合物

(b)

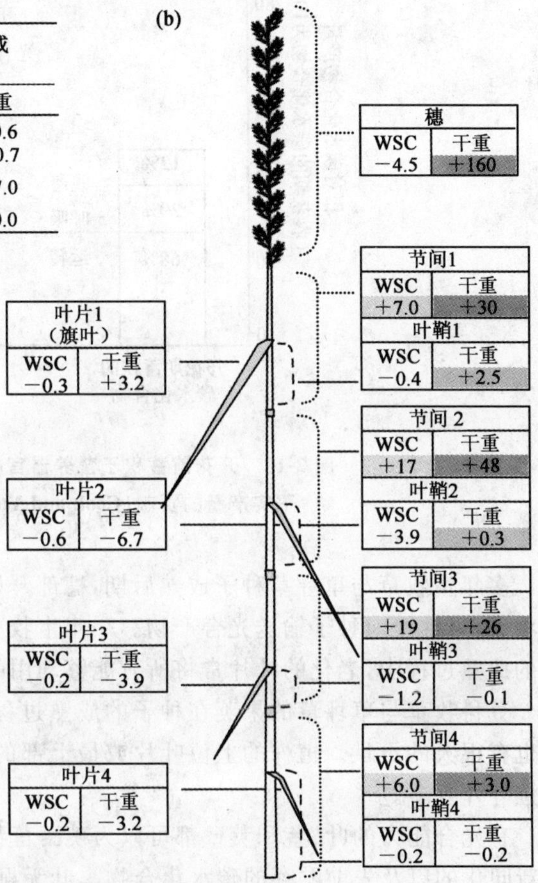

图 2-14　多年生黑麦草开花后营养和生殖器官可溶性碳水化合物及干物质的净损失和增加量(Trethewey and Rolston,2009)

种子中积累光合产物的数量，与母体不同部位的光合能力、寿命长短、牧草与草坪草的种和品种及冠部的光环境关系密切。牧草与草坪草尚未抽穗或花序形成之前所制造的光合产物，除满足本身生长发育的需要外，剩余的蓄积在茎、叶鞘或分蘖节中。抽穗开花期，蓄积在这些营养体内的物质达到高峰，开花之后部分运送到发育的种子中，占种子最终干重的15%～26%(图 2-15)。

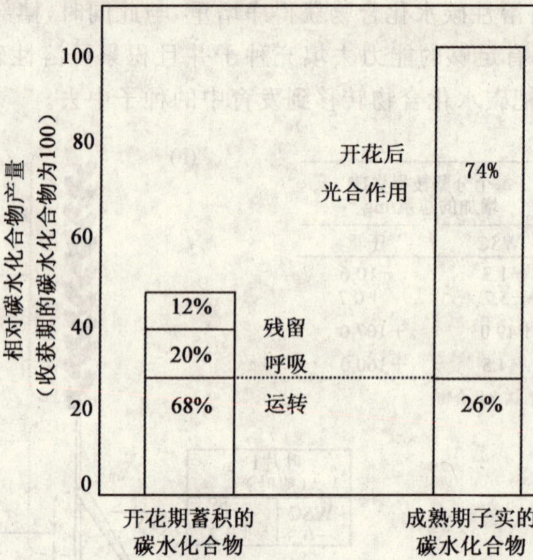

图 2-15　开花前蓄积于营养器官的碳水化合物对子实产量的贡献(Cook and Yoshlda,1972)

多年生牧草与草坪草种子成熟后期,穗部开始变黄,但绝大部分营养体保持青绿状态,可继续向种子输送光合产物。一年生牧草营养体的老化常先于穗部,在种子的成熟过程中,老化的叶片常将所有能够动用的可溶性物质运输到种子中。

豆科牧草与草坪草的果荚在种子的成熟过程中,光合产物对种子的干物质积累也有很大的贡献。植株的上位叶片或最上部的叶片,向种子运送的同化产物较低位叶片要多。

有光合能力的叶、茎和荚壁都可以为蒺藜苜蓿的种子提供糖类物质,可以调动最新同化的以及先前贮存的碳水化合物。叶无疑是这些糖的一个重要来源,因为它的光合效率高(相对于茎和荚壁),而且实验表明在紫花苜蓿中由于开花导致的落叶会减少种子的重量。此外,由于种子发育过程并不能完全阻止落叶,这意味着茎和荚壁必须负责一些碳水化合物的合成并运送给正在发育的种子。事实上,在蒺藜苜蓿生长发育过程中,茎和叶柄干重已经显示出下降。在蒺藜苜蓿荚壁中,授粉后 20 d 有相对较少的淀粉粒存在于中果皮细胞,这意味着几乎没有储备的碳水化合物划分给种子。此外,荚壁干重在蒺藜苜蓿成熟时期不会减少,不像其他一些豆类。

种子发育过程中,合成蛋白质的氮素来源主要是正在老化的营养器官蛋白质的分解产物，种子利用这些氮素重新合成蛋白质。多花黑麦草抽穗后叶片中的氮素急剧下降。

种子的形成主要是由苞叶产生的光合同化物所支撑（出现在相同的茎节），其次是来自植物的花序（谷物）和果肉荚壁部分（豆科）。种子灌浆期的氮大部分来自叶片衰老的过程，依靠增加来自茎和花序的非结构性碳水化合物以维持连续的光合同化物的提供。例如，小麦拔节期旗叶（最靠近头状花序）的光合作用率，种子的生长依赖于茎贮存物的再活化，可提供60％以上的最终种子生物量。

二、种子发育过程中的物质运输途径与转化形式

在种子发育过程中，从营养器官输入种子的光合产物主要是蔗糖，还有从茎部输入的氨基酸。这些光合产物和含氮化合物经过营养体的韧皮部输送到胚和胚乳。

禾草种子灌浆期间，光合作用的产物以蔗糖形式运入种子。通过种子与母株之间维管组织的解剖发现，颖片、外稃、内稃都附着在维管系统的中断区，母株的维管束与种子维管束在小穗轴的节处断开，中断区内被许多传递细胞所填充，这种细胞可传递从母株维管束运送来的溶液到种子的维管束中，这样光合产物经由母株的韧皮部，通过传递细胞转运至种子的胚乳中。部分禾草以蔗糖形式运输到种子的光合产物，在进入种子之前分解为单糖，然后通过珠柄——合点区由传递细胞运入胚乳组织，恢复蔗糖，再合成淀粉。禾草种子成熟过程中，生成的氨基酸，主要是种子自行合成的。合成氨基酸的含氮化合物，母株以天冬酰胺和谷氨酰胺的形式供给种子。

Krishnam 和 Dayanandan(2003)对禾本科植物种子物质输入的微观途径进行了总结，认为物质输入种子内部主要有共质体和质外体两种微观途径。共质体途径是指从胚珠维管束迹（中断区）经过色素束到珠心突的各层孢子体之间存在着贯通的胞间连丝系统。而在孢子体组织和胚乳组织之间由于缺乏胞间连丝，物质只能通过糊粉层的质外体（细胞壁和细胞外基质）输入。除了合点这一主渠道外，包围整个胚乳外周的珠心表皮在物质运输中也起重要作用，特别是在种子发育后期，当珠心组织几乎被完全吸收（仅余一层表皮细胞），由珠心突进入的养料通过珠心表皮细胞层分布到整个胚乳外周，再由糊粉层进入胚乳，到了种子发育晚期，珠心突与表皮均已退化，物质运输通道被切断，种子失水达到完全成熟。

豆科牧草与草坪草种子发育早期从胚周围的胚乳组织吸收养分，种子发育后期营养物质经由母株的韧皮部运往发育中的子叶。子叶与珠被相连，但在子叶或胚轴与种皮之间没有维管束直接相连，只能利用胚外表皮传递细胞吸收珠被内表

皮传递细胞释放的营养物质。有些豆科牧草或草坪草，将母株韧皮部转运至果荚的营养物质，通过珠柄传递细胞运送到胚中。输入种子的含氮化合物主要是天冬酰胺和谷氨酰胺以及丝氨酸，在种子发育过程中，利用从酰胺等含氮化合物中所取得的氨基作为氮源，以运入种子的碳水化合物为碳架，合成贮藏蛋白所需的氨基酸。白羽扇豆由母株输入果实碳素的 98%、氮素的 99%和 40%的水经韧皮部运送，由韧皮部输入果实的碳水化合物中 90%是蔗糖，输入的含氮化合物中 75%～85%为天冬酰胺和谷氨酰胺。

种子需要糖、氨基酸和矿物离子能够定量流动以维持它们的生长和发育。这些溶质来自不同的母体组织，包括小叶、茎、豆荚，它们在这些组织中合成、吸收或积累然后供给种子。在从质外体释放至胚之前，种皮（母体组织）也将参与养分流动，要么是作为传递组织要么是为了某些营养成分的代谢。根可视为次要源区，它们吸收矿物质并进行氨基酸的代谢，随后这些物质通过木质部输送给叶、茎和荚壁。

一些母体组织的器官在种子发育中提供氨基酸，这些器官不仅提供了最近合成的氨基酸也可从贮存蛋白质中转化。研究者认为大多数源器官（如茎、叶、荚壁）能够装载氨基酸进入韧皮部途径。氨基酸的氮来自根（如硝酸盐、铵或通过根瘤固定）并且主要在根部合成。然后，它们通过木质部被运送到地面的植物组织。这些器官具有较强的转换能力（如叶片）并将因此获得大量的氨基酸，也可能是这些新固定养分再活化的主要源区。氮素吸收在生殖生长过程中对豌豆子粒蛋白质的沉积贡献很大。

此外，结构蛋白，如核酮糖-1,5-二磷酸羧化酶，在营养器官衰老时可降解为氨基酸供给种子。通过研究蒺藜苜蓿发现氮是在叶、茎和荚壁中转化而来的，目前还不清楚它们的转化是否归功于营养贮藏蛋白、结构蛋白或两者兼而有之。大豆叶片中，大部分营养贮藏蛋白积累在叶肉中，尽管在紫花苜蓿中发现了细长的叶肉，但这种结构还没有在蒺藜苜蓿中发现。

与氨基酸一样，所有母体器官在为种子运输矿物离子中起到重要作用。矿物元素通过植物根系摄入，随后通过木质部供给有蒸腾作用的器官。一旦矿物元素出现在叶、茎、荚壁，这些矿物元素会通过韧皮部分配给种子。养分和水分通过韧皮部进入种子的母体组织（图 2-16）。养分从韧皮部（通过胞间连丝）共质体卸载，其后水分的运输路径还不确定，但是养分从共质体向最靠近母体/子代界面的转运细胞移动。母体转运细胞将养分释放到种子质外体，养分通过并行的子代转运细胞从种子质外体中回收。养分的释放和回收都是由位于转运细胞质膜内的转运载体所调节的。多余的水分通过木质部返回到母体植株中，种子中养分的损失由木质部的不连续性(图 2-16 xd)和质外体屏障(图 2-16 ab)阻止。

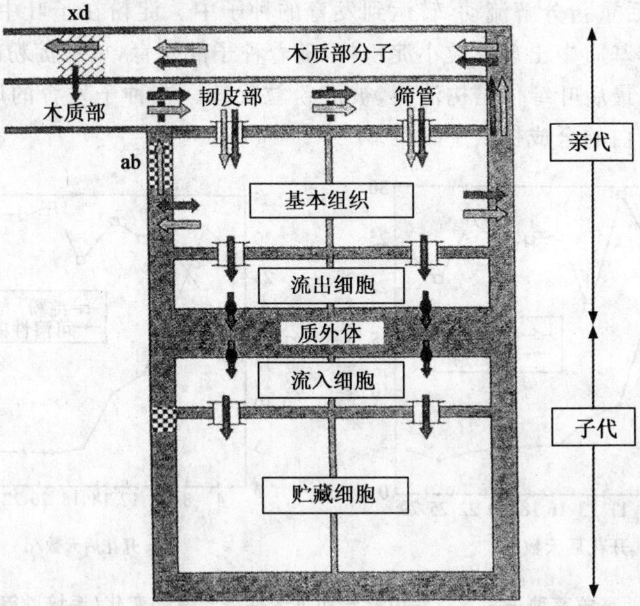

图 2-16 养分和水分向发育种子运输路径的图示(Patric et al, 2001)

养分(⇓) 水分(↓) 包间连丝(⇕) 转运载体(⧫)

三、种子发育过程中贮藏物质的合成与积累

牧草与草坪草种子的发育过程中,营养器官中的养分呈溶解状态向种子运输,在种子内部积聚起来,随后逐渐转化为非溶解状态的干物质,主要是高分子的淀粉、蛋白质和脂肪。在种子成熟期间的生物化学变化主要是合成作用。

(一)糖的合成

种子发育期间,糖类在种子内不断地进行转变和积累。随着禾草种子的成熟,可溶性糖的含量随成熟度提高而不断下降,不溶性糖主要是淀粉其含量随种子成熟度提高而增加(图 2-17)。

禾草中蔗糖经母株韧皮部和传递细胞运抵胚乳,胚乳细胞停止分裂后淀粉开始沉积,最初淀粉大量沉积在腹沟两侧,后来逐渐充满整个胚乳。淀粉是在前质体内形成的,最初呈颗粒状,后来发育为复合淀粉粒。淀粉粒呈同心环状或贝壳状,每一个环(或层)可能代表一天内形成的淀粉,环是淀粉粒填充密度的突然中断形成的。豆科牧草或草坪草由叶片和果荚产生的蔗糖，可以暂时以淀粉的形式贮藏在荚壳里，以后重新分解流动，转运到发育的种子中。淀粉在子叶中积累，开始时子叶的叶绿体基质中出现单粒小淀粉粒，随着种子的发育，单粒淀粉的体积逐渐增大，改变形状，最后叶绿体结构消失，被淀粉粒代替。在种子发育的后期生成的淀粉为脂肪和蛋白的合成提供了碳架。

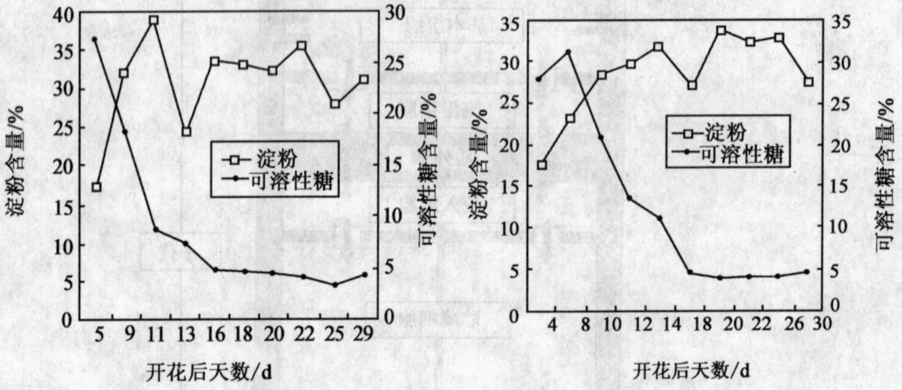

图 2-17　高羊茅种子发育过程中淀粉和可溶性糖含量的变化(毛培胜等,1997)

左,Fawn 品种;右,Safari

输送到种子中的蔗糖首先通过蔗糖合成酶(蔗糖-尿苷二磷酸转葡萄糖基酶)的作用转化为果糖和尿苷二磷酸葡萄糖(UDPG)。其变化方程如下：

蔗糖＋UDP→果糖＋UDPG

果糖和 UDPG 转化为一磷酸葡萄糖(G-1-P)，前者通过 6-磷酸果糖和 6-磷酸葡萄糖阶段，而后者通过 UDPG 磷酸化酶的活化完成：

UDPG＋PPi→G-1-P＋UTP

G-1-P 在 ADPG 磷酸化酶的作用下转化为 ADPG：

G-1-P＋ATP→ADPG＋PPi

由 ADPG 转化来的葡萄糖分子加到一个小的葡萄糖引物上，使链长增加一个单位。这种过程重复进行，直到淀粉分子完成为止。参与这一合成的酶是 ADPG-淀粉合成酶，其变化：

ADPG＋G(n)→G(n＋1)＋ADP

种子贮藏的糖类还有葡聚糖和半纤维素，半纤维素是种子中细胞壁的主要成分,也是种子的后备养分。葫芦巴种子有胚乳,其胚乳细胞壁中含有很多半纤维素,半纤维素的主要成分是半乳甘露聚糖。葫芦巴种子胚乳细胞壁半乳甘露聚糖的积累贯穿在种子发育的全过程。

(二)种子中脂肪的合成

脂肪类种子的发育过程中,脂肪的含量随着可溶性糖的减少而相应增加,表明脂肪是由糖类转化而来的。种子发育过程中,贮藏物质积累的顺序,先是糖类,而后是脂肪(或脂类)。原因是种子发育早期缺少脂肪酸合成酶类。种子中脂肪的积累有两个特点:一是种子成熟初期所形成的脂肪中含有大量的游离脂肪酸,随着种子的成熟,游离脂肪酸逐渐减少,而合成复杂的油脂,所以未成熟的种子酸价高;二是脂肪酸的性质在种子成熟期也有变化,种子发育初期,形成饱和脂肪酸,随着种子的成熟,饱和脂肪酸逐渐减少,而不饱和脂肪酸逐渐增加,因此油脂的碘价随种子成熟而提高。脂肪酸合成发生在成熟初期,花后 13 d 脂肪酸浓度是干重的 9%,花后 19 d 增加到最大值为干重的 12%,直到干物质积累结束其不再增加。软脂酸、亚油酸和亚麻酸是在幼小的胚里发现的主要脂肪酸,花后 13 d 成熟初期由饱和脂肪酸的迅速减少和不饱和脂肪酸的增加,尤其是 C18:3,在成熟的种子里大约 75%的脂肪酸合并为甘油三酯,脂肪酸即 C16:0、C18:1、C18:2 和 C18:3 占总脂肪酸的 95%。苜蓿的种子形成期间,观测到脂肪酸沉淀的比率降低和不饱和脂肪酸的比例升高,反映了苜蓿原有的特性,在油的产量上没有改进。

脂肪是由脂肪酸和磷酸甘油(由磷酸二羟丙酮或甘油转化而来)合成的。脂肪酸在与磷酸甘油结合前,需先形成脂肪酰辅酶 A,在形成甘油二酯的基础上最后合成甘油三酯。

种子中贮存脂肪的细胞器为油体,它来源于内质网。新合成的脂肪积聚在内质网双层膜之间而使它膨大起来。当充满油脂的小囊泡达到临界大小时,它可以完全脱离内质网而单独形成一个小球体,或脱离后仍常有一小片内质网(B 型),或与内质网保持着许多连接点(C 型),或从内质网挤出来而成为一个微粒体独立存在,而在膜上积聚着油脂(图 2-18)。

(三)种子中蛋白质的合成与积累

种子发育的特点之一是大量合成和积累贮藏蛋白,后者在种子萌发时迅速分解,为幼苗生长提供养料。种子发育过程中,贮藏蛋白的基因大量地在种子发育的特定时间及部位表达。许多作物的种子贮藏蛋白基因被成功克隆。多数种子贮藏蛋白是多基因家族编码的,如玉米有 20 多种醇溶蛋白,其编码基因多达 75 个;油菜的 2S 水溶性蛋白基因数 2~5 个,这使得同一种子中存在不同的蛋白异构体。

1. 蛋白质合成

种子中的蛋白质分为两类，即简单蛋白质和复合蛋白质，种子中的大部分蛋白质属简单蛋白质，是由许多不同的氨基酸以肽键连接起来的多肽链。种子中的复合蛋白主要是蛋白质与核酸结合而成的核蛋白和与脂肪结合而成的脂蛋白，量很少，存在于胚中。

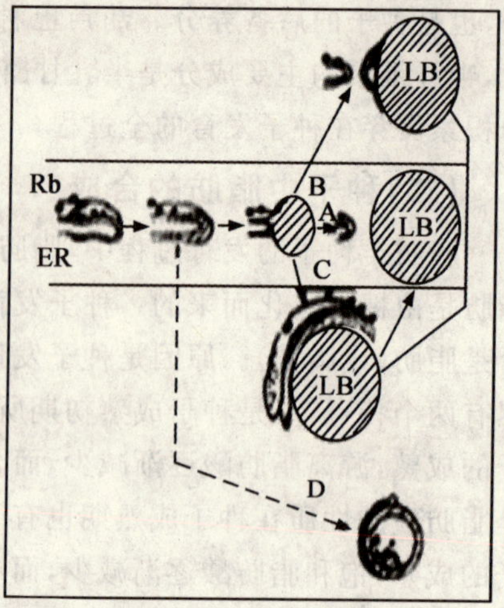

图 2-18 油体(LB)从内质网(ER)发育而来的现代假说(Wanner 等,1981)

有以下几种不同情况：A. 油体由内质网挤出来而无残留的膜；B. 在油体上残留小片的膜；C. 内质网的片段贴在新形成的油体上；D. 内质网的空泡通过油脂的不断累积在两层膜的中间，发育成为膜上富有油脂的小囊泡；Rb. 代表核糖体

种子蛋白质积累的特点是随着种子的发育，种子中的非蛋白氮(游离氨基酸和胺)先增加，而后不断降低，蛋白氮的含量逐渐增加，但在充分成熟的种子内仍留存一定数量的游离氨基酸，特别是在胚部仍留有多种高浓度的游离氨基酸。种子中蛋白质的合成有两条途径，一条是由叶子流入种子中的氨基酸直接合成；另一条是氨基酸进入种子后，分解成氨基等含氮化合物，再与 α-酮酸结合，形成新的氨基酸，再合成蛋白质。前者如豌豆种子中的球蛋白，后者如禾本科植物种子中醇溶性谷蛋白。蛋白质在种子中的生物合成分为三步：第一步是氨基酸的活化，即氨基酸和 ATP 在酶的作用下形成酶-氨基酸-AMP 的复合体；第二步是多肽的形成，即活化氨基酸与可溶性核糖核酸(tRNA)连接，并被运到核糖体上，按照信使核糖核酸(mRNA)模板顺序排列，互相结合形成多肽；第三步是蛋白质形成后，脱离模板。

2. 蛋白质积累

豆科植物(豌豆)种子中的贮藏蛋白虽然积累在液泡或蛋白体内，但它们的合成作用却发生在粗糙的内质网上，合成后输送到贮藏细胞器中。内质网上合成的蛋白质首先运送到子叶细胞最初形成的中央液泡中(体积占细胞体积的大部分)，开始在液泡中沉积，随后子叶细胞中形成许多小而呈球形的液泡，并伴随着蛋白质的沉积，最终中央液泡高度弯曲，并逐渐断裂形成小的蛋白体。球形液泡逐渐变得界线明显，成为充满贮藏蛋白的离散蛋白体。禾本科植物(玉米)的贮藏蛋白是在胚乳细胞中和内质网靠在一起的多核糖体上合成，新合成的蛋白质在内质网末端的膨大部或沿内质网的膨大部分的膜进入腔中积累并形成小颗粒，这些小颗粒被原生质流集中起来，形成较大的团聚（聚合）体，最后成为蛋白体。除含有白蛋白（albumin）和球蛋白（globulin）外，禾本科植物种子胚乳还贮存有谷醇溶蛋白（prolamin）和谷蛋白（glutelin）。在电镜下，淀粉胚乳（水稻）中的蛋白质以颗粒状态存在（称为蛋白质体或蛋白质粒）。蛋白质体最早见于花后 1 周左右，最初很小，随胚乳成熟逐渐增大。在较成熟的胚乳中，蛋白质体的直径小至 1 μm 以下，大至 2～3 μm，掺杂于比它们大得多的淀粉粒中。蛋白质体在胚乳中的分布有一定的规律：越接近外周越密集，越接近中央越稀少，呈明显的向心递减梯度。90%以上的蛋白质集中在淀粉胚乳外周 240 μm 区段；70%集中在外周 120 μm 区段。淀粉胚乳最外一层细胞亚糊粉层的蛋白质最为丰富。

（四）种子发育过程中激素的变化

生长发育中的种子除积累各种贮藏营养物质之外，也伴随着其他化学物质的变化，其中植物激素——生长素（IAA）、赤霉素（GA）、细胞分裂素（CK）和脱落酸（ABA）对种子的生长发育起着调节作用，同时也和果实的生长和其他生理现象有密切关系。植物激素在种子中的含量随成熟度而发生变化，一般在胚珠受精以后的一定时间开始出现，随着种子发育，其浓度不断提高，此后又逐渐下降，最后在充分成熟和干燥的种子中就不会发现其存在。

1. 种子发育过程的激素种类与来源

（1）生长素。种子发育期间的主要生长素是吲哚乙酸（IAA），这种激素并非来自母株，而是在种子组织中从色氨酸通过正常的生物合成途径形成。种子中不仅广泛存在游离型的吲哚乙酸，还有各种不同形式的结合态生长素，如与肌醇或阿拉伯糖形成的结合态生长素。在发育的种子中，游离型生长素含量高于成熟种子。生长素多积聚在未成熟种子的珠心和胚乳等营养组织中。随着种子的成熟，游离型生长素转变为酯等结合态物质，游离型生长素的含量逐渐减少。

（2）赤霉素。发育的种子中含有各种游离型赤霉素，它们的活性很高，调节种子内光合产物的积累。在种子发育早期形成的几种赤霉素活性较强，到种子发育末期才形成活性差的赤霉素。种子发育过程中，游离型赤霉素随种子的发育会出现一个或两个含量高峰，之后在种子成熟时含量下降，通常种子成熟时游离型赤霉素结合成糖苷、糖酯或与蛋白质结合存在于种子中。赤霉素由种子本身合成，合成的场所可能在胚乳。种子的胚柄中含有高浓度的赤霉素，胚部的赤霉素很可能来自胚柄。

（3）细胞分裂素。未成熟的种子中的细胞分裂素有玉米素、异戊烯腺嘌呤以及它们的衍生物。细胞分裂素随着种子发育而变化,一般在种子细胞强烈生长时期,其含量显著增加。在胚乳体积达到最大、种子及其胚迅速生长时期,细胞分裂素含量达到高峰,然后随种子成熟而下降。细胞分裂素的合成部位目前还不大清楚,但有些研究已证实细胞分裂素可能有两种来源,一种是来自根部,在根内合成后运输到种子中;另一种是种子本身能够合成。

发育的种子细胞分裂素的合成首先是在白羽扇豆中发现的,但是有可能一些物种中 CK 的运输是从母体运向种子的。开花后 6～12 d CK 的含量在发育中的玉米子粒和其他谷物子粒胚乳中有一个瞬时增加。这一高峰与胚乳中最高的核分裂和淀粉体分化的速率一致。白羽扇豆和鹰嘴豆种子最高的 CK 含量出现在子叶扩张和胚乳消耗期间的液态胚乳中(图 2-19)。

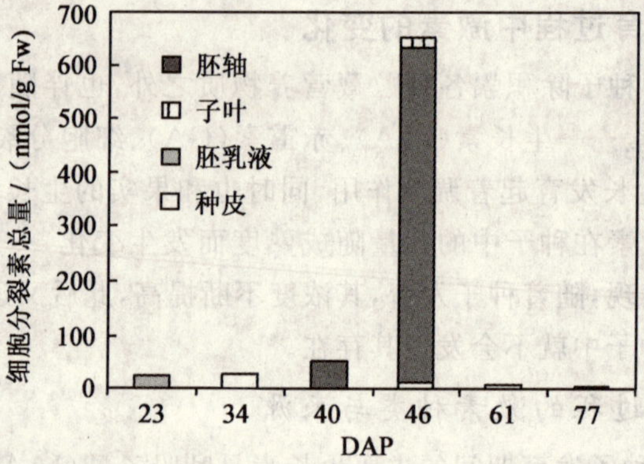

图 2-19　羽扇豆种子发育过程种子中细胞分裂素总量(Emery et al, 2000)

大多数 CK_s 是 N^6-取代腺嘌呤衍生物,包括玉米素(Z)、二氢玉米素(DHZ)及其核苷酸、核苷和玉米素核苷形式。所有这些都能结合糖或氨基酸,一些结合物是可逆的(如 O-葡萄糖),其他一些是不可逆的(如 N-葡萄糖)。异戊烯基转移酶(ipt)向嘌呤环增加了异戊烯基支链,一些基因编码的 ipt 已经在拟南芥和其他植物种类中克隆。参与 CK 形式间相互转换的酶同样被识别。关于不同 CK 类型在体内的作用知识很有限。

(4)脱落酸。脱落酸是一种促进种子休眠的激素,为重要的种子萌发抑制物质。脱落酸存在于各种牧草或草坪草的种子中,分布于种子的胚、胚乳、种皮和果实中。在种子发育过程中,脱落酸出现一次或两次高峰期,然后随种子成熟干燥而下降,在成熟的种子中维持种子的休眠特性。

种子中脱落酸的来源问题还不清楚,某些植物种子中部分或全部脱落酸可能来自母株，某些植物种子的胚和胚乳能够合成脱落酸。

2.种子发育过程中激素发生动态

种子成熟受多种激素的调节控制，种子内源激素的含量随种子发育而呈动态变化。小麦受精前其胚珠中细胞分裂素含量极低，而在受精末期增加到最高后即下降。受精后种子开始生长时，GA 迅速升至高峰，然后下降；在种子生长盛期 IAA 含量增加，当种子鲜重达到最大时，IAA 含量也最高，但种子成熟时几乎测不到活性；种子发育过程中，ABA 含量也大大增加。内源激素的顺序变化对种子发育有特殊功能，首先出现的细胞分裂素，可能调节种子形态建成的细胞分裂过程，随后增加的 GA 和 IAA 参与调节有机物向种子的运输与积累，ABA 与种子中物质转化及脱水干燥进入休眠有关。

牧草与草坪草种子发育过程中各内源激素的发生规律因植物种类不同而有所差异。羊草和 5 种偃麦草种子发育过程中内源激素的研究表明，不同植物激素在种子发育过程中存在发生时间、含量的差异，在不同植物种间其变化规律也有不同。4 种植物激素峰值发生具有明显的时间顺序性和种间一致性的特点，赤霉素和脱落酸出现最早(8～14 d)，其次是生长素(11～23 d)，最后是细胞分裂素(11～33 d)，种间存在含量差异，但变化规律基本一致。4 种植物激素含量具有明显的激素间和种间差异，以峰值含量比较，赤霉素含量最低(15～35 ng/g 鲜重)，其次是生长素(35～91 ng/g 鲜重)，最高是细胞分裂素 ZR(104～129 ng/g 鲜重)，抑制激素脱落酸峰值含量(42～113 ng/g 鲜重)的变化范围最大。6 种根茎禾草种子发育过程中，4 种内源激素含量的变化趋势基本一致，都是从高到低的趋势，即发育早期激素含量较高于后期，但是激素含量存在明显种间差异。3 种促进激素变化呈双峰曲线，抑制激素 ABA 变化呈波浪式降低曲线，峰值不明显。抑制激素/促进激素的变化规律呈从低到高的趋势，即发育后期抑制激素含量高于促进激素。显然，种子发育是各激素相互作用，甚至是拮抗作用的结果。

第五节 牧草与草坪草种子的成熟

一、种子成熟的含义

牧草与草坪草种子成熟应该包括两方面的含义，即形态上的成熟和生理上的成熟，只具备其中的一个条件时，就不能称为种子的真正成熟。如乳熟期的大部分种子已经具备了发芽能力，但未达到最大干重，还没有达到形态上的成熟。有许多牧草或草坪草种子，如高羊茅、草地早熟禾等，虽然在形态上已达到充分成熟，但给予适宜的发芽条件，却不能正常发芽，必须再经过一定时间的贮藏之后，才能发芽。

完全成熟的种子应具备以下基本特点：①养料输送已经停止，种子所含干物质已不再增加，即种子的千粒重已达最高限度；②种子含水量减少到一定指标，如豆科牧草或草坪草含水量达 35%～36%，禾本科牧草或草坪草含水量达 40%～45%；③种子的硬度增高，对不良环境的抵抗力增强；④种皮坚固，呈现种或品种固有的色泽或局部特有颜色，如二色胡枝子种皮呈黑紫色或底色为褐色且具密的黑紫色花斑；⑤种子具有较高的发芽率（85%以上）和最高活力，内部的生理成熟过程已完成。

二、种子的成熟阶段

牧草与草坪草种子的成熟期是按其外部形态特征的变化划分的。不同的牧草与草坪草种子成熟阶段及外部特征差异很大，而且种子成熟的程序也不一致。要鉴定种子的成熟期是否已达到某阶段，应以植株上大部分种子的成熟度为标准。一般地，把草种子的成熟阶段划分为：①乳熟期：禾草种子成熟过程的第一时期，这一时期颖果为绿色，内、外稃呈绿色，种子内含物呈白色乳汁状。此时种子体积已达最大限度，含水量较高，胚已发育完成，少数种子虽具发芽能力，但种苗生长不正常。②蜡熟期：禾草种子成熟过程的第二时期，颖片和内、外稃开始退绿，颖果呈固有色泽，内含物呈蜡状，用指甲压时易破碎，养分积累趋向缓慢。蜡熟后期，颖果逐渐硬化，稃片呈固有色泽。③完熟期：禾草种子成熟的结束时期，颖果干燥强韧，体积缩小，内含物呈粉质或角质状，指甲不易使其破碎，稃片呈固有色泽。很多牧草与草坪草种子开始自然落粒。

豆科牧草与草坪草种子成熟阶段划分为：①绿熟期：荚果和种子均呈鲜绿色，种子体积基本长足，含水量高，容易用手指挤碎。②黄熟前期：荚果转黄绿色，种皮呈绿色，比较硬，但容易用指甲刻破，种子体积达最大。③黄熟后期：荚果褪绿，种皮呈固有色，种子体积缩小，不易用指甲刻破。④完熟期：荚壳干缩，呈固有色泽，种子变硬。

以对海边香豌豆和家山黧豆为例来说明豆科牧草与草坪草种子成熟期各阶段的外部形态与生理特性的变化情况。海边香豌豆荚果长度和宽度在 S_3 阶段之前一直在增加，达到 S_3 阶段后不再变化。而家山黧豆则在 S_1～S_4 之间持续增长，在 S_4 之后达到最大。这两个种类的种子长度均在 S_5 阶段达到最大，之后保持恒定，不再变化。在整个过程中，种子和荚果的色素发生了一系列的变化，因此可用来判定各生殖生育期。图 2-11 表明了两种牧草的六个发育阶段。S_1～S_5 阶段荚果果皮的鲜重和干重呈增长的态势，其中 S_1 和 S_2 阶段增长很迅速，S_5～S_6 阶段有所下降。随着种子的成熟，种子干重和鲜重逐渐增加，分别在 S_5 和 S_6 阶段达到最大值。海边香豌豆种子鲜、干重增长率分别在 S_2～S_3 和 S_2～S_4 阶段达到最高。而家山黧豆种子鲜、干重的最大增长率均出现在 S_1～S_2 阶段。荚果壳和种子的发育和生长模式基本上遵循同一模式，呈"S"曲线变化，唯一的例外是家山黧豆的种子呈线性增长。在经历 S_1～S_2 阶段小幅度增长后，海边香豌豆果皮壳和种子的含水量呈逐渐下降的趋势，并一直持续到 S_5 阶段。S_5～S_6 阶段果皮壳和种子快速失水，含水率分别降低了 57%和 46%。家山黧豆果壳和种子含水率在 S_1～S_3 阶段增加，但在 S_4～S_6 阶段降低，但种子含水率在 S_1～S_2 阶段增加，在 S_3～S_6 阶段降低。和海边香豌豆类似，家山黧豆在 S_5 和 S_6 阶段失水最多，分别占果壳和种子的 41%和 48%。

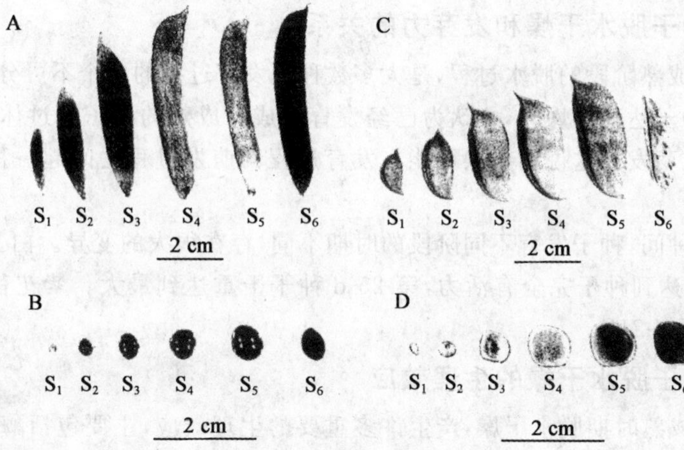

图 2-20　海边香豌豆和家山黧豆六个发育阶段

海边香豌豆在 S_4 阶段获得了萌发能力。家山黧豆在 S_3 阶段获得发芽能力，随着成熟这一发芽能力也逐渐上升并在 S_5 阶段达到最高。S_5～S_6 阶段的发芽率下降可能是脱水过多的缘故。然而，发芽速率、种苗长度、种苗干重随着成熟逐渐增加并在 S_6 阶段达到最大值。随着种子的成熟，脂类总量逐渐积累增加并在 S_6 阶段达到最大值。海边香豌豆和家山黧豆的脂类存贮率在 S_2～S_3 阶段达到最高，分别为 36%和 43%。S_6 之间种子总蛋白量呈线性上升趋势。海边香豌豆和家山黧豆种子总蛋白率分别在 S_2～S_4 和 S_2～S_3 阶段达到最高，为 29%和 41%。随着种子的成熟，种子吸水率下降。S_5 和 S_6 阶段收获的种子甚至在浸泡 24 d 仍然不吸收水分，此后的头 12 h，种子吸水率比后面的时间段要快。四唑生活力实验表明，即使浸泡 24 h 后种子依然具有生活力。不能发芽的原因在于种皮太坚硬，种子不能吸水。

三、种子成熟过程中的脱水作用及生理效应

种子成熟的初期，随着养料和水分的大量流入，在种子表面进行的蒸腾作用，比叶面更为强烈，使种子中不溶物质的浓缩度增加，促进了合成作用。与此同时，种子还进行着旺盛的气体交换，吸收二氧化碳，依靠存在种子中的叶绿素制造部分有机物质。另外，吸收氧气以完成种子贮藏物质的转化。至种子成熟后期，干物质逐渐充满了种子内部，叶绿素消失，物质积累和光合作用逐渐趋向停滞，种子脱水干燥而趋硬化，呈固有颜色而进入完熟期。

（一）种子脱水干燥和发芽力的关系

种子在成熟阶段的脱水过程，是大多数种子发育过程的一个不可分割的部分。事实上，当种子达到干燥时，才认为已经发育完成。成熟的种子通过休眠，重新吸水，就会导致萌发。这说明干燥可能在发育过程与萌发过程之间起一种关键性的作用。

在不同种间，种子发育不同阶段的时期不同，存在很大的变异。白三叶在开花后 18 d 可以达到种子完全有活力，第 25 d 种子干重达到最大。紫花苜蓿分别为 22 d、40 d（图 2-21）。

（二）种子脱水干燥的生理效应

种子在成熟时期脱水干燥，产生许多重要的生理效应，主要包括酶类的钝化、RNA 水解酶类增加和复合体的形成。

种子干燥脱水后首先发生酶类的钝化。所有的酶促反应都需要底物、辅酶和辅助因子才能发生作用。一旦种子发生脱水干燥，发生空隙，将底物与酶隔开，酶就不能发生作用；辅助因子可使酶活化并与底物结合，在水分缺乏时，辅助因子无法输送至酶及底物所在部位；种子产生空隙，氧气增加，产生二硫键、过氧化物等物质，使酶钝化；干燥细胞中，因水分降低，氢离子浓度增高，pH 下降使酶活性降低，甚至完全丧失；种子细胞内离子浓度的增加不仅影响 mRNA 的转译，还与许多酶的活性有关。

随着种子逐渐干燥，RNA 水解酶增加，则多核糖体水解成单核糖体，使 mRNA 失去活性。此外，种子在脱水干燥期间，形成了许多复合体，如核糖核蛋白和酶原。核糖蛋白是 mRNA 和蛋白质的复合体，由蛋白质将 mRNA 包围起来，不使

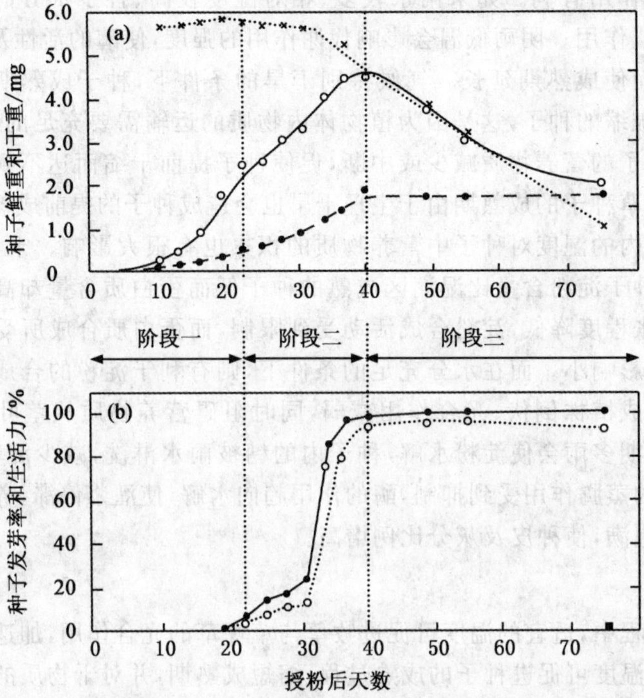

图 2-21 紫花苜蓿品种 Wairau 的种子发育(Kowithayakorn and Hill, 1982)

(a) ◦ 种子鲜重变化; • 种子干重变化; × 种子含水率(%)

(b) • 种子生活力(%);◦ 正常种苗率(%);柱形图表示种子硬实率(%)

mRNA 转化破坏,以供种子发芽早期所需,所以这类 mRNA 也可称为长命 mRNA,在干燥种子中还有许多类似复合体。酶原是一种酶和蛋白质的复合体。酶很容易被水解酶所水解,但与蛋白质形成复合体后,就达到保护本身的作用。随着种子的脱水干燥,细胞中的酶转化成酶原的种类很多,由酸性磷酸酶、植酸酶、核糖核酸酶和蛋白质降解酶等。

四、环境条件对种子成熟的影响

种子在成熟过程中受外界环境条件的影响极为显著,主要表现在延长或缩短成熟所需的时间,并引起化学成分的变化。

(一)湿度

种子成熟过程中,空气湿度及降雨量对种子成熟期的长短有显著影响。种子成熟初期含有大量水分,在天气晴朗、空气湿度较低、蒸腾作用强烈的情况下,对种子内物质的合成作用有利。如果雨水较多、相对湿度较高、种子水分向外散发困难，就会影响合成作用。阴雨低温会影响代谢作用的强度，使酶的活性及养分输送的速度降低，从而使成熟期延长。气候特别干旱的条件下，种子成熟期会显著提早，形成瘦小而皱缩的种子，这是因为植物体内物质的运输需要充足的水分，干旱时植株内流往种子的营养物质减少或中断，促使种子提前干缩而达不到正常饱满度。盐碱地上牧草种子的成熟期由于生理干旱也会造成种子的提前成熟。

种子成熟期内的湿度对种子中营养物质的积累也有很大影响。干旱(或盐碱土)地区成熟的种子淀粉含量比湿润区成熟的种子低而蛋白质含量却高。干旱条件下，细胞的膨胀程度降低，淀粉合成活动受到限制，而蛋白质合成所受的影响较淀粉合成所受的影响小。而在水分充足的条件下，则有利于淀粉的合成。成熟期间降雨过多常造成植株倒伏、光合作用减弱，同时阻碍营养物质从茎叶向种子运转。种子的蜡熟期多雨会使淀粉水解，种子内的糖被雨水淋洗，减少淀粉的积累。雨水过多，种子的蒸腾作用受到抑制，酶的作用趋向水解，使灌浆停滞，养分积累受阻，影响种子的饱满，使种皮及灰分比例增高。

(二)温度

种子成熟过程中，适宜的温度可促进牧草与草坪草的光合作用，加速贮藏物质的积累。较高的温度可促进种子的成熟过程，缩短成熟期，并对干物质的积累有明显的影响。如果成熟过程遇到低温，就要延迟成熟期，往往形成空秕种子或不饱满种子。种子成熟期温度过高会引起种子的加速老化，降低其生理功能，酶的活性也提早丧失，不利于贮藏物质的积累和转化，加之呼吸作用较强，使营养物质的消耗加速，种子的饱满度受到影响。种子成熟过程中，最忌霜冻，受霜冻的种子不但产量降低，而且影响种子的品质，使发芽率下降。

(三)土壤条件

1.水分

长时间的水分胁迫通常会降低种子的单粒重。一种豆科山绿豆属植物(*Desmodium paniculatum*)正常灌溉的种子重量为7.1 mg，开花期即开始的水分胁迫条件的种子重量仅为4.8 mg。相似的效应在地三叶、蚕豆、小麦、玉米、高粱中发现。水分胁迫效应主要受胁迫时间的影响。开花前或花期发生胁迫通常仅减少种子数量而对种子重量无影响。如果随后的水分供应充足，种子重量可能还会增加，这可能是因为同一植株上种子数量少，相互竞争降低的缘故。

2.肥力

营养条件可以影响种子的成熟期，在土壤瘠薄及种植密度过大的情况下，由于养分缺乏，成熟期提早，缩短了种子成熟过程中养分积累的时间。因此，影响种子饱满度和产量。磷素和茎叶中碳水化合物的转化有关，成熟过程中很多有机化合物和某些酶都需要有足够的磷素。所以在开花前后，施用磷肥或者根外追施磷肥，对促进有机物质的运转以及提早成熟，增加粒重，提高产量均有作用。成熟期间施用氮素肥料过多，会促进营养生长，造成茎叶徒长，阻碍植株内的养分向子粒中运转，延长和阻碍子粒内养分的积累，因而延迟成熟，降低粒重，减少产量。更严重的是由于植株徒长容易倒伏，对养分运转和积累造成更大的影响。

3. 盐分

适宜的盐度不仅能促进盐生植物的营养生长，而且能促进某些盐生植物的开花、结实与种子发育。在非盐渍土中培育的白滨藜(*Atriplex cana*)虽然生长接近正常，但在 5 年期间没有开过一次花，直到第 6 年才逐渐产生适应，开始开花。随后又进行了海蓬子与猪毛菜的盆栽试验，证实了盐渍化对植物开花的作用。在有 NaCl 的盆钵中，全部植株都开了花，而在对照条件下只有个别开花。在 10 月末，盐渍化生境中的植株形成了正常的种子，而对照植株的种子发育不充分，颜色较淡，且空瘪。

第三章 牧草与草坪草种子的形态解剖结构

第一节 牧草与草坪草种子的解剖结构

种子的基本构造是由种皮、胚和胚乳(有些种子成熟时退化)三部分组成。在一些植物种子外部还有一些附属器官,共同构成种子的组成单位。

禾本科牧草与草坪草种子实际上是植物学中的果实(颖果),其外常有内外稃、芒、小穗轴等附属器官(图 3-1A)。紧包颖果的苞片为内外稃,与颖果紧贴的一片为内稃,对着的另一片为外稃。外稃顶端或背部可着芒,为中脉延伸而成。芒直或弯曲,有些芒膝曲,由芒柱和芒针两部分组成(图 3-1B)。芒柱常螺旋状扭曲,有的两次膝曲,芒柱和芒针上有时被羽状毛,如针茅属牧草的种子。每小穗含一小花的内外稃外面或含一可孕小花和一不孕小花的 3～4 枚内外稃(部分种的不孕小花内外稃退化)外面的苞片为颖片。在某些禾本科植物小花基部加厚而变硬的部分为基盘。

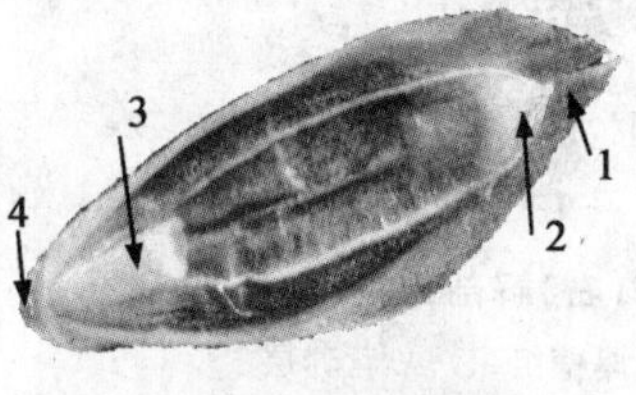

A. 无芒雀麦果实上的附属器官

1. 外稃；2. 内稃；3. 小穗轴；4. 基盘

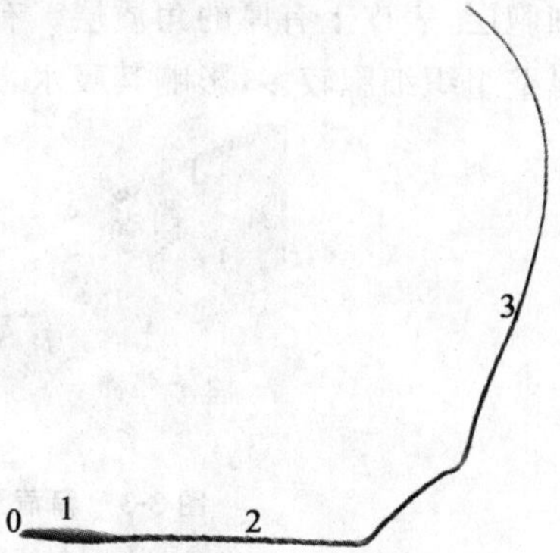

B. 短花针茅果实上的附属器官

0. 基盘；1. 外稃；2. 芒柱；3. 芒针

图 3-1　牧草及草坪草种被外的附属器官

一、种被

种被是包围在胚和胚乳外部的保护组织，由果皮和种皮构成。成熟种子的种被细胞内无内含物，是死细胞组织，种被细胞的厚薄、结构的致密程度、细胞壁的加厚程度，所含的化学物质(单宁、色素等)，都会影响到种子的休眠、寿命、萌发等。果皮和种皮的表面状况，可作为种子鉴别、清选和加工的依据。

(一)果皮

果皮是由子房壁发育而来，分内果皮、中果皮、外果皮三层。但玉米等一些植物种子的果皮分化不明显。外果皮通常为一层或两层表皮细胞所组成，常有茸毛及气孔。中果皮通常只有一层，内果皮细胞一至数层不等。

(二)种皮

种皮分内、外两层，内种皮由内珠被发育而来，往往较薄，多呈薄膜状；外种皮则由外珠被发育而来，与内种皮相比厚而坚韧，保护功能强，如串叶松香草的果实(图 3-2)。

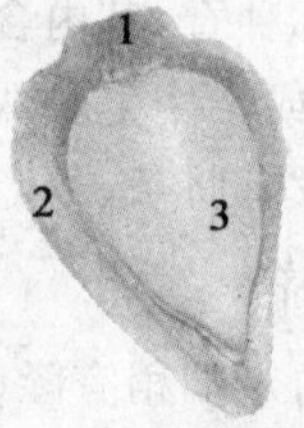

图 3-2　菊科串叶松香草果实纵剖面

1. 果脐；2. 果皮；3. 膜质种皮

禾本科牧草与草坪草颖果，其果皮与种皮难以分离，种皮是一些无原生质的死细胞，细胞间有许多孔隙，使种皮形成多孔结构。种皮外表有蜡质、角质、表皮毛等结构。

豆科牧草种子具有坚硬的种皮(图 3-3)，种皮的表皮下有栅栏状的厚壁组织细胞层，表皮上有厚的角质层。有些种子由于角质层过厚，种脐部的栅栏状细胞和厚壁组织细胞较多，影响其吸水，形成“硬实”。

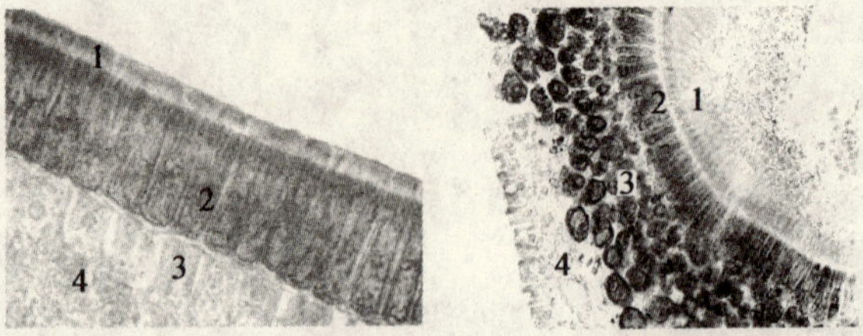

图 3-3　扁蓿豆种皮(左)及种脐(右)解剖结构

1. 角质层；2. 栅栏细胞层；3. 支持细胞层(厚壁组织)；4. 营养层

豆科牧草与草坪草种子种皮结构包括以下内容：

1. 种脐

种子成熟后从珠柄或胎座上脱落所留下的疤痕。其色泽往往与种皮不同，形态也各异。豆科植物的种脐最为明显，其着生部位、形状、颜色等可以作为鉴别种子的重要依据。如箭筈豌豆的种脐为粗线状，白色(图 3-4A)。

2. 种孔

由珠孔发育而来。种子发芽时，是水分进入种子的主要通道，也是胚根、胚芽伸出种皮的通道，故又称发芽孔。胚根尖端正好位于种孔处。种子吸胀后，用手挤压，可见有水从种孔渗出。

3. 种脊

种脊又称脐条。有些种子在种皮上能明显看到自种脐到胚珠基部有一条隆起的脊状棱称种脊，其内含有一条缠绕种子的细长维管束，是由弯曲的珠柄发育而来的，是倒生或半倒生胚珠发育时在种皮上的维管束遗迹。而由直生胚珠发育而来的种子则没有脐条。

4. 内脐

脐条的末端稍有隆起的部位，是珠被同珠心相连部位，胚珠时期合点发育后留下的遗迹。

5. 种阜(种瘤)

种阜(种瘤)是双子叶植物种子在种皮上着生于种脐附近的瘤状突起物，由外种皮延伸而形成。组织疏松有利于水分的吸收和种子萌发。

6. 脐褥（脐冠）

有的豆科植物种子从胎座上脱落时，珠柄残片衬垫在种脐上，很易分离的一小片组织。菊科白沙蒿瘦果外常宿存花柱（图 3-4B）。

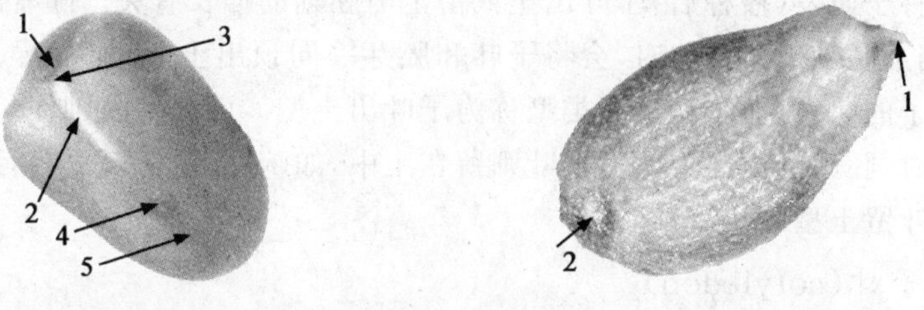

A. 春箭筈豌豆种子
1. 胚根；2. 种脐；3. 种孔；4. 种瘤；5. 脐条

B. 白沙蒿果实
1. 残存花柱；2. 果脐

图 3-4　牧草种子表面构造

二、种胚

胚由卵细胞和精细胞结合发育形成，是新植物的原始体。各类植物种子胚的组成基本相同，但因胚各部分的构造与发育程度不同，在胚的形态和位置上有较大的差异。

（一）胚的组成

发育完全的胚均由胚芽、胚轴、胚根和子叶组成，禾本科、豆科、菊科植物种胚的构成也有一定的差异（图 3-5）。

1. 胚芽（plumule）

胚芽又称幼芽，位于胚轴上方，茎叶的原始体，发育成地上部分。在种子萌发前，胚芽的分化程度因植物种类而不同，有的已形成一片或数片初生叶，有的仅是一团分生组织。禾本科植物种子的胚芽是由 3～5 片胚叶所组成，同时其外还有一层薄壁组织，称为胚芽鞘。在种子萌发时，芽鞘保护着胚芽顶出土面。

2. 胚根（radicle）

位于胚轴下方，未发育的原始根，幼苗的初生根，有一条或多条。在胚根中已分化出明显的根初生组织和根冠，根尖有分生细胞。当种子萌发时，根尖分生细胞迅速生长和分化，产生根部次生组织。禾本科植物种子的胚根外包有一层薄壁组织，称为胚根鞘。种子萌发时，胚根突破胚根鞘而伸入土中。

3. 胚轴（embryo axis）

胚轴是连接胚芽和胚根的过渡部分。上胚轴（epicotyl）是指双子叶植物种子子叶着生点以上部分。下胚轴(hypocotyl)为双子叶植物种子子叶着生点和胚根之间的部分。中胚轴是指禾本科植物种子的胚轴,即胚芽与胚根之间的部分,也称中茎。在种子发芽前胚轴与胚根的界限一般不太明显,只有根据解剖学观察才可确定。种子萌发(播种后)子叶出土或留土与胚轴的伸长有关。随着胚芽和胚根的生长,当下胚轴伸长较快时,会将子叶和胚芽一同顶出土面,如苜蓿、草木樨、三叶草等种子的萌发过程,将这一类型称为子叶出土型。而在上胚轴伸长较快,胚芽显著生长时,胚芽会顶出土面而子叶则留在土中,如豌豆、箭筈豌豆等,这种萌发类型称为子叶留土型。

4. 子叶(cotyledon)

种胚的幼叶——子叶与真叶不同,常较真叶厚,叶脉一般不明显。单子叶植物种子有一片子叶,也称盾片(scutel),具有特殊的生理功能,在种子发芽时分泌酶,分解胚乳所贮藏的养料,并转运给胚利用。双子叶植物种子有两片子叶——包被着胚芽起保护作用,贮藏营养物质供贮藏消耗及萌发利用。两片子叶通常大小相等,互相对称。在扁蓿豆(*Melilotoides ruthenica*)种子中还发现有三片子叶的现象(图 3-5D)。对子叶出土植物而言,子叶还是最初的同化器官,光合制造营养物质。

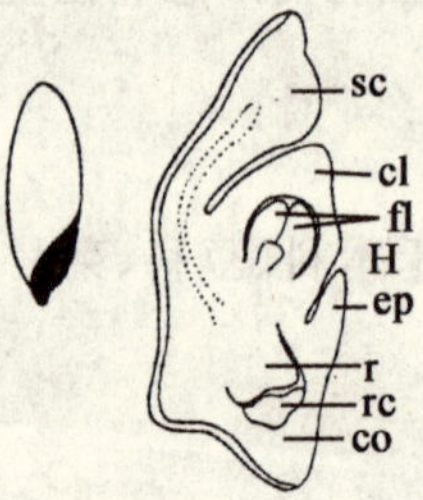

A. 早熟禾胚的位置及内部结构
sc. 盾片;cl. 胚芽鞘;fl. 胚芽;ep. 外胚叶;
r. 胚根;rc. 根冠;co. 胚根鞘

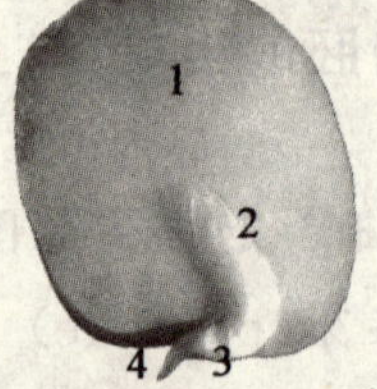

B. 春箭筈豌豆种子去掉一片子叶的胚
1. 子叶;2. 胚芽;3. 胚轴;4. 胚根

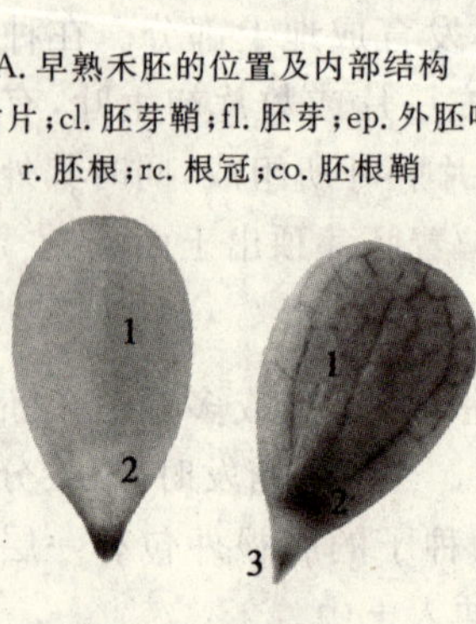

C. 串叶松香草种子胚
1. 子叶;2. 胚芽;3. 胚根

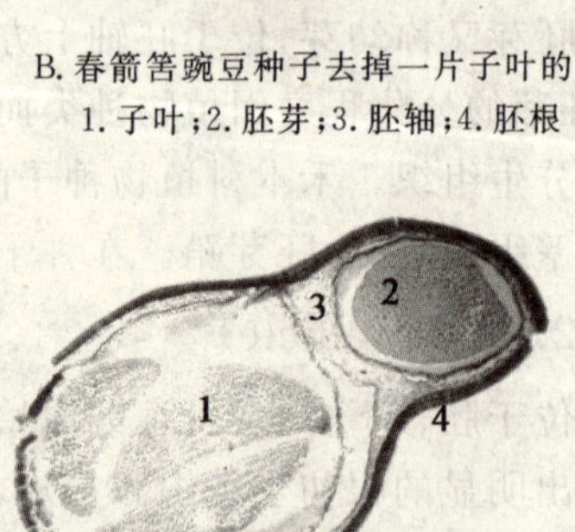

D. 扁蓿豆种子侧纵切面
1. 子叶;2. 胚根;3. 胚乳;4. 种皮

图 3-5 牧草与草坪草种子胚的构成

子叶在豆科植物整粒种子中所占比重较大，占45.8%～89.2%(表3-1)。其中一年生豆科牧草与草坪草种子的子叶占整粒种子的比例高于多年生豆科牧草与草坪草种子。

表3-1　豆科牧草种子各组成部分的重量比例 %

生活年限	种子名称	种皮	胚	子叶
多年生	红豆草	17.0	14.0	69.0
	紫花苜蓿	34.0	18.0	48.0
	红三叶	38.0	14.7	47.0
	沙打旺	29.7	10.9	59.4
	柠条	29.6	3.9	66.5
	花棒	16.8	5.2	78.0
	白三叶	28.5	10.8	61.0
二年生	黄花草木樨	34.7	14.4	50.9
	白花草木樨	40.5	13.7	45.8
一年生	罗马尼亚毛苕子	17.0	12.0	71.0
	四川毛苕子	22.0	3.6	74.0
	箭筈豌豆(白皮)	9.5	5.0	85.5
	箭筈豌豆(黑皮)	11.0	4.0	85.0
	兵豆	8.4	3.0	88.6
	栽培山黧豆	9.3	1.5	89.2
	蜗牛苜蓿	26.9	9.9	63.2

(二)胚的形态

被子植物胚的形状多样，有椭圆形、长柱形或程度不同的弯曲形、马蹄形、螺旋形等。在种子中，一般胚根朝向珠孔。子叶也多种多样，有细长的、扁平的，有肥厚呈肉质，如红豆草、箭筈豌豆；也有的成薄薄的片状，如蓖麻；有的子叶与真叶相似，具有锯齿状的边缘，也有的在种子内部呈多次折叠。

胚在种子内存在的形态有以下几种类型(图3-6)：

直立型——胚轴、胚根和子叶与种子纵轴平行，如葫芦科、菊科植物；

弯曲型——胚根和胚芽弯曲成钩状，如豆科植物；

螺旋型——子叶与胚根盘卷呈螺旋型，如茄科植物；

环状型——胚细而长，且沿种皮内层绕一周呈环状，如藜科、苋科的植物；

折叠型——子叶发达，折叠数层，充满于种皮内部，如锦葵科植物；

偏在型——胚较小，位于胚乳的侧面或背面的基部，如禾本科的无芒雀麦、燕麦等。

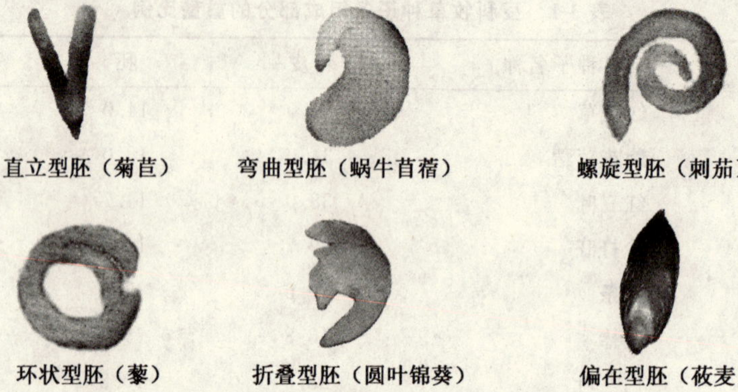

图 3-6　被子植物种子胚的形状(印丽萍和颜玉树,1996)

三、胚乳

被子植物的胚乳(endosperm)通常是由受精的极核发育而来的，为三倍体，包裹在胚的外面，贮藏有丰富的营养物质。根据胚乳发育来源分为内胚乳和外胚乳。

(一)内胚乳

内胚乳是胚囊中受精极核发育而成的三倍体营养组织。如禾本科植物种子的胚乳，其外层为糊粉层，是有酶存在的活细胞组织；内层为淀粉层，通常是由淀粉粒构成的死细胞组织。玉米的淀粉层(图 3-7)由两种不同形态的淀粉粒组成，一种是呈球形的粉质淀粉(白色部分)，另一种是多角形的角质淀粉(金黄色部分)。

绝大多数被子植物在种子发育过程中都有胚乳形成，如禾本科植物种子具有发达的胚乳，一般透过果种皮，可清楚地看到胚和胚乳的分界线(图 3-6，莜麦)。双子叶植物蓖麻的种子也具有发达的胚乳组织(图 3-8)。但有的植物种子在胚发育过程中，胚乳被部分或全部吸收，养料储备在子叶里，成熟种子中不具或只具很少的胚乳。如沙打旺、扁蓿豆等种子中只具少量胚乳；箭筈豌豆、山黧豆等豆科牧草种子无胚乳(图 3-5B)。在无胚乳种子中胚很大(表 3-1)，在胚体的子叶中储有大量营养物质。

不同植物种子胚乳贮藏物质的种类和活力不同。胚乳中最普通的贮藏物质是淀粉、蛋白质和脂肪。含淀粉的胚乳常是没有生命的，如灯心草科、莎草科、禾本

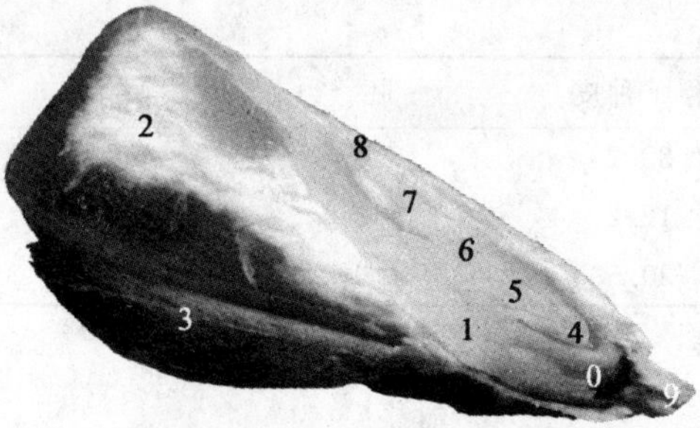

图 3-7　玉米种子纵切面

1. 盾片；2. 胚乳；3. 果种皮；4. 根鞘；5. 胚根；6. 胚轴；7. 胚芽；8. 胚芽鞘；9. 果柄；0. 褐色层

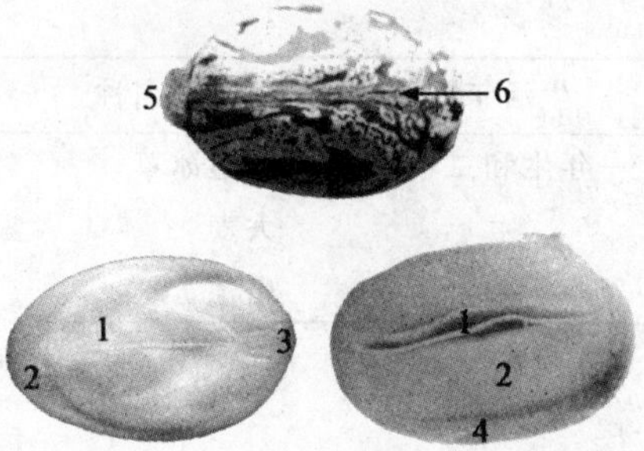

图 3-8　双子叶植物有胚乳种子——蓖麻

1. 子叶；2. 胚乳；3. 胚根；4. 种皮；5. 种阜；6. 种脊

科、蓼科、石竹科植物种子中胚乳细胞成熟后细胞核退化；而在百合科、石蒜科、萱草属、蓖麻属和胡萝卜属植物种子中含淀粉的胚乳细胞是有生命的。

(二)外胚乳

在种胚形成发育过程中，消耗了所有的内胚乳，而由珠心层发育而来的营养组织，即外胚乳。如菠菜、甜菜等藜科、苋科、石竹科等植物的种子。

还有少量植物种子是内胚乳和外胚乳同时存在，如胡椒、姜等。

四、各器官的比例

胚与胚乳的大小比例在各类植物种子中不同。大多数禾本科牧草与草坪草种子胚乳所占比例为种子重的 50% 以上，而胚所占比例较小(表 3-2)。其中无芒雀麦种胚相对较大，占整粒种子重的 17.0%；玉米种胚约占子粒总体积的 30%，占总重量的 11.7%。而豆科植物种子中胚所占比例较大(表 3-1)，对无胚乳的种子，种胚约占总重量的 60% 以上。

表 3-2　禾本科牧草与草坪草种子各组成部分的重量比例　%

生活年限	种子名称	稃＋种皮	胚	胚乳
多年生	俄滨草	38.4	8.3	56.9
	无芒雀麦	39.0	17.0	44.0
	苇状羊茅	23.7	9.3	67.0
	多年生黑麦草	25.0	7.6	67.4
	鸡脚草	26.6	8.7	64.7
	紫羊茅	28.9	10.9	60.2
	加拿大早熟禾	31.9	15.2	52.9

续表 3-2

生活年限	种子名称	稃+种皮	胚	胚乳
一年生和二年生	河边冰草	33.2	6.9	59.9
	大麦	12.2	7.3	80.5
	扁穗雀麦	30.5	4.0	65.5

第二节 牧草与草坪草种子的形态特征

种子的形态多样,不同植物的种子在形态构造上均存在着一定程度的差异。同一科属的植物种子在形态构造上相似,同时在化学成分和生理特性上也会有相近的特点。种子形态构造特征是植物生活史中最稳定的性状之一,因此可作为种子鉴别、清选、分级、包装和检验的重要依据。

一、种子的形态

种子的形态特征主要包括形状、大小、果(种)皮色泽、网纹结构及附属物等。种子的形状和色泽在遗传上是较稳定的性状,但在不同植物品种之间,常有较显著的差异。种子的长度和宽度一般也比较稳定,但厚度和千粒重会随生长环境和栽培条件的不同而有所变化。另外,种子的形态还与种子本身的成熟度有关。

(一)形状

种子的形状因植物种类不同而有很大差异,主要有肾形(紫花苜蓿种子)、近球形(百脉根)、倒卵形(紫云英)、心脏形(白三叶)等。

为准确表述种子的形状,首先需要确定种子的上下端。一般借助外部观察到的特征,将种子受精时存在的柱头状痕迹的部分,或一般棱线集合而构成的尖形部分视为上端(或称头部或顶端);反之,棱线不清楚,肥大而圆的部分则视为下端(或基部)。还有学者提出,以种脐(或果脐)的一端为下端,与其相对的一端则为上端,而豆科植物种子则是将胚根尖指向端为下端,对应端为上端。

(二)大小

种子大小是植物生活史特征中重要的组成部分。种子大小会影响牧草的播种量、幼苗生长速度、成株个体的大小、植株的寿命、种子萌发、扩散以及种子在土壤不同深度萌发的能力,因而潜在影响幼苗定居和群落更新。

不同植物的种子大小不同,有的大如成人拳头如椰子,小的如某些兰科植物的种子像尘土般细微。种子的大小通常以长、宽、厚或千粒重表示。种子长度即上下端之间的距离,而与长度相垂直的背腹之间的距离为厚度,两侧之间的距离则为宽度。在栽培牧草及饲料作物中饲用玉米种子较大,千粒重240~360 g;猫尾草种子较小,千粒重仅为0.36~4.00 g。长、宽、厚在种子清选上有重要意义。在生产实践中常以千粒重作为衡量种子大小的指标。一般可将种子依大小划分为4个等级(表3-3)。

表3-3 主要牧草与草坪草种子的粒级

粒级	分级标准	实例
大粒	平均每粒种子在1 g以上者和平均每克种子在1~10粒以内	如秣食豆、白花山黧豆等
中粒	平均每克种子含有11~150粒	如箭筈豌豆、红豆草、柠条、苏丹草等
小粒	平均每克种子含有151~500粒	如紫花苜蓿、草木樨、冰草、披碱草等
细粒	平均每克种子含有500粒以上	如三叶草、百脉根、猫尾草、紫羊茅等

种子大小对物种更新的影响有正反两方面。①正面影响:大种子所贮藏的营养物质多,可为种子萌发提供较充足的养分,以保证种子顺利萌发出苗。而体积小的种子,虽然能够萌发的种子比例很少,但由于种子总量大,仍可产生大量幼苗。如一年生杂草马齿苋、灰菜等,就是以这种方式进行大量繁殖的。在相同的生境中,由大种子萌发的幼苗成活率远高于由小种子萌发的幼苗。②负面影响:大种子目标大,不易被地表的枯枝落叶和土壤埋藏,而且内含营养物质多,易遭受小哺乳动物和鸟类取食,从而影响到种群更新;小种子比大种子更容易扩散,能生活更长时间。植物生命早期中大种子的优势主要体现在能减少幼苗对水胁迫或竞争者的郁闭影响。因此,郁闭生境下的植物倾向于产生较大的种子。

(三)色泽和斑纹

种子含有各种不同的色素,使种子外表呈现出丰富的色彩和斑纹。通常可以根据种子的色泽来鉴别种和品种。如箭筈豌豆的种子就有白、褐、黄色之分。各颜色还有深浅和有否光泽之别,同时还常在底色上嵌有各色花纹,如胡枝子种子表面黑紫色或褐色并具黑紫色花斑。

(四)其他表面性状

种子的表面还常有一些其他的性状,如光泽有或无,光滑或粗糙。可以归结为:具皱褶(指其面各方呈不规则褶皱的隆起),皱纹(指不规则隆起,但多走向一致)，嚼烂状(指贯穿着不规则沟道，像东西被嚼烂状态)，蜂窝状(指具长而浅的凹或孔穴)，糠秕状(指质地如糠的小鳞片)，棱(指纵的隆起)，肋(低棱，高于脉的隆起呈斜向)，脉(小的肋状隆起)，网状脉(指具隆起的网和狭而锐的线条)，瘤(指细而圆的突起，瘤分颗粒状、棒状、乳头状、横卧状和覆瓦状；瘤顶有尖、圆、膨大之分；瘤基有刻饰或否)，疣(指宽大于高的突起)。

有些种子表面(如豆科植物种子)，还可看到种子成熟后自珠柄上脱落留下的斑痕——种脐和珠孔。种脐的位置、形状、大小、凸凹、颜色等(图 3-9)，不同的植物种子存在一定的差异。有的种子还具有翅、冠毛、刺、芒和毛等附属物，如菊科植物"种子"(瘦果)，其顶端常冠以毛状或鳞片状冠毛或刺状冠毛，并常具喙。这些特征还有助于种子的传播。禾本科植物种子，通常果实外部具宿存总苞、颖片、内外稃、小穗轴等附属物。这些附属物的特征也是种子鉴定的重要依据(图 3-10)。如外稃及颖的形状、质地、表面特征，外稃及颖顶端的形态、是否有芒，芒的形态、着生位置，小穗轴表面特征、横截面形状等。

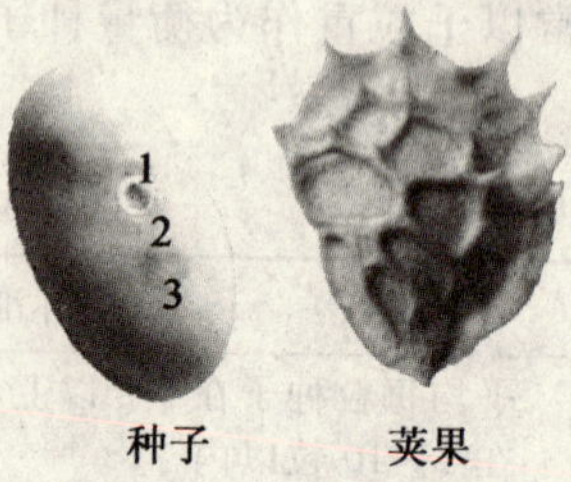

图 3-9　红豆草种子和荚果表面形态

1. 种脐；2. 种脊；3. 内脐

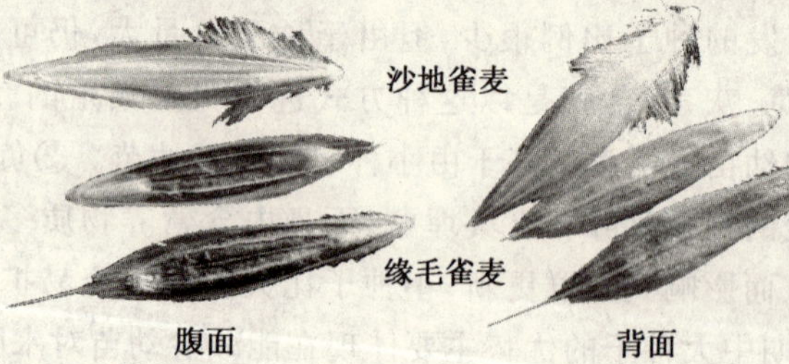

图 3-10　雀麦属牧草种子外部形态

沙地雀麦(上)、无芒雀麦(中)、缘毛雀麦(下)

二、主要牧草与草坪草种子的形态特征

(一)豆科牧草与草坪草种子形态

豆科植物果实一般为荚果，荚果开裂或不开裂，有时在种子之间缢缩或横断成节荚，果内含 1 至多粒种子；种子通常由种皮和胚组成，无胚乳或具少量胚乳，营养物质主要贮藏于胚内子叶中。胚体大型，子叶肥厚，呈凸平面。

1. 白花草木樨(*Melilotus albus*)(图 3-11-1)

荚果卵形或阔椭圆形,长 3～3.5 mm,稍扁。果皮灰棕色,表面有隆起的网脉,光滑无毛,基部有宿存花萼。成熟时不开裂,内含 1～2 粒种子。种子肾形,长约 2 mm,宽约 1.5 mm。一侧圆形,另一侧扁平。种皮黄色或黄褐色,表面近平滑,无光泽。种脐圆形,凹陷,白色,位于种子基端。种瘤突出,褐色,位于种子基端一侧处,靠近种脐边约 0.5 mm 处。种皮革质,内含极少胚乳,包围着胚,胚根粗而长,子叶肥厚,胚根与子叶近等长。

2. 黄花草木樨(*Melilotus officinalis*)(图 3-11-2)

荚果卵形,长 2.5～3.5 mm。果皮稍被柔毛,表面有明显的网脉。成熟时不开裂,内含 1～2 粒种子,但常含 1 粒种子。种子肾形,长 1.7～2.2 mm,宽约 1.5 mm,两端钝圆。种皮黄绿色或浅褐色,并具点状紫色花纹,或否,表面光滑,无光泽或稍有。种脐位于种子基端一侧,圆形,凹陷,呈白色或褐色,其中间有条褐色脐沟。种瘤微突出,位于种脐边缘上。种皮革质,内含少量胚乳,包围着胚,子叶肥厚,胚根与子叶近等长。

3. 紫花苜蓿(*Medicago sativa*)(图 3-11-3)

荚果螺旋形,有 2～3 旋,顶端具尖喙嘴。果皮成熟时呈褐色,表面光滑,无毛,不开裂,内含数粒种子。种子肾形,长 2～3 mm,宽 1.2～1.8 mm,稍扁,略弯曲,两端钝圆。种皮黄色至黄褐色,表面平滑,有光泽。种脐圆形,黄白色,微凹陷,位于种子腹部凹陷内,晕轮浅褐色,种瘤微突起,位于距种脐 1 mm 处。种皮革质,内含少量胚乳,包围着胚。

4. 黄花苜蓿(*Medicago falcata*)(图 3-11-4)

荚果窄镰状弯曲,含 2～9 粒种子。种子肾状椭圆形、卵形或长椭圆状卵形。长 1.7～2.3 mm,宽 1～1.5 mm,厚 0.7～1 mm。胚根尖与子叶分开,多数长为子叶长的 3/4 或以上,少数为 1/2 或等长,两者间有一条白色线,表面黄色。黄褐色或黄绿色,具微细颗粒,近光滑。种脐在侧棱边上,中部偏下,圆形、凹入,直径约 0.2 mm,具脐沟,晕轮黄褐色,在胚根尖与种脐间常有一褐色尖头。种瘤距种脐约 0.2 mm。胚乳极薄。

5. 天蓝苜蓿(*Medicago lupulina*)(图 3-11-5)

荚果弯曲,长 2～3 mm,宽 1～1.5 mm,两侧拱圆。果皮无刺,表面被柔毛,并有同心圆纵脉纹。成熟时变黑色,不开裂,内含 1 粒种子。种子肾状椭圆形,长

1.5～2 mm，宽 1～1.4 mm，两侧拱形。种子黄绿色或黄褐色，表面近平滑，无光泽或微有。种脐圆形，褐色，凹陷，位于种子腹部，种瘤突起，褐色或暗褐色，位于近种子基部。种皮革质，内含少量胚乳，包围着胚。

6. 蜗牛苜蓿（*Medicago scutellata*）（图 3-11-6）

荚果螺旋形，盘旋松弛，4.5～5 圈，边缘全缘，果皮浅褐色，表面具网状脉纹，并被疏细短柔毛，成熟时不开裂，内含数粒种子。种子肾形，长约 5 mm，宽约 2.5 mm，背面拱形，腹面凹陷。种皮橘黄色，表面平滑，无光泽。种脐圆形，脐冠白色，种瘤色较种皮深，位于距种脐 0.7 mm 处。种子含极少量胚乳，胚弯曲。

7. 小苜蓿（*Medicago minima*）

荚果螺旋形盘曲，球形，边缘有分叉状、硬直而细长的刺，其顶端呈钩状。果皮密被白色长绒毛。成熟时不开裂，内含数粒种子。种子肾形，长 2～2.4 mm，宽约 1 mm，背面拱圆，腹面凹入。种皮淡黄色，表面近平滑，具细微颗粒，有光泽。种脐圆形，甚小，直径仅 0.14 mm，黄白色，凹陷，位于种子腹部凹陷内，晕轮白色或褐色，种瘤位于靠近种脐处。种皮革质，内含少量胚乳，包围着胚。

8. 南苜蓿（*Medicago hispida*）

荚果螺旋形，2～4 旋，边缘具疏钩状刺。果皮黄绿色，表面有不规则隆起的网状纹，成熟时不开裂，内含数粒种子。种子肾形，长 2～3 mm，宽 1.1～1.6 mm，两侧稍扁，两端钝圆。种皮黄褐色或褐色，表面近平滑，有光泽。种脐圆形，微小，白色，微凹陷，位于种子腹部中央，晕轮黄褐色，种瘤微突起，位于种脐下方 0.2～0.3 mm 处。种皮革质，内含少量胚乳，包围着胚，胚根短于子叶。

9. 蒺藜苜蓿（*Medicago truncatula*）（图 3-11-7）

肾形，两侧扁。长 4～4.6 mm，宽 2～2.6 mm，厚 1～1.2 mm。胚根尖突出，与子叶分开，长约为子叶长的 1/2，两者间有隐约的浅色线，表面黄色或红褐色，具疏的瘤状突起，稍粗糙，无光泽。种脐位于侧棱边上，中部，圆形，凹入，白色，直径 0.2～0.3 mm，具脐沟，晕轮隆起，红褐色。种瘤突出，距种脐约 0.8 mm。有胚乳。

10. 扁蓿豆（*Medicago ruthenica*）（图 3-11-14）

矩形或宽椭圆形，两侧扁。长 1.6～2 mm，宽 1.2～1.4 mm，厚 0.8～0.85 mm，胚根尖突出呈鼻状，其尖与子叶明显分开，与子叶等长或略短，两者间具一沟和一白色线。表面黄色或浅黄褐色，具瘤状突起，粗糙，无光泽。种脐位于基部，圆形，凹入，白色，直径约 0.13 mm，具脐沟。种瘤褐色，突出，距种脐 0.3～

0.4 mm，脐条隆起，有胚乳。

11. 红豆草（*Onobrychis viciaefolia* ）（图 3-11-11）

荚果阔卵形，长 5～8 mm，扁形，两端具粗网纹，纹脊隆起，并具刺状齿，网眼底平，并密被白色短柔毛，背部拱形，其边缘前半部有 5～7 个刺状齿，腹部截平。成熟时不开裂，内含 1 粒种子。种子肾形，长约 4 mm，宽约 3 mm，两侧稍扁，背部拱圆，腹部稍凹。种皮褐色或红褐色，表面近光滑。种脐圆形，位于种子腹部的中央凹陷内，具白色附属物。种瘤在种脐下边，突出，呈深褐色，种脊短。种皮革质，内含一胚，胚根与子叶分开，无胚乳。

12. 山野豌豆（*Vicia amoena*）（图 3-11-20）

球形或矩圆形。长 3.3～4 mm，宽 2.5～3 mm，厚 2.5～3 mm。表面黄褐色或黄绿色，具黑色或灰绿黑色花斑，似天鹅绒，近光滑，无光泽。种脐线形，平，长 3～3.8 mm，占种子圆周长的 30%～40%，具脐沟。种瘤在脊背上。无胚乳。

13. 春箭筈豌豆（*Vicia sativa*）（图 3-4）

荚果条形，长 2.5～4.5 cm，稍扁。果皮平滑无毛，成熟时呈棕褐色，2 瓣裂，果瓣扭曲张开，内含数粒种子。种子球形，长 3～6 mm，宽 2.5～5.5 mm，厚 2～5 mm，因品种繁多，种皮颜色变化多，一般为淡红褐色或绿褐色带黑色花斑，表皮平滑，略有光泽。种脐线形，长 1.8～2 mm，宽约 0.5 mm，约占种子圆周长的 20%，淡黄色，其中间有一条灰白色脐沟，位于种子一端。种瘤黑色，丘状突起，距种脐 0.5～1 mm。种皮革质，内无胚乳，胚体大，子叶肥厚。

14. 毛苕子（*Vicia villosa* ）（图 3-11-20）

荚果矩长椭圆形，长约 3 cm。两侧扁，两端急尖。果皮平滑，成熟时开裂，内含 2～8 粒种子。种子近球形，长 3.5～5 mm，宽 3.4～5 mm，厚 3.2～5 mm。种皮黑褐色至近黑色，表面乌暗，近光滑，无光泽。种脐长椭圆形，长约 2 mm，宽约 1 mm，长占种子圆周长的 12%～15%，褐色，其中间有一条灰白色脐沟。种瘤黑色，呈小丘状突起，距种脐 1～1.3 mm。种皮革质，内无胚乳，胚体大，子叶肥厚。

15. 广布野豌豆（*Vicia cracca*）

荚果矩椭圆形，长 1.5～2.5 cm，两端尖。果皮光滑，成熟时开裂，内含 3～5 粒种子。

种子球形，长 3～4 mm，宽 2.5～3.5 mm，厚与宽近等。种皮黑褐色至黑色，表面乌暗而无光泽。种脐窄线状椭圆形，长占种子圆周长的 20%～35%，其宽度为0.4～0.5 mm，呈黄褐色，其中间有一条黄白色脐沟。种瘤大，黑褐色，微突起，位于距种脐0.4～1 mm处。种皮革质，内无胚乳，胚体大，子叶肥厚。

16. 白三叶(*Trifolium repens*)(图3-11-18)

荚果矩长椭圆形，长3～4.5 mm，果皮膜质，成熟时不开裂，内含2～4粒种子。种子阔卵形，长1.2～1.5 mm，宽1.1 mm，两侧扁。种皮黄色、黄褐色或褐色，表面具细微颗粒，略有光泽。种脐圆形，凹陷，褐色，位于种子基部，其周围有一圈褐色晕环。种瘤明显，位于紧靠种脐边上。种皮革质，内含微量胚乳，存在于胚的外围，胚体大，子叶肥厚，胚根粗而长，几乎与子叶等长，并相互分离。

17. 红三叶(*Trifolium pratense*)(图3-11-19)

荚果倒卵形，长约2.2 mm，包藏于宿存花萼内，果实上半部果皮增厚，下半部膜质，表面具纵脉纹，成熟时不开裂，内含1粒种子。种子阔卵形或近三角形，长1.5～2.5 mm，宽1～2 mm，两侧扁。种子上部种皮呈紫色或绿紫色，下部呈黄色，表面有光泽。种脐呈白色小圆圈，中心褐色，种脐周围有褐色晕环。种瘤浅褐色，呈小突起，位于紧靠种脐边上。种皮革质，内含微量胚乳，存在于胚的外围，胚体大，子叶肥厚，胚根粗而长，几乎与子叶等长，并相互分离。

18. 杂三叶(*Trifolium hybridum*)

荚果矩阔椭圆形，长3～3.5 mm，基部具宿存花萼。果皮膜质，成熟时不开裂，内含2～3粒种子。种子阔卵形或心形，长1.3～1.5 mm，宽1～1.2 mm，略扁。种皮暗黄绿色，掺杂暗绿色、紫色或近黑色的斑点或条纹，有时亦有种皮全为灰黑色的，表面具微颗粒，略有光泽。种脐圆形，微小，白色，呈小圆环状，其中心呈黑色小点，位于胚根与子叶之间的凹陷内。种瘤位于紧靠种脐边上。种皮革质，内含微量胚乳，存在于胚的外围。胚体大，子叶肥厚，胚根粗而长，几乎与子叶等长。

19. 草莓车轴草(*Trifolium fragiferum*)

宽椭圆状心脏形或心脏形，长1.5～2 mm，宽1.2～1.7 mm，厚0.6～0.8 mm。胚根尖与子叶分开，长与子叶等长或超过，两者间具一浅沟和黄色线。表面黄色或红褐色，具紫色花斑或不明显，具微细颗粒，近光滑。种脐在种子基部，圆形，凹入，直径约0.12 mm，具脐沟。种瘤在种子基部，距种脐0.1～0.3 mm，脐条呈条状。胚乳很薄。

20. 匍匐车轴草(*Trifolium subterraneum*)

椭圆形，长2～3 mm，宽和厚相等，1.5～2 mm。胚根尖与子叶分开，长为子叶长的 2/3 或以上，两者间界线不明显。表面黑色或紫黑色；具微细颗粒，近光滑。种脐在中部偏下，圆形，凹入，直径约 0.15 mm，具脐沟，晕轮微隆起。种瘤在种子基部，距种脐约 0.9 mm。胚乳极薄。

21. 百脉根(*Lotus corniculatus*)(图 3-11-15)

荚果圆柱状，长 1.5～3 cm，直径约 4 mm。果皮灰绿色或褐色。成熟时 2 瓣裂，果瓣扭曲，内含多粒种子。种子阔卵形或近圆肾形，长 1.5 mm，宽 1.3 mm，两侧稍扁。种皮橄榄绿色或暗褐色，一般具模糊的紫褐色斑点，表面近平滑，无光泽。种脐位于种子腹面近中部，圆形，微凹，周围有一圈白色领状环，晕环褐色。种瘤位于种脐下边，突起，呈深褐色。种皮革质，内含微量胚乳，胚体大，子叶肥厚。

22. 绢毛胡枝子(*Lespedeza cuneata*)

荚果斜倒阔卵形，长约 3.5 mm，果皮疏被短柔毛。成熟时呈橙红色，不开裂，内含 1 粒种子。种子斜倒阔卵形，两侧稍扁，两端钝圆，长约 2 mm，宽约 1 mm。种皮浅绿黄色或黄色，有时具疏散的红色花斑，表面平滑，有光泽。种脐圆形，红褐色，凹陷，位于种子腹部下半部处。脐缘有一白色领状环，晕轮红褐色，种瘤褐色，位于距种脐 0.1 mm 处。种皮革质，内含微量胚乳，子叶两片、肥厚，胚根细长。

23. 胡枝子(*Lespedeza bicolor*)(图 3-11-8)

三角状倒卵形，长 3～4 mm，宽 2.3～3 mm，厚 1.5～2 mm。胚根长约为子叶长的 1/2，两者间界线不明显。表面为黑紫色或底色为褐色，具密的黑紫色花斑，具微细颗粒，近光滑。种脐在中部偏下，圆形，直径约 0.23 mm(不包括脐冠)，具脐沟；环状脐冠白色，突出。种瘤距种脐约 0.55 mm；脐条呈沟状。无胚乳。

24. 尖叶铁扫帚(*Lespedeza hedysaroides*)(图 3-11-10)

倒卵形，长 1.5～2.5 mm，宽 1～1.4 mm，厚约 1 mm。胚根尖长约为子叶长的 1/2。表面绿色、黄褐色或底色为浅绿色且具稀疏的红紫色花斑，光滑，有光泽。种脐在中部偏下，圆形，直径约 0.13 mm(不包括脐冠)，环状脐冠白色，或内侧白色，外侧浅褐色，突出，具脐沟，晕轮隆起，褐色或白色。种瘤距种脐约 0.2 mm。胚乳极薄。

25. 黄花羽扇豆(*Lupinus luteus*)

荚果长 4～5.5 cm，稍弯曲，果皮淡褐色，成熟时 2 瓣开裂，内含 4～5 粒种子。种子矩圆形或肾状矩圆形，长 5～7 mm，宽 5～6 mm，两端钝圆，两侧稍扁。种皮乳白色或淡黄色，并具黄褐色花斑，表面平滑，略有光泽。种脐椭圆形或倒卵形，呈黄色，凹陷，位于种子端部的侧面上。种瘤位于基部弯曲处，距种脐 1.5 mm 左右。种皮革质，内无胚乳，胚体大，子叶肥厚，胚根粗而尖，与子叶分离。

26. 白羽扇豆（*Lupinus alba*）（图 3-11-22）

种子圆状四方形、宽矩形或圆形，扁平，宽大的两侧面中心常凹陷。种子大小变化较大，一般长 10～13 mm，宽 8～12 mm，厚 4～6 mm。胚根尖不与子叶分开，长约为子叶长的 3/4。表面黄白色（或乳白色）或带点肉色的白色，具微细颗粒，近光滑，无光泽。种脐在中部偏下，底角上，倒卵形，具菌托状的边，凹入，枯黄色，具脐沟。种瘤不明显，在脐条的中间，距种脐 2～3 mm；脐条明显，枯黄色，长 4～5 mm。无胚乳。

27. 小冠花（*Coronilla varia*）

圆柱形，稍扁，长 3.5～5 mm，宽和厚约等，1～1.5 mm。胚根尖不与子叶分开，胚根长为子叶长的 1/2。表面红紫色或深红紫色，密布细颗粒，稍粗糙，两侧面具隆起的中间线或不明显，无光泽。种脐位于中部，圆形，凹入，直径约 0.2 mm，具脐沟。种瘤距种脐约 0.3 mm。有胚乳。

28. 野大豆（*Clycine ussuriensis*）

椭圆形，长 3～5 mm，宽 2.5～3.5 mm，厚 1.8～3 mm，胚根不突出。表面黑色，具糠麸状物，粗糙。种脐近中部，矩圆形，凹入，长 1～1.5 mm，脐沟黄白色；晕环隆起呈黑色。种瘤分成两个，与种脐连生，脐条隆起，在种瘤之下。无胚乳。

29. 短萼鸡眼草（*Kummerowia stipulacea*）

宽椭圆形，两侧扁，长 2.2～2.5 mm，宽 1.5～2 mm，厚约 1 mm。胚根长为子叶长的 3/4 或以上，两者间有一模糊的线。表面紫色；具微细颗粒，近光滑。种脐在种子基部或近基部，圆形，凹入，直径约 0.12 mm（不包括脐冠），环状脐冠和晕轮黄白色。种瘤不明显。无胚乳。

30. 广叶山黧豆（*Lathyrus latifolius*）

长椭圆形、近球形或方状球形，长 4～5 mm，宽约 4 mm，厚 3.5～4.5 mm。表面赭色至褐色，有时具紫色花斑，具网状皱纹，粗糙。种脐位于中部，狭倒卵形，凹入，但脐沟唇与晕轮平，长 3～4 mm，长约占种子圆周长的 25%；脐沟黄白色，晕轮隆起。种瘤在脐条末端，距种脐约 1 mm，脐条呈一小沟。无胚乳。

31. 草原山黧豆（*Lathyrus pratensis*）

近球形或长椭圆形。长 3～4 mm，宽约 3 mm，厚 2～3 mm。表面浅褐色至深褐色，具较暗的紫色花斑，光滑，有光泽。种脐在中部偏上，狭椭圆形，凹入，但脐沟唇与晕轮平，长约 2 mm，长占种子圆周长的 17%～20%，脐沟黄白色，晕轮隆起。种瘤距种脐约 0.2 mm。无胚乳。

32. 扁平豌豆（*Lathyrus sativus*）（图 3-11-21）

斧头形，斧背长 4～8 mm，宽 4～5 mm，斧身高约 8 mm。表面黄色、黄白色或褐色，深色者常带灰黑色花斑，具小颗粒，近光滑，无光泽。种脐多在斧背上，中部偏下，椭圆形，凹入，但脐沟唇与晕轮平，长 1.5～2 mm，脐沟黄白色，晕轮隆起。种瘤距种脐 1.5～1.8 mm，脐条明显。无胚乳。

33. 丹吉尔山黧豆（*Lathyrus tingitanus*）

长椭圆形，长 6～7.5 mm，宽 5.5～6 mm，厚 3.5～4 mm。表面茶褐色至黑色。有的具黑色花斑，围绕胚根具一黑色条纹，似天鹅绒，近光滑，无光泽。种脐位于侧棱边上，种子中部，窄椭圆形或倒卵状窄椭圆形，凹入，但脐沟唇与晕轮平；长 3.5～4 mm，长占种子圆周长的 15%～20%；脐沟白色，明显；晕轮隆起。种瘤黑色，距种脐 0.8～1.2 mm。无胚乳。

34. 沙打旺（*Astragalus adsurgens*）（图 3-11-16）

近方形、近菱形或肾状倒卵形，两侧扁。长 1.6～2 mm，宽 1.2～1.6 mm，厚 0.6～0.9 mm。胚根尖突出呈鼻状，尖与子叶分开，胚根长为子叶长的 1/2～2/3。表面褐色或褐绿色，具稀疏的黑色斑或无；具微细颗粒，近光滑。种脐在侧棱边上，近中部，圆形，稍凹入，直径约 0.1 mm，呈一白圈，中间有一黑点，具脐沟；晕轮隆起。种瘤与脐条连生，距种脐约 0.4 mm；脐条呈条状，黄褐色。有胚乳，很薄。

35. 紫云英（*Astragalus sinicus*）

荚果条形，稍弯曲，长 1～2 cm，先端尾状，成熟时果皮呈黑色，表面光滑无毛，内含数粒种子。种子肾形，两侧扁平，长约 3 mm，宽约 1.4 mm，背部拱圆，腹部内凹，胚根端部明显突出，先端向腹面弯曲，呈沟状。种皮红褐色，表面光滑，有强光泽。种脐矩椭圆形，弯曲，其中间有一条脐沟，位于腹部凹陷内，晕环隆起。种皮革质，内含微量胚乳，胚体大，子叶肥厚，胚根粗而长，与子叶分开。

36. 草木樨状黄芪（*Astragalus melilotoides*）（图 3-11-17）

倒卵状肾形，两侧扁平或微凹。长 2.5～3 mm，宽 2～2.4 mm，厚 0.9～1.2 mm。胚根尖呈鼻状，并与子叶分开，胚根长为子叶长的 1/2，两者之间界线不明显或有一浅沟。表面黑色；具微细颗粒，近光滑；有光泽。种脐在侧棱边上，近中部，圆形（但胚根尖下的脐边常较直），凹入，直径约 0.8 mm。种瘤距种脐约 0.48 mm，脐条不明显。胚乳极薄。

37. 糙叶黄芪（*Astragalus seaberrimus*）

倒卵状肾形或肾形，两侧扁，微凹。长 1.1～1.5 mm，宽 1～1.3 mm，厚 0.5～0.8 mm。胚根尖呈鼻状，其尖与子叶分开，胚根长为子叶长的 1/2～3/4。表面黄褐色或褐绿色，散布稀疏的黑色斑点或无，具微细颗粒，近光滑，无光泽。种脐在侧棱边上，近中部，圆形，凹入，直径约 0.12 mm，呈一白圈，中间具一黑点，具脐沟，晕轮隆起。种瘤距种脐约 0.2 mm，脐条短。胚乳薄。

38. 紫穗槐（*Amorpha fruticosa*）

荚果近镰刀形，两侧扁，长 7～9 mm，宽 2～3 mm。果皮暗灰褐色，表面粗糙而皱缩，并具球形或椭圆形的腺点，含树脂。成熟时不开裂，内含 1 粒种子。种子椭圆形，长 4～4.5 mm，宽约 2 mm，两侧稍扁，一端钝圆，另一端向腹面弯曲，呈“喙”状。种皮褐色或棕褐色，表面平滑，有光泽，外被油脂状黏性物。种脐圆形，凹陷，中央深褐色，周围有两圈晕环，呈褐色，位于种子腹部近基端，种瘤在相对一端，二者之间有一条细线，为深褐色的种脊。种皮革质，内含少量胚乳，胚体大，子叶肥厚。

39. 蒙古锦鸡儿（*Caragana arborescens*）

椭圆状倒卵形或倒卵形，长 4～5.5 mm，宽和厚 3～4 mm。胚根尖稍突出或不明显，尖与子叶略分开（有的不明显）。表面红褐色至黑褐色，具微细颗粒，近光滑，稍具光泽。种脐位中部偏上，圆形，凹入，白色，直径约 0.36 mm，具脐沟。种瘤位于种子基部，黑色，突出或不突出，距种脐 2.5～3.5 mm，脐条黑色。无胚乳。

40. 柠条锦鸡儿（*Caragana korshinskii*）（图 3-11-23）

多为卵形或椭圆形，两侧稍扁，有在荚内相互挤压而变形的痕迹；顶端钩状，基部尖。长 6～9 mm，宽 3.8～5 mm，厚 2～4 mm。胚根突出，其尖与子叶分开。表面黑褐色或红褐色；具微细颗粒，近光滑；无光泽。种脐在侧棱边上，中部偏上，圆形，凹入，白色，具脐沟。种瘤在基部，突出，距种脐 4～7 mm。脐条隆起，无胚乳。

41. 小叶锦鸡儿（*Caragana microphylla*）（图 3-11-24）

种子椭圆形或卵状椭圆形。长 3.5～6 mm，宽和厚 2.2～3 mm。胚根尖突出，与子叶分开。表面红褐色或黑褐色，有的具黑斑；具微细颗粒，近光滑，有光泽。种脐位于中部偏上，圆形，凹入，白色，直径约 0.4 mm，具脐沟。种瘤在种子基部，突出，黑色，距种脐 2～3.5 mm。无胚乳。

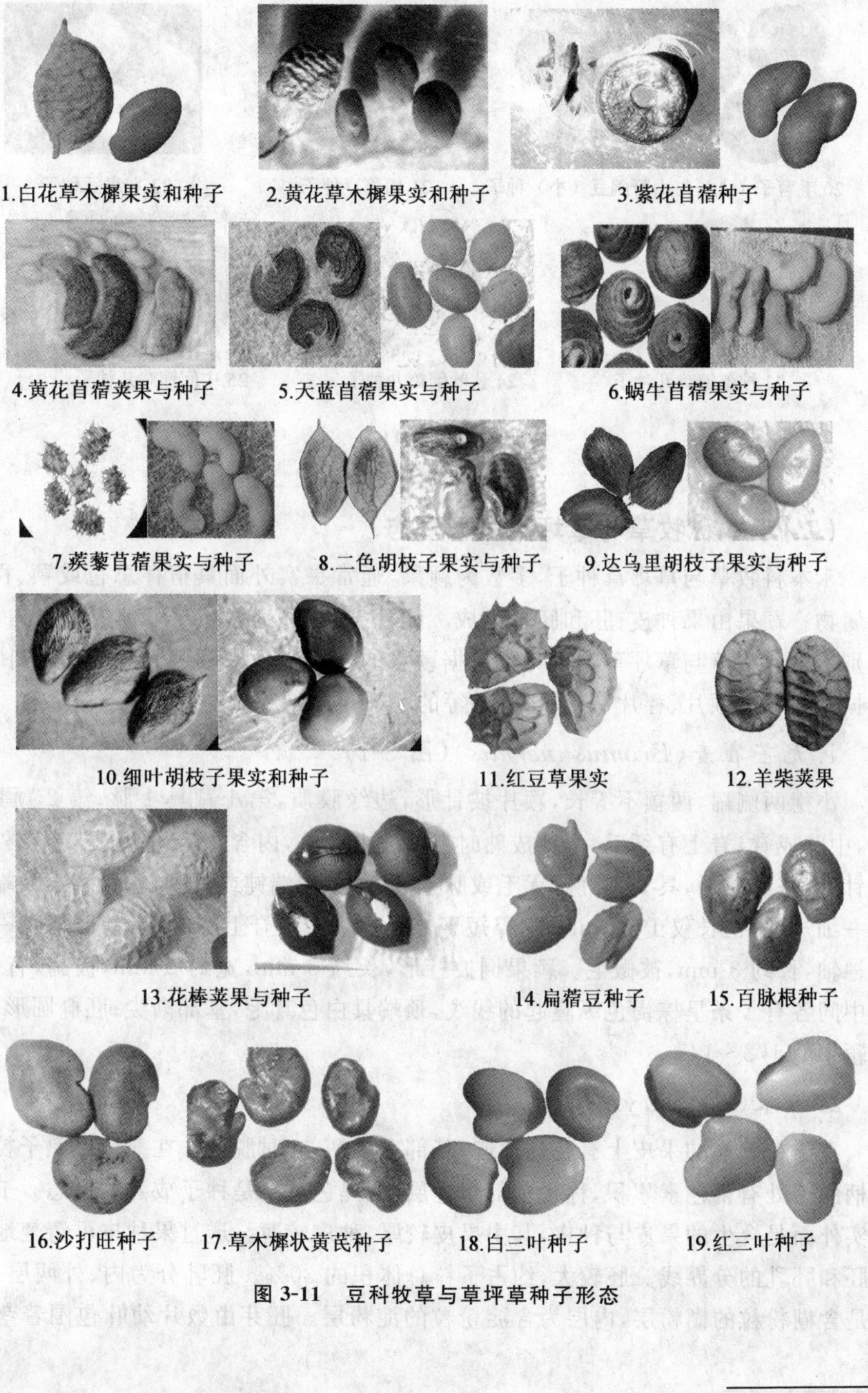

1.白花草木樨果实和种子　2.黄花草木樨果实和种子　3.紫花苜蓿种子

4.黄花苜蓿荚果与种子　5.天蓝苜蓿果实与种子　6.蜗牛苜蓿果实与种子

7.蒺藜苜蓿果实与种子　8.二色胡枝子果实与种子　9.达乌里胡枝子果实与种子

10.细叶胡枝子果实和种子　11.红豆草果实　12.羊柴荚果

13.花棒荚果与种子　14.扁蓿豆种子　15.百脉根种子

16.沙打旺种子　17.草木樨状黄芪种子　18.白三叶种子　19.红三叶种子

图 3-11　豆科牧草与草坪草种子形态

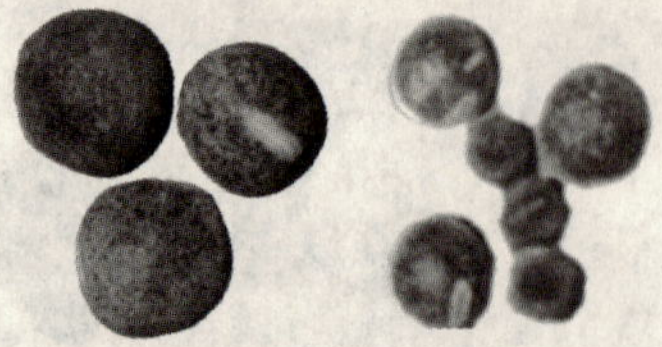

20.毛苕子（大）与山野豌豆（小）种子

21.山黧豆种子

22.羽扇豆种子

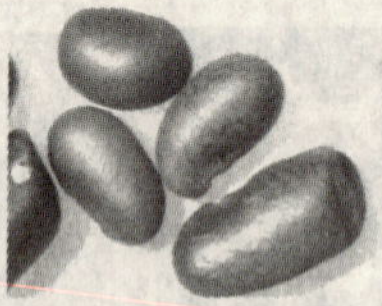

23.柠条锦鸡儿种子

24.狭叶锦鸡儿种子

25.中间锦鸡儿种子

续图 3-11

(二)禾本科牧草与草坪草种子形态

禾本科牧草与草坪草种子，多数为颖果，通常果实外面具宿存总苞或颖、稃等附属物。颖果由果种皮、胚和胚乳组成。胚乳发达，胚通常位于子实基部的一侧。鉴别禾本科牧草与草坪草种子时除依据颖果的形状、大小、颜色和表面特征外，常依据其附属物颖片、稃片、芒及小穗轴等的特征。

1. 无芒雀麦(*Bromus inermis*)(图 3-1)

小穗两侧扁，两颖不等长，颖片披针形，边缘膜质，第 1 颖具 1 脉；第 2 颖具 3 脉，中脉成脊，脊上有纤毛，小穗成熟时自颖之上脱落，内含 4～8 朵小花，小花外稃披针形，基部楔形，具 5～7 脉，无毛或脉上具微毛，顶端钝或具裂口，其背面顶端常有一细短芒，芒长仅 1～2 mm，内稃短于外稃，具 2 脊，脊上有纤毛，基部宿存一段小穗轴，长约 3 mm，被微毛。颖果倒披针形，长约 8 mm，宽约 2 mm，极扁，背、腹面中间各有 1 条呈棕褐色纵隆起的线纹，顶端具白色茸毛，基部渐尖；胚椭圆形，长占颖果的 1/8～1/7。

2. 玉米(*Zea mays*)(图 3-7)

在子粒上端的果皮上有花柱遗迹，基部有果柄，有时脱落。在充分成熟子粒的果柄脱落处有褐色素累积，称为基部褐色层(或黑色层)，是种子成熟的标志。玉米子实外面是合生的果皮与种皮，其中果皮较厚，种皮较薄。透过果种皮可清楚地看到胚和胚乳的分界线。胚较大，约占子粒总体积的 30%。胚乳分为内、外两层，外层是含糊粉粒的糊粉层，内层为含淀粉粒的淀粉层。胚芽由数片幼叶包围着茎尖生长锥组成，胚芽之外包被胚芽鞘。位于胚轴下方的为胚根，其外包被胚根鞘，起保护作用。

3.梯牧草(*Phleum pratense*)(图 3-12-3)

小穗两侧扁，椭圆形，两颖同形并等长，颖片椭圆形，长约 3.5 mm，顶端具长 0.5～1 mm 的尖头，质地较薄，具 3 脉，中脉成脊，脊上有长硬纤毛。小穗成熟时自颖之上脱落，内含 1 朵小花，小花外稃膜质，先端成小芒尖，具 7～9 脉，脉上有微毛，内稃稍短于外稃，具 2 脊，顶端圆形。颖果倒阔卵形，长约 0.9 mm，宽 0.6～0.7 mm，果皮红褐色，表面粗糙，无光泽，有不规则的小凸起。胚卵形，长约占果体的 1/3。

4.早熟禾(*Poa annua*)(图 3-12-4)

小穗两侧扁，具两颖，颖片披针形，质薄，第 1 颖长 1.5～2 mm，具 1 脉；第 2 颖长 2～3 mm，具 3 脉。小穗成熟时自颖之上脱落，内含 3～5 朵小花，小花外稃卵形，顶端及边缘膜质，具 5 脉，中脉成脊，脊上及边缘下部具柔毛，脉间基部也常有毛，但基盘无毛，内稃与外稃等长或稍短，具 2 脉，成脊，脊上有长丝状毛。颖果纺锤形，长 1.1～2 mm，宽约 0.5 mm，具三棱，两端尖，果皮褐色；胚椭圆形，稍凸出，长约占果体的近 1/4。

5.草地早熟禾(*Poa pratensis*)

小穗两侧扁，具两颖，颖片卵状披针形，质薄，第 1 颖长 2.5～3 mm，具 1 脉；第 2 颖长 3～4 mm，具 3 脉。小穗成熟时自颖之上脱落，内含 2～4 朵小花，小花外稃卵状披针形，纸质，顶端及边缘膜质，具 5 脉，中脉成脊，脊上和边脉的中部以上具长柔毛，基盘具稠密而长的白色柔毛，内稃与外稃等长或稍短，具 2 脉，成脊，脊粗糙或具小纤毛。颖果纺锤形，具三棱，长 1～2 mm，宽 0.4～0.6 mm，顶端具白色茸毛，腹面有纵沟，果皮黄褐色；胚体小，隆起，长约占果体的近 1/4。

6.普通早熟禾(*Poa trivialis*)

小穗两侧扁，具两颖，颖片披针形，质薄，第 1 颖具 1 脉；第 2 颖具 3 脉。小穗成熟时自颖之上脱落，内含 2～3 朵小花，小花外稃披针形，呈草黄色或带紫色，先端略为膜质，具 5 脉，中脉成脊，脊下部具柔毛，但脉间无毛，基盘有绵毛，内稃与外稃等长或稍短，具 2 脉。颖果纺锤形，长约 1 mm，宽约 0.3 mm，顶端具茸毛，果皮红褐色；胚体小，长占果体的近 1/5。

7.冰草(*Agropyron cristatum*)

小穗两侧扁，具两颖，颖片舟形，边缘膜质，先端渐尖成芒，芒与颖等长或稍短，芒刺状粗糙，具 2 脊或 1 脊。小穗成熟时自颖之上脱落，内含 4～7 朵小花，小花外稃侧面呈披针形，先端渐尖成芒，芒长 2～4 mm，具不明显的 3 脉，被短刺状毛，内稃短于外稃，先端 2 裂，具 2 脊，脊的中上部有短刺状毛，基部宿存一段小穗轴，长约 1 mm，小穗轴顶端膨大。颖果长椭圆形或披针形，长 3.5～4.5 mm，宽约 1 mm，顶端密生白色茸毛，腹面纵深凹，果皮灰褐色；果实与内外稃紧贴，不易剥离。胚卵形，长占颖果的 1/5～1/4。

8. 沙生冰草(*Agropyron desertorum.*)(图 3-12-6)

小穗轴节间圆筒形，先端膨大，顶端凹陷较深，具微毛，不与内稃紧贴，稍弯曲。外稃呈舟形，长 5～7 mm，具明显 5 脉，背面具短柔毛，基盘钝，圆形，先端渐尖呈 1～2 mm 的短芒；内稃等长于外稃，先端 2 裂，脊中上部具刺毛；内外稃与颖果紧贴，不易分离。颖果矩圆形，长 3～3.5 mm，宽 1 mm 米，深褐色，顶端密生黄色茸毛，腹面具沟，呈舟形；胚椭圆形，长占颖果的 1/5～1/4。

9. 偃麦草(*Elytrigia repens*)

小穗两侧扁，具两颖，颖片披针形，长 8～15 mm，先端稍尖，表面光滑无毛，边缘膜质，具 5～7 脉。小穗成熟时自颖之下脱落，内含 6～10 朵小花，小花外稃披针形，边缘膜质，先端锐尖或呈短芒，芒长 1～2 mm，具 5～7 脉，内稃具 2 脊，脊上有纤毛，边缘膜质，基部有一段小穗轴，长 1 mm，无毛，向上逐渐膨大，顶端中央凹陷。颖果矩椭圆形，长 3～4 mm，宽约 1 mm，顶端钝圆，具白色茸毛，背部拱圆，腹面凹陷，中间有条隆起的棕黑色线纹，果皮红褐色；胚椭圆形，突出，长占颖果的 1/4～1/3。

10. 野大麦(*Hordeum brevisubulatum*)

穗轴每节上着生 3 枚小穗，侧生小穗常发育不全，其颖片呈针状，外稃顶端无芒；中间小穗具两颖，颖片针状，长 4～6 mm。小穗成熟时自颖之下的穗轴节上脱落，内含 1 朵小花，小花外稃近平滑或贴生微毛，顶端渐尖成芒，芒长 1～2 mm，内稃与外稃等长，具 2 脊，脊上无毛或于上部具极细微的纤毛。颖果长椭圆形，长 2.5～3.5 mm，宽 1.0 mm，先端钝圆，并密生茸毛，背部拱圆，腹面有纵沟，中间有条棕色细隆线，基部急尖，果皮淡棕色；胚椭圆形，约占果体的 1/4。

11. 多年生黑麦草(*Lolium perenne*)(图 3-11-9)

小穗两侧扁，第 1 颖缺(除顶生小穗外)；第 2 颖披针形，具 5 脉，边缘膜质，通常长于第 1 小花。小穗成熟时自颖之上脱落，内含 7～11 朵小花，小花外稃披针形，长 5～7 mm，宽 1.2～1.4 mm，无芒或具短芒，内稃与外稃等长，具 2 脊，脊上有短纤毛，基部有一段小穗轴，长约 0.8 mm。颖果椭圆形，长 2.5～3.4 mm，宽

1～1.3 mm，顶端有白色茸毛，背面拱圆，腹面扁，微凹；胚卵形，长占果体的1/5～1/4。

12. 一年生黑麦草（*Lolium multiflorum*）（图 3-11-10）

小穗两侧扁，第 1 颖缺；第 2 颖披针形，具 5～7 脉，边缘膜质，常与第 1 小花等长。小穗成熟时自颖之上脱落，内含 10～20 朵小花，小花外稃披针形，质薄，具 5 脉，顶端膜质透明，具长达 5 mm 的细芒（或上部小花芒缺），内稃与外稃近等长，具 2 脊，脊上有微纤毛，基部有一段小穗轴，长约 1 mm，光滑无毛。颖果扁椭圆形，长约 4 mm，宽约 1.2 mm，顶端有黄色残留物，背面拱圆，腹面微凹，果皮褐色；胚卵形，长占果体的 1/5。

13. 狗牙根（*Cynodon dactylon*）

小穗两侧扁，颖果近等长，具 1 脉，脉成脊。小穗成熟时自颖之上脱落，内含 1 朵小花（稀为 2 朵），外稃草质，与小穗等长，具 3 脉，中脉隆起成脊，把背部分为两面形，侧面呈半卵形，内稃与外稃近等长，具 2 脊，基部有一段细长的小穗轴，顶端附着 1 退化小花的内、外稃。颖果矩圆形，长 0.9～1.1 mm。果皮黄褐色或棕褐色；胚矩圆形，凸起，长占果体的 1/3～1/2。

14. 鸭茅（*Dactylis glomerata*）（图 3-12-8）

小穗两侧扁，两颖不等长，颖片披针形，具 1～3 脉，先端渐尖，延伸成长约 1 mm 的芒，脊粗糙或具纤毛，第 1 颖长 4～5.5 mm；第 2 颖长 6～7.5 mm。小穗成熟时自颖之上脱落，内含 2～5 朵小花，小花外稃披针形，具5 脉，脊粗糙或具纤毛，顶端渐尖成为长约 1 mm 的芒，内稃较窄，与外稃等长或稍短，具 2 脊，脊上有纤毛，基部有一段小穗轴，长约 1 mm，顶端膨大。颖果长椭圆形，长 2.5～3.5 mm，宽 0.7～1 mm，略具三棱，顶端尖，果皮浅黄色或黄褐色；胚矩圆形，长占果体的1/4～1/3。

15. 虉草（*Phalaris arundinacea*）

小穗两侧扁，披针形，两颖同形，稍不等长，具 3 脉，脉中部隆起成脊，其上部有极窄的翼。小穗成熟时自颖之上脱落，内含3 朵小花，第 1、2 小花退化，仅存 2 枚呈线形的外稃，并被白色长柔毛；第 3 小花结实，外稃披针形，软骨质，呈灰黄色或黄褐色，背面平滑，有光泽，具 5 脉，其上部及边缘有白色柔毛，边缘卷抱内稃，内稃舟形，具 2 脉，中间有脊，脊两边疏生柔毛。颖果近倒卵形，扁状，长约 1.5 mm，侧面宽约 0.8 mm，黑褐色；胚体近椭圆形，长约占果体的 2/3。

16. 苇状羊茅（*Festuca arundinacea*）（图 3-12-11）

小穗两侧扁，具两颖，颖片披针形，第 1 颖具 1 脉，第 2 颖具 3 脉。小穗成熟时自颖之上脱落，内含 4～5 朵小花，小花外稃卵状披针形，具 5 脉，脉上有时具短硬毛，顶端尖，无芒或具芒尖，芒尖自稃体先端稍下方伸出，芒长 1.5～2 mm，内稃与外稃等长或稍短，具 2 脊，脊上有短纤毛，基部有一段小穗轴，长 1～1.2 mm，无毛或被疏微毛，顶端膨大。颖果椭圆形，长 3.2～4.2 mm，宽 1.2～1.5 mm，先端平截或钝圆，具黄色茸毛，背面拱形，腹面凹陷，中间有条细隆线；胚体倒卵形，长约占果体的 1/4。

17. 紫羊茅（*Festuca rubra*）（图 3-12-12）

小穗含 3～6 花，长 7～11 mm；小穗轴节间圆柱形，顶端稍膨大，平截或微凹，稍具短柔毛。颖狭披针形，先端尖；第一颖具 1 脉；第二颖具 3 脉。外稃披针形，长 4.5～5.5 mm，宽 1～2 mm，顶端具细弱芒，边缘及上半部具微毛或短刺毛；内外稃等长，背上部粗糙，脊间被微毛。颖果与内外稃相贴，不易分离；矩圆形，长 2.5～3.2 mm，宽约 1 mm，深棕色；顶部钝圆，具毛茸；脐不明显；腹面具宽沟；胚近圆形，长占颖果的 1/6～1/5，色浅于颖果。

18. 苏丹草（*Sorghum sudanense*）（图 3-12-17）

小穗 2～3 枚着生于穗轴节上，有柄者为单性或中性花，无柄者为两性花。无柄小穗呈阔椭圆形，背腹扁，具两颖，颖片革质，有光泽，呈黄褐色、红褐色至紫黑色，其 1 颖具 2 脊，脊上有短纤毛；第 2 颖具 1 脊，近脊的顶端有纤毛。小穗成熟时自颖之下脱落，无柄小穗内含 2 朵小花，第 1 小花外稃和内稃均为膜质透明，第 2 朵小花外稃顶端 2 裂，芒自齿间伸出，膝曲扭转，芒长 8.5～12 mm；有柄小穗呈披针形。颖果倒卵形，长 4～4.5 mm，宽 2.5～2.8 mm，顶端钝圆，基部稍尖，果皮赤褐色；胚体大，近椭圆形，长占果体的 1/2～4/5。

19. 毛花雀稗（*Paspalum dilatatum*）

小穗卵形，长 3～4 mm，宽 2～2.5 mm，背腹扁，第 1 颖缺；第 2 颖近圆形，膜质，边缘具白色丝状长毛，背面被白色短毛，具 5 脉。小穗成熟时自颖之下脱落，内含 2 朵小花。第 1 小花外稃与第 2 颖同形而稍短，内稃不存在；第 2 小花外稃近圆形，革质，表面具极微小的颗粒状突起，背面隆起，边缘向内卷曲，紧抱着同形的内稃，内稃膜质，边缘包着颖果，两侧边缘中间部分各向内延伸，形成上下两个圆孔。颖果阔卵形，长约 1.7 mm，宽 1.5 mm，背面拱圆，腹面稍凹陷，果皮浅黄褐色；胚体大，阔卵形，褐色，微凹，长约占果体的 1/3。

20. 结缕草（*Zoysia japonica*）

小穗含 1 花，两性，单生，覆瓦状排列或稍有疏离，两侧扁，一侧贴向轴心，脱节于颖下；小穗卵形，长 3～3.5 mm，紫褐色；小穗柄弯曲长达 4 mm，深黄褐色，稍透明；顶端具宿存花柱；脐明显，深于颖果，腹面不具沟；胚在一侧的角上，中间突起，长占颖果的 1/2～3/5，色较颖果深。

21. 披碱草（*Elymus dahuricus*）（图 3-12-1）

颖披针形，具芒；外稃背部被短毛，顶端延伸成芒、粗糙，成熟时向外展开；内外稃几乎等长。颖果长椭圆形，深褐色，长 7.0～8.0 mm，宽 1.5 mm。

22. 老芒麦（*Elymus sibiricus*）（图 3-12-2）

颖狭披针形，粗糙，先端渐尖或具短芒。外稃顶端延伸成长芒，稍展开或向外反曲；内外稃几乎等长，先端二裂，颖果长扁圆形，极易脱落，长 7.5～8.5 mm，宽 1.5 mm。

23. 羊草（*Leymus chinensis*）（图 3-12-7）

颖披针形，偏斜着生；外稃披针形，基部裸露，顶端渐尖或形成芒状小尖头。颖果长椭圆形，深褐色，长 5.0～7.0 mm，宽 1.0 mm。

24. 小糠草（*Agrostis alba*）（图 3-12-14）

小穗柄长 1～2 mm，先端膨大；外稃长 1.8～2.0 mm，膜质，透明，先端膨大呈细齿状，具不明显 5 脉，无芒，基盘两侧具短毛；内稃短于外稃，薄膜质，极透明，具 2 脉，顶端平截或微凹；内外稃疏松包围颖果，颖果长椭圆形，长 1.1～1.5 mm，宽 0.4～0.6 mm，黄褐色；脐圆形，稍突起；腹面具沟；胚卵形，长占颖果的 1/4～1/3。

25. 细弱翦股颖（*Agrostis tenuis*）

小穗两侧扁，两颖不等长，颖片披针形，质地较薄，具 1 脉，并隆起成脊，第 1 颖长 2 mm；第 2 颖长 2.3 mm。小穗成熟时自颖之上脱落，内含 1 朵小花，小花外稃长卵形，膜质透明，具 2 脉。颖果卵形，长约 1 mm，宽约 0.4 mm，黄褐色，胚体卵圆形，褐色，长约占果体的 1/3，脐圆形，灰白色，位于果实腹面基部。

26. 大看麦娘（*Alopecurus pratensis*）

小穗两侧扁，具两颖，颖片膜质，浅紫褐色，具 3 脉。脊上有纤毛，侧脉亦有短毛，基部相连合。小穗成熟时自颖之下脱落，内含 1 朵小花，其外稃与颖等长或稍长，顶端疏生微毛，芒自外稃背面近基部伸出，芒长 5.8～7.2 mm，芒柱稍扭转，外稃边缘近基部相连合，内稃缺。颖果呈近半阔椭圆形或纺锤形，扁状，长 2.2～2.6 mm，侧面宽 1～1.5 mm，厚 0.5 mm，果皮浅黄褐色；胚近圆形，长约占果体的 1/3，脐深褐色。

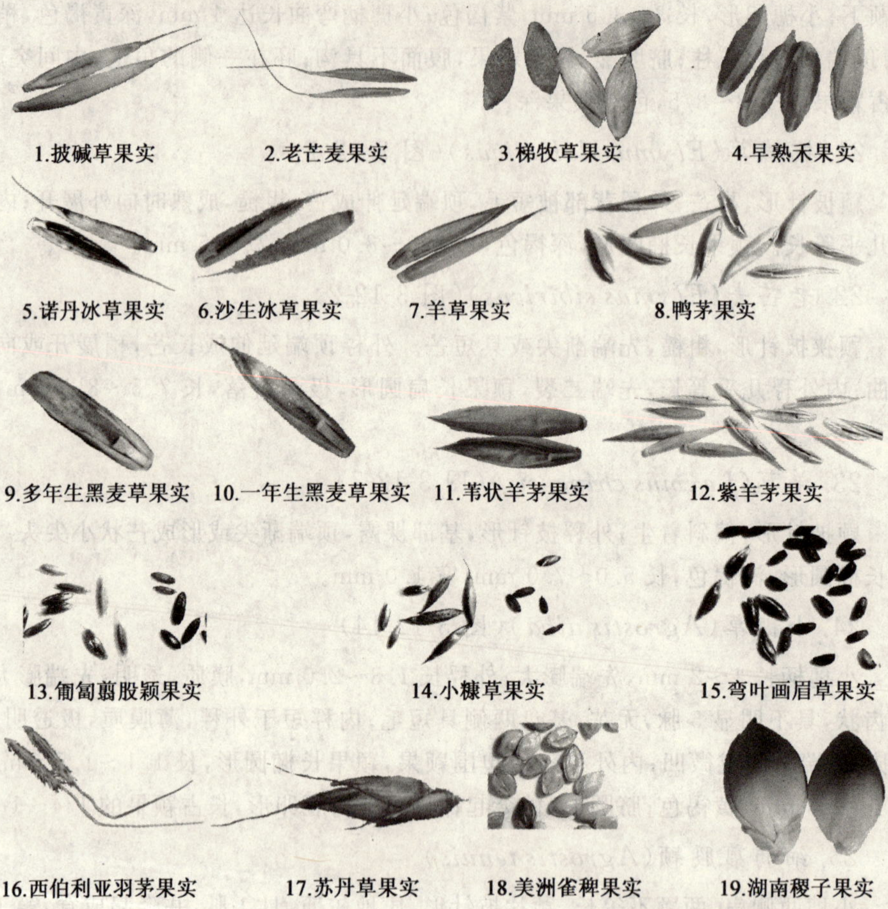

图 3-12 禾本科牧草与草坪草种子形态

(三)菊科植物种子形态

菊科植物种子，实际是植物学中的瘦果，其顶端常冠以毛状或鳞片状冠毛或刺状冠毛，常具喙。果实内含 1 粒种子。果皮薄，无胚乳，胚体直生，胚根短，子叶扁平或为平凸形。

1. 串叶松香草(*Silphium perfoliatum*)(图 3-13-1)

瘦果倒卵形，极扁。边缘翅状并向腹面弯曲，长 10～13 mm，宽 7～8 mm。表面灰褐色。顶端中间有“U”字形缺口，腹面具一纵棱，基部圆形，有一黄白色细短柄，易折断。

2. 苦荬菜(*Lactuca indica*)(图 3-13-2)

瘦果斜倒阔卵形,扁平,长 3.5 mm,宽 1.8 mm。顶端收缩呈短喙,先端膨大,成圆盘,白色,衣领状环不明显,具白色冠毛。果皮棕黑色,两面中间各具 1 条隆起的脊棱,边棱具窄薄翅,翼上有横皱纹,脊棱与边缘中间有不明显的波状皱纹及1~2 条细棱,表面粗糙,无光泽。果脐小,凹陷,位于果实基端。果内含 1 粒种子,种子与果实同形,胚直生,无胚乳。

3. 菊苣(*Cichorium intybus*)(图 3-13-3)

瘦果倒卵形或阔楔形,长 2~3 mm,宽 0.9~1.5 mm。顶端截平,边缘有一圈白色的短小鳞片组成的冠毛,其中央具残存花柱,圆形,微小而突出。果皮淡黄褐色或棕褐色,有时在淡黄褐色中夹杂着黑褐色斑,表面有 4~5 条明显的纵棱,并密布微颗粒状突起。果脐五角形,凸出,位于果实的基部。果内含 1 粒种子,无胚乳,胚直生。

4. 草红花(*Carthamus tinctorius*)

瘦果倒卵形或椭圆状倒卵形,具四棱,长 6~7.5 mm,宽 4~5.5 mm。顶端斜截形,边缘具由棱上端延伸成的突尖,冠毛脱落,中央具残存花柱,圆形,微突出。果皮坚硬,白色,有时疏散着不规则的浅黄色条纹或斑点,尤其在果实的上部较明显,表面平滑,有光泽。果脐大,倒卵形,微凹,浅褐色,位于果实一侧基部的凹陷内。果内含 1 粒种子,种子与果实同形,种皮膜质,胚直生,无胚乳。

5. 蒲公英(*Taraxacum mongolicum*)

瘦果窄倒卵形,常稍弯曲,长约 4 mm,宽 1.5 mm。顶端具细弱长喙,喙长 6~8 mm,易折断,其顶端具白色冠毛。果皮土黄色或浅黄褐色,表面具 12 条纵棱(5 条粗,7 条细),棱上有小突起。果实中部以上具尖头小瘤突起。果脐凹陷,位于果实基部。果内含 1 粒种子,种皮膜质,胚直生,无胚乳。

6. 牛蒡(*Arctium lappa*)

瘦果倒卵形,扁状,直或稍弯,长 5.5~6.5 mm,宽 2.2~3 mm。顶端截平,边缘隆起,围绕着深色的衣领状环,冠毛脱落,中央具残存花柱,突起。果皮灰褐色或浅黄褐色,并散布着不规则的紫色或黑色斑点或波状横斑纹,表面有 5~8 条明显的纵棱,棱间又有不明显的细纵棱,近顶端有较明显的波状横皱褶。果脐圆形,位于果实基部。果内含 1 粒种子,种子无胚乳,胚直生。

7. 黄花蒿(*Artemisia annua*)

瘦果倒卵形或椭圆形,长约 0.8 mm,宽约 0.4 mm。顶端钝圆,其中央具残存花柱，呈小圆形突起，无衣领状环，无冠毛。果皮极薄，膜质，浅黄色，表面带有银白色细丝，并具有不明显的细皱纹和细纵沟，无毛，果实基部渐窄，并稍弯。果脐小，圆形，位于果实基部。果内含 1 粒种子，无胚乳，胚直生。

1.串叶松香草瘦果　2.苦荬菜瘦果　3.菊苣瘦果（披衣处理）

图 3-13　菊科牧草种子形态

(四)藜科植物种子形态

藜科植物的果实为胞果或坚果，具宿存花萼。果皮膜质或骨质，后者果皮常突出成刺棱；种子多为双凸透镜形或肾形等，种皮革质或膜质，表面平滑或具小颗粒突起。胚环状或螺旋状，围绕着粉质胚乳(外胚乳)。

1. 地肤(*Kochia scoparia*)

胞果被宿存花被所包，其顶端微露，花被片背部横生突起而成短翅，胞果扁圆形或椭圆形，果皮膜质，浅灰色，易剥离。种子倒卵形，扁平，种皮橄榄褐色至黑色，表面具小颗粒，无光泽，胚弯曲，黄绿色，呈马蹄形，围绕着胚乳(外胚乳)。

2. 木地肤(*Kochia prostrata*)(图 3-14-1)

胞果扁球形，果皮近膜质，紫黑色。种子横生，倒卵形或近圆形，扁，长约 2 mm，宽约 1.5 mm，或直径 1.5 mm。表面黑褐色或褐色，近光滑，无光泽。胚环形。

3. 驼绒藜(*Eurotia ceratoides*)(图 3-14-3)

胞果椭圆形或倒卵形，具被毛。种子直生，椭圆形或侧卵形，倒扁，长约3 mm，宽约 1 mm。表面黄褐色，无光泽，胚马蹄形。

4. 法国菠菜(*Atriplex hortensis*)

胞果具 2 片紧贴的苞片，苞片卵形，翅状，长 10 mm、宽 6～8 mm，中脉明显，草黄色。种子扁圆形，直径 2.3～2.5 mm，厚 0.7 mm。表面灰褐色，无光泽，具小瘤。环状胚明显地表现于外部，胚根略外突于周围。

5. 角果碱蓬(*Suaeda corniculata*)

胞果圆形，扁，凸透镜状，边缘有一钩状突起和具缺刻。表面光滑，有光泽，具微细网纹。种子近圆形，直径 1.2～1.3 mm，厚 0.6 mm。表面黑褐色。种脐在钩状胚根之下。胚卷曲成螺旋状。

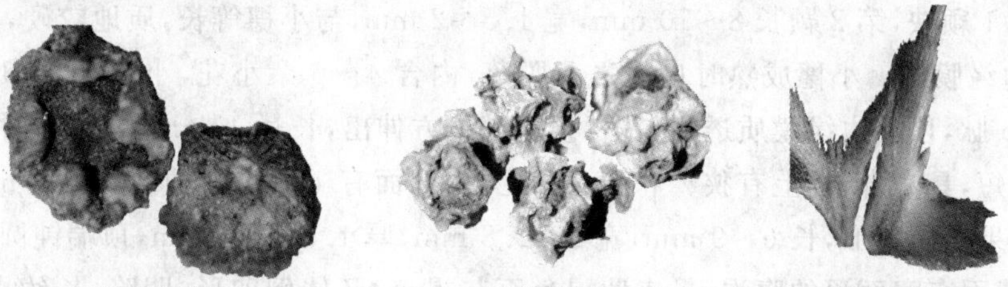

1.地肤果实　　2.甜菜果实　　3.驼绒藜果实

图 3-14　藜科牧草种子形态

(五)检疫性杂草种子形态

根据不完全统计，国内外植物检疫对象包括危险性杂草，共有 190 余种，分属 39 个科，112 个属。列入检疫对象的计有 13 个科，主要是禾本科、豆科和十字花科等。一般杂草种子和牧草种子大小相似，不容易分离。一株杂草产生的种子数量巨大，如一株菟丝子可产生近 10 万粒的种子。

2006 年发布的《全国农业植物检疫性有害生物名单》中的有害杂草有豚草属(*Ambrosia* spp.)、菟丝子属(*Cuscuta* spp.)、毒麦(*Lolium temulentum*)、列当属(*Orobanche* spp.)、假高粱(*Sorghum halepense*)。

菟丝子的蒴果球形或卵形，周裂或不规则开裂或不开裂，果内含 2～4 粒种子；种子表面光滑或粗糙，胚体针状，无分化，螺旋状埋藏于半透明的胚乳中，胚乳湿水后呈胶质状。苜蓿菟丝子(*Cuscuta approximata*)寄生于豆科植物，主要危害苜蓿、三叶草。荚果近球形，直径 2.5～3 mm，开裂，内含种子 4 粒。种子近球形，长 0.7～0.9 mm，宽 0.4～0.7 mm，种皮黄色至淡褐色，粗糙，有腺体。种脐圆形，脐线短。胚螺旋形卷曲，位于半透明的胚乳中(图 3-15)。

豚草(*Ambrosia artemisifolia*)为田野杂草。其花粉易引起人、畜过敏，有害健康。木质化囊状总苞呈倒卵形，长 3～4 mm，宽 1.8～2.5 mm。顶端中央具一粗而长的锥状喙，其周围一般有 5～7 个短的突尖，顺着突尖下延成明显的纵肋。总苞黄褐色，表面具疏网状纹，网眼内粗糙，有时具丝状白毛，尤其在果实顶端较密。总苞内含 1 枚瘦果，果体与总苞同形，果皮褐色或棕褐色，表面光滑。果内含 1 粒种子。种皮膜质，胚直生，无胚乳(图 3-15)。

列当属的种子极细小，似灰尘，果为蒴果，成熟时 2 瓣开裂，内含多粒种子；种皮表面凹凸不平，具脊状条纹和具有规则或不规则的网眼(图 3-15)。

毒麦(*Lolium temulentum*)为燕麦冠锈病的寄主，又是一种危险的有毒植物。小穗第 1 颖缺，第 2 颖长 8～10 mm，宽 1.5～2 mm，与小穗等长，质地较硬，具 5～9 脉，边缘膜质。小穗成熟时自颖之上脱落，内含 4～6 朵小花，小花外稃卵形，质薄，具 5 脉，顶端边缘膜质透明，芒自顶端稍下方伸出，长达 1 cm，内稃与外稃近等长或稍短，具 2 脊，脊上有狭翼和微小纤毛，其背面有 1 段小穗轴，长 5～7 mm，无毛。颖果矩椭圆形，长 6～9 mm，宽 2～2.8 mm，厚 1.5～2.5 mm，顶端钝圆，背面拱形，腹面有宽而深的腹沟，果皮黄褐色至灰褐色，胚体倒卵形，凹陷，长约占果体的1/4，与果皮同色，果实与内外稃紧贴，不易分离(图 3-15)。

假高粱(*Sorghum halepense*)世界性最凶恶的杂草之一，是一种难以防除的农田恶性杂草，因此，被我国列入对外禁入的检疫对象。也是一种高产牧草。全草可作饲料，但体内含氢氰酸，喂养牲畜会引起中毒，导致死亡。小穗孪生或 3 枚共生于穗轴节上。有柄者为雄性或中性，无柄者为两性，小穗背腹扁，具两颖，颖片革质，呈黄褐色、红褐色或紫黑色，有光泽，先端锐尖，第 1 颖背部近扁平，具 2 脊，脊上具短纤毛；第 2 颖舟形，脊上有短纤毛。小穗成熟时自颖之下脱落，内含小花 2 朵，第 1 小花外稃卵状披针形，膜质透明，边缘有毛，具 3 脉；第 2 小花外稃三角状披针形，膜质，顶端微 2 齿裂，中脉延伸自齿间伸出成芒，芒长约 3.5 mm，有时呈小尖头而无芒，内稃小，线形，膜质透明，边缘有毛。颖果倒阔卵形或阔椭圆形，长 2～3.1 mm，宽 1.4～1.8 mm，顶端圆形，基部钝尖，背部拱圆，腹部扁平，果皮呈暗红棕色，表面无光泽；胚体大，近椭圆形，长占果体的 1/2～2/3；脐小，圆形，呈黑褐色(图 3-15)。

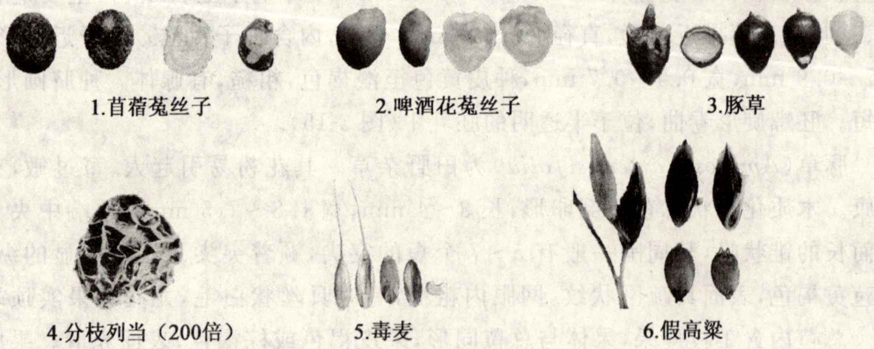

图 3-15　主要检疫性杂草种子形态

三、牧草与草坪草种子的分类和鉴别方法

种子的分类方法主要是依据种子的外部形态特征，当外部形态差异不明显时则辅之以内部结构、化学成分等特征。种子的分类可为种子的鉴别、检验和利用提供依据。中国科学院植物研究所(1980)及中国农业大学(1985)等相关研究者对部分牧草种子，依据其形态特征编制了主要豆科和禾本科牧草种子分类检索表。印丽萍(1997)依种子或果实形态与内部结构的特征，对48科500余种杂草(包括部分牧草)，编制了分科和分种检索表。

(一)形态和构造上的分类方法

从种子形态上分类，豆科植物"种子"——荚果开裂与否，每荚一粒种子(如红豆草)或多粒种子(如苜蓿)，荚果形成缩缢或横断成节荚(如岩黄芪)；种子的形态、大小与种皮表面特征、晕环和晕轮的有无；种脐的位置和形状；种脐长与种子圆周长的比率；种瘤与种脐及种瘤与脐条的相对位置；脐沟的有无与颜色等。禾本科牧草与草坪草种子——颖果外部常宿存总苞、颖、稃等附属物。形态分类依据主要有：小穗的形态与结构，小穗轴的形态、截面形状，颖片、内外稃形态、质地及附属物有无；芒的有无、长短、着生部位、形态(有否关节、扭曲、挺直)；种子横切面形状等。

依种子基本构造进行分类，如胚的位置、形状、大小、胚根与子叶的关系等。豆科植物种皮横切面的细胞结构——种皮栅状细胞层的形态；有胚乳、无胚乳或具少量胚乳。

种子分类方法很多，可根据需要选择不同的方法，常用的方法有2种：

(1)根据胚乳的有无分类——根据胚乳有无和多少分为有胚乳种子和无胚乳种子。

①有胚乳种子，具有较发达的胚乳。又依据其子叶数目和胚乳的来源分为单子叶有胚乳种子(禾本科、百合科、姜科等)和双子叶有胚乳种子(大戟科、蓼科、茄科、伞形科、藜科等)；内胚乳种子、外胚乳种子(菠菜、甜菜、石竹)和内、外胚乳同时存在种子(姜、胡椒)。

②无胚乳种子，无胚乳或具极少量胚乳的种子，种子在发育的中后期，胚乳被胚吸收，因而胚部子叶发达。豆科、十字花科、锦葵科、葫芦科、菊科和蔷薇科等植物种子。

(2)根据植物形态学分类——根据种子形态结构特点，将植物种子分为五类。

①包括果实及其外部附属物(芒、颖、苞叶、宿萼)；

②包括果实全部；

③包括种子及果实一部分(内果皮)；

④包括种子全部；

⑤包括种子主要部分(外种皮脱去)。

(二)各科牧草与草坪草种子形态检索表

牧草与草坪草种子形态分类检索表是鉴别种子的重要工具。检索表的编制，是将各科牧草种子的关键性特征进行比较，抓住稳定、明显的区别点。把相同的特征特点归在一项下，不同的特征归在另一项下。在相同项下，又以不同点分开，这样逐级分下去，最后将会得出不同种，乃至不同品种的区别类。

检索表都是根据一定范围内的种类而编制的，通常的程序是：先编制分科检索表，然后在各科下分别编制分属检索表，最后在各属下分别编制分种，乃至分品种检索表。另一种编制法，唯独在种子分类学上应用。因还未将大量种子特征搞清楚，有些尚未总结归纳出种子的科、属特征特性来，因此，采用了"不先分科、分属再分种的程序，而是一竿子插到底，径直检索到种或变种"。其特点是打破植物学上的科属界限，混编于一揽子检索表内。例如：

Brouwer 等(1955)把 2 000 多种和其变种，分成六大类，即①小于 1 mm 的种子(如苋属、藜属、列当属等)；②扁的(如毛茛属、锦葵属等)；③平凸的(如车前属、莎草属等)；④长的，长为宽的 4 倍以上(如菊科、禾本科等)；⑤圆形且带沟(如十字花科等)；⑥具颖、芒(如禾本科)。每大类包含若干种，可直接检索到种。

Delorit(1970)把种子分为三大类，即：①种子顶端锐尖，具尖头、芒、钩刺或横切面呈三角形；②种子顶端平截；③不为上述情况。也是直接检索到种。

中国科学院北京植物园(1980)编制的"杂草种子图说"是以种子顶端为基本特征，结合其他特征分为六大类。①种子顶端具多个尖头，或其任何部位具针刺、钩刺或刚毛(不包括三棱三面或具芒颖者)；②果实为颖果(包括囊果)具颖、稃和芒(禾本科)；③具冠毛或顶端平截、斜截或不平截，但具衣领状环(大多数菊科、夹竹桃科)；④种子含两片肥厚子叶，表面具种瘤，种脐常具一条脐沟(豆科)；⑤种子为三棱三面(横切面为三角形或扇形)；⑥不为上述 5 种情况。最后也是直接检索到种。

1. 豆科牧草与草坪草种子分类检索表(张义君，1980)

为了便于检索，根据种脐特点，将种子分成三个组：一组种脐圆形，且具环状脐冠；二组种脐圆形，不具脐冠；三组种脐不为圆形。

一组种脐圆形，且具环状脐冠

1. 种子有胚乳

2. 种子倒卵形，长 1.5～2.5 mm ……… 尖叶铁扫帚(*Lespedeza hedysaroess*(Pall.)Kit.)

2. 种子圆状肾形、宽椭圆形或近球形，长 1.1～1.8 mm …… 百脉根（*Lotus corniculatus* L.）

1. 种子无胚乳

3. 种子长 2～2.5 mm，胚根长为子叶长的 3/4 或以上
…………………………………………………… 短萼鸡眼草（*Kumm crowia stipulacea* Makion）

3. 种子长 3～4 mm，胚根长为子叶长的 1/2 ……… 胡枝子（*Lespedcza bicolor* Turcz.）

二组种脐圆形（包括种脐矩圆形的紫云英），不具脐冠

1. 种脐位于种子中部

2. 种子肾形，无胚乳 ………………………………… 驴食草（*Onobrychis viciaefolia* Scop.）

2. 种子有胚乳

3. 种子圆柱形且两侧具中间线；或肾状倒卵形且种瘤与脐条构成十字形黑斑

4. 种子圆柱形且两侧具中间线 ………………………… 小冠花（*Coronilla varia* L.）

4. 种子肾状倒卵形且种瘤与脐条构成十字形黑斑
………………………………………………… 骆驼刺（*Alhagi pscudalhagi* Desv.）

3. 不为上述情况

5. 种子长在 2 mm 以内

6. 种子稍大，近方形、近菱形或肾状倒卵形
………………………………………… 沙打旺（*Astragalusalus adsurgens* Pall.）

6. 种子稍小，倒卵状肾形或肾形 ………… 糙叶黄芪（*Astragalus scaberrimus* Bge.）

5. 种子长在 2 mm 以上

7. 种子倒卵形，种脐矩圆形，胚根尖呈钩状，或种子倒卵状肾形，表面黑色

8. 种脐矩圆形，胚根尖呈钩状 …………………… 紫云英（*Astragalus sinicus* L.）

8. 种脐圆形，胚根尖鼻状 ………… 草木樨状黄芪（*Astragalus melilotoides* Pall.）

7. 不为上述情况

9. 种子两侧扁而不平，正视腹面时两侧呈波浪状，种子纵轴稍弯曲或扭曲
………………………………………………………… 苜蓿（*Medicago stativa* L.）

9. 不为上述情况

10. 种子长 4 mm 以上，宽 2 mm 以上，表面稍粗糙
…………………………………… 蒺藜苜蓿（*Medicago truncatula* Gaertn）

10. 种子长 4 mm 以内，宽 2 mm 以内，表面近光滑

11. 种子两侧扁平，长 3～3.5 mm …… 褐斑苜蓿（*Medicago arabica*（L.）All.）

11. 种子两侧扁，但不像褐斑苜蓿那样平，视腹面时两侧子叶凸出
………………………………………… 南苜蓿（*Medicago hispida* Gaertn.）

1. 种脐位于种子中部偏上或偏下，直至基部

12. 种脐位于种子中部偏上

13. 种子椭圆状倒卵形或倒卵形，胚根尖与子叶略分开或不明显

…………………… 蒙古锦鸡儿(*Caragana aorboreseens*(Amm.)Lam.)

13. 种子卵形或椭圆形

14. 种子大,长 6～9 mm ……… 柠条锦鸡儿(*Caragana korshinskii* Kom.)

14. 种子小,长 3.5～6 mm …… 小叶锦鸡儿(*Caragana microphlla* Lam.)

12. 种脐位于种子中部偏下,或到基部

15. 种子表面具瘤状突起,粗糙

16. 种子长 4.5～6 mm ……… 胡卢巴(*Trigonella foenum-graecum* L.)

16. 种子长 1.6～2 mm ……………… 扁蓿豆(*Medicago ruthenica* L.)

15. 种子表面近光滑

17. 种子心脏形或椭圆状心脏形,且小,一般 1～2 mm

18. 种子稍大,长 1.5～2 mm,宽 1.2～1.7 mm,胚根与子叶等长或超过,表面有紫色花斑 …… 草莓车轴草(*Trifolium fragiferum* L.)

18. 种子稍小,长 1～1.5 mm,宽 0.8～1.3 mm,胚根与子叶等长或稍短

19. 种子表面暗绿色或暗褐色,皆具黑色花斑

………………………… 杂种车轴草(*Trifolium hybridum* L.)

19. 种子表面黄色或黄褐色,不具花斑

……………………………… 白车轴草(*Trifolium repens* L.)

17. 不为上述情况

20. 种子表面上下两色或黑色,黑紫色

21. 表面上部紫色或绿紫色,下部黄色或绿黄色

……………………………… 红车轴草(*Trifolium pratense* L.)

21. 表面黑色或黑紫色 … 匍匐车轴草(*Trifolium subterraneum* L.)

20. 种子表面为浅色类

22. 种子一侧稍扁,另一侧稍圆

23. 种子倒卵形或肾状椭圆形,表面不具花斑

………………………… 白香草木樨(*Melilotus albus* Desr.)

23. 种子宽椭圆形或倒卵状椭圆形,表面具紫色花斑(有时不具花斑) ……… 黄香草木樨(*Melilotus officinalis*(L.)Desr.)

22. 不为上述情况

24. 正视腹面时两侧呈波浪状,纵轴稍弯曲或扭曲,胚根长为子叶长的 1/2 以内 ……………… 苜蓿(*Medicago stativa* L.)

24. 种子纵轴不扭曲,胚根长为子叶长的 1/2 以上

25. 种子倒卵形或肾状倒卵形,胚根长为子叶长的 1/2～2/3

……………………… 天蓝苜蓿(*Medicago lupulina* L.)

25. 种子肾状椭圆形、卵形或长椭圆状卵形,胚根长为子叶长的

3/4 或以上 …………… 黄花苜蓿(*Medicago falcata* L.)

三组种脐不为圆形

1.种脐位于种子中部

2.种瘤在种子脊背上 …………………………………… 山野豌豆(*Vicia amoena* Fisch.)

2.种瘤不在种子脊背上

3.种子长在 6 mm 以上,围绕胚根具一黑色条纹

……………………………………………………… 丹吉尔山黧豆(*Lathyrus tingitanus* L.)

3.种子长在 6 mm 以内

4.表面粗糙,多网状皱纹或具糠麸状物

5.表面黑色,具糠麸状物 ……………… 野大豆(*Glycine ussuriensis* Rgl. et Maack.)

5.表面赭色与褐色,有时具紫色花斑,多网状皱纹

……………………………………………………… 广叶山黧豆(*Lathyrus latifolius* L.)

4.表面近光滑

6.表面似天鹅绒

7.种脐长椭圆形,长占种子圆周长的 13%～15%

……………………………………………… 长柔毛野豌豆(*Vicia villosa* Roth.)

7.种脐倒卵状线形,长占种子圆周长的 20%～35%

……………………………………………………… 广布野豌豆(*Vicia cracca* L.)

6.表面具微细颗粒,种脐线形,长占种子圆周长的 20% … 大巢菜(*Vicia sativa* L.)

1.种脐位于种子中部偏上或偏下

8.种脐位于种子中部偏上

9.胚根尖呈尖头状,种子基部二裂、臀状

10.表面乳白色,具网状皱纹,腹面稍平 …………… 鹰嘴豆(*Cicer arietinum* L.)

10.不为上述情况

11.表面黑色,皱纹不规则,腹面较平

……………………………… 黑鹰嘴豆(*Cicer arietinum* var. nigrum)

11.表面红褐色,无皱纹,腹面略凸而不平

……………………………… 红鹰嘴豆(*Cicer arietinum* var. rotundum)

9.不为上述情况 ………………………… 草原山黧豆(*Lathyrus pratensis* L.)

8.种脐位于种子中部偏下

12.种子为斧头形 ………………………… 扁平豌豆(*Lathyrus sativus* L.)

12.种子不为斧头形

13.种子稍小,两侧面各有一条弯月形的黄褐色线

……………………………………………… 黄羽扇豆(*Lupinus luteus* L.)

13.种子稍大,两侧面不具线条 ………………… 白羽扇豆(*Lupinus alba* L.)

2. 禾本科牧草种子分类检索表(张义君,1980)

下面以常见的牧草、草坪草种子中5族7属31种为代表建立检索表。

分族分属检索表

1. 小穗含2至数朵小花,通常脱节在护颖之上 …………………………………………… 2

2. 带小穗轴节间的单花为种子单位,外稃背略呈脊状或内卷,无芒或有芒呈二尖 …………………………………………………………… 羊茅族(*Festuceae*)

(1)外稃长2.5～3或4 mm,无刺毛,背多呈脊状,脉明显,至少在顶端明显,下部具柔毛 …………………………………………………………… 早熟禾属 *Poa*(6)

(2)外稃长5～8 mm,光滑或脉上具刺毛,腹背压扁,边稍内卷,内稃裸露或局部裸露 …………………………………………………………… 羊茅属 *Festuca*(4)

2. 单花或带1～3个小穗的花序为种子单位,外稃背圆,小穗轴具刺毛…… 大麦族(*Hordeae*)

(3)小穗轴不分离成关节,小穗轴节间扁平,小花矩圆形,基部很少变窄 …………………………………………………………… 黑麦草属 *Lolium*(5)

1. 小穗含一朵小花,有或无发育不完全小花 ………………………………………… 3

3. 小穗脱节在护颖之上 …………………………………………………………… 4

4. 不存在不孕花或发育不完全小花,外稃背圆 ……………… 剪股颖族(*Agrostideae*)

(4)外稃长2 mm或以内,透明,光滑,腹面扁,有芒,芒膝曲、扭转,基毛缺如,或基盘仅具一小簇毛 ……………………………………………… 剪股颖属 *Agrostis*(1)

4. 单花为种子单位,具变态或发育不完全小花依附在能育小花上,外稃圆或龙脊状 …………………………………………………………… 虎尾草族(*Chlorideae*)

(5)外稃无芒,很侧扁,膜质,草绿色,较颖为长。小穗轴延长呈纤细的刺毛,腹直背拱 …………………………………………………………… 狗牙根属 *Cynodon*(3)

(6)由2～5或6个小穗组成坚硬总苞、具芒刺 ……………… 野牛草属 *Buchloe*(2)

3. 小穗脱节在护颖之下 ……………………………………………… 结缕草族(*Zoysiead*)

(7)小穗含一朵小花,两侧压扁,第一颖缺如,第二颖硬,有光泽,完全包着外稃 …………………………………………………………… 结缕草属 *Zoysia*(7)

七属分种检索表

1)剪股颖属的分种检索表

描述剪股颖属(*Agrostis*)3个种和2个变种。

1. 内稃长为颖果长的1/2或略超过。颖果硬质 ………………………………………… 2

2. 外稃矩圆形,光滑,浅到深金黄色,背圆或略扁,芒少见,存在时芒短、直,自外稃中脉上部伸出,基盘光滑而凹陷;内稃多数硬、长、不紧贴,尖平截,具宽而浅的缺口 …………………………………………………………… 小糠草(*A. alba*)

2. 外稃灰色,高地剪股颖暗或稍有光泽,偶尔具疏散的长柔毛,芒少见,存在时膝状扭曲,近

外稃基部伸出 …………………………………………………………………………………… 3

3.外稃椭圆形，质地光滑，基毛多半不存在，存在时很长。内稃长而不紧贴，矩圆形，呈尖头，具狭而深的缺口 ……………………………… 高地翦股颖(*A. tenuis* Var. Highland)

3.外稃披针形，多孔的，基毛不一或无，内稃相对的短、薄、常皱，局部与谷粒相粘着，顶尖具各种缺口，尖钝……… 细弱翦股颖(*A. tenuis*)、Astoria 翦股颖(*A. tenuis* Var. Astoria)

1.外稃明显地长于谷粒，椭圆形或矩圆形，白色透明或半透明，不粗糙。内稃退化呈鳞片，颖果软，基盘基毛短，粗短或无，芒长，膝曲，由外稃中部伸出 …… 欧翦股颖(*A. canina*)

2)野牛草属

只一种野牛草(*B. dactyloides*)种子硬，光滑，白色，具芒刺总苞，总苞有2～5或6个小穗基部加厚而成(叶鞘变态)。苞内含颖果。优良种子平均发芽率50%～75%。

3) 狗牙根属

只一种狗牙根(*C. dactylon*)小花长2 mm，宽0.75～1 mm。颖果浅褐色，具条纹，顶呈钝尖头，半透明，长1～1.5 mm，宽0.5 mm。

4) 羊茅属分种检索表

1.外稃线形，芒长为外稃长的2倍，小穗轴线状，尖未扩展 ……………………………………… 2

2.外稃边缘卷折，内稃顶端卷曲，内稃仅露一窄条，外稃顶端和沿边缘被疏短柔毛，芒纤细。长5 mm，宽1/2 mm …………………………………………………………… 鼠茅(*F. myuros*)

2.外稃顶端和沿边被疏短柔毛。内稃顶端平展，内稃全裸露。长6～7 mm，宽0.75～1 mm …………………………………………………………………………… 雀麦状羊茅(*F. bromoides*)

1.外稃披针形或椭圆形，芒长为外稃长的1/2到无芒。小穗轴圆柱形，尖扩展呈圆盘形 …………………………………………………………………………………………… 3

3.外稃宽椭圆形，长3 mm，宽1 mm，光滑，无芒或具芒尖，小穗轴盘状不明显 ………………………………………………………………………… 细叶羊茅(*F. capillata*)

3.外稃不为宽椭圆形 …………………………………………………………………………… 4

4.种子狭，具深V形凹槽，内稃仅露一窄条，种子长4～7 mm或更长，宽1～1.5 mm … 5

5.内稃脊突然与谷子聚合好似抓住一般。内稃和外稃上被散柔毛，下部光滑 …………………………………………………… 羊茅(*F. ovina*)、硬羊茅(*F. duriusoula*)

5.内稃脊向上渐合拢，尖卷折且呈深缺口 ………………… 紫羊茅(*F. rubra*，及其变种)

4.外稃最宽在中部，内稃凹陷宽且浅 ……………………………………………………… 6

6.外稃基本光滑，半透明，无芒，基和尖均呈短尖头。内稃光滑且透明 ………………………………………………………………………………… 牛尾草(*F. elatior*)

6.外稃具颗粒，粗糙，脉上具刺毛，长尖头，内稃具颗粒、粗糙 ……………………………………………………………………… 苇状羊茅(*F. arundinacea*)

5)黑麦草属分种检索表

1.种子基部很少变窄，腹背扁平，厚度匀称 ……………………………………………… 2

2. 外稃具长芒或短尖头，长 6～7 mm，宽 1.25～1.5 mm，内稃脊上的毛短、钝 ………… 3

3. 芒长 5 mm，小穗轴节间矩形 …………………………………… 多花黑麦草(*L. multiflorum*)

3. 无芒或短尖头，小穗轴节间多面体形，或矩形 ……………… 多年生黑麦草(*L. perenne*)

2. 外稃长尖头，长 8～10 mm，宽 1.75～2 mm，内稃渐尖或长尖，脊上的毛密锐
………………………………………………………… 波斯黑麦草(*L. persioum*)、欧毒麦

1. 种子腹背不扁平，侧视背直腹拱 ………………………………………………………… 4

4. 内稃上部斜截芒扁或无芒 …………………………………………………………………… 5

5. 种子中部最厚。内稃近顶端变窄成短尖头，颖果顶端具横皱纹，内稃脊上的毛短、钝。长 6～7 mm，宽 3～3.5 mm，芒长 10 mm，芒扁 ……………………… 毒麦(*L. temulentum*)

5. 种子上半部最厚，内稃顶端展开，脊上的毛不明显，短、细、密，长 4～4.5 mm，宽 1～1.5 mm，外稃无芒 ……………………………………………… 疏离黑麦草(*L. remotum*)

4. 内稃上部不斜截，外稃具短芒，长 4.4～5.8 mm，宽 1.1～1.6 mm
…………………………………………………………………… 瑞士黑麦草(*L. rigidum*)

6)早熟禾属分种检索表

早熟禾属(*Poa*)颖果顶端具毛茸，具小穗轴节间，颖果与内外稃易分离，内稃为外稃所包，外稃无芒。将 8 种(变种)分成两组：

一组：外稃长 2.5～3 mm，有五条明显的脉，中间脉显然到基部，尖卷折，除早熟禾外有基蹼毛，* 基蹼毛(basal web)：基盘上的一簇长毛，不与中筋基部的长毛相混。

二组：外稃中间脉缺如，或仅在外稃上半部有脉。基蹼毛存在或否，浅黄色。

一组：

1. 外稃脉上的柔毛长且密；外稃呈长尖头，薄、皱、谷粒短粗、略弯；内稃脊上的毛长且密，不扩及到内稃尖部
…………………………………………………………………………… 早熟禾(*P. annua*)

1. 外稃脉上柔毛短，仅分布在下半部，脉细如线 ……………………………………… 2

2. 外稃浅到深黄色，基部具暗褐色斑，中间和边缘脉通常不达外稃尖，侧视两侧平行或背部略拱，内稃脊上的毛粗、疏散，不扩及到内稃尖部 …………… 草地早熟禾(*P. pratensis*)

2. 外稃匀称的褐色，薄，与谷粒紧贴，中间脉和边缘脉通常明显地达顶端，侧视背部呈拱状，正视时直，内稃具中等皱，脊上毛很细且密，扩及到稃尖部…… 普通早熟禾(*P. trivialis*)

二组：

1. 外稃的柔毛仅限于脉上，具基蹼毛 …………………………………………………… 2

2. 内稃脊上的毛粗，疏散，不扩及到尖部，侧视腹和背向两端渐尖，中部较粗，外稃尖钝，扩展，长 2.5～3 mm ……………………… 美丽昂早熟禾(*P. pratensis* Var. Merion)

2. 内稃上半部的毛短、细、密，扩及到内稃尖部，中部以下变得更长且疏散 …………… 3

3. 外稃尖钝、闪亮，边缘透明，长 2～2.5 mm ……………………………………………… 4

4. 小穗轴粗大，具明显顶盘，外稃浅黄色，内稃衡宽 0.75 mm

……………………………………………………… 加拿大早熟禾(*P. compressa*)

4. 小穗轴纤细，基盘呈尖头，外稃随长而渐窄，与谷粒不紧贴，尖常金黄或带紫色，内稃衡宽 1/2 mm ……………………………………………… 泽地早熟禾(*P. palustris*)

3. 内稃渐尖，顶部卷折，长 3～3 .5 mm，小穗轴具柔毛，毛硬或呈刺状 ……………………………………………… 林地早熟禾(*P. nemoralis*)

1. 外稃的柔毛不限于脉上，无基蹼毛，外稃边具透明带，顶端闪亮，长 4～5 mm，小穗轴纤细，为内稃长的 1/3。内稃脊上的毛短、密，扩及到内稃尖端，具疏毛，外稃具细颗粒和疏散的短柔毛 ……………………………………………… 大早熟禾(*P. ampla*)

7) 结缕草属的分种检索表

1. 种子宽卵形，短尖头或呈短芒，色暗褐色或黄色或带点紫色，长 3.5～4 mm，宽 1.5 mm ……………………………………………… 日本结缕草(*Z. japonica*)

1. 种子狭椭圆形或披针形，具短芒，浅黄色，长 3～3.5 mm，宽 1 mm ……………………………………………… 沟叶结缕草(*Z. matrella*)

3. 藜科牧草种子分类检索表

藜科植物种子的传播体有胞果、聚果、种子单粒或种球。种子外部特征凸透镜状且具缺口、肾形或倒圆锥形，猪毛菜属在边侧具螺旋的沟。种皮具小纹孔至平滑；通常为黑色或红褐色；有光泽或否。常具蜂窝状膜质果皮。种脐小、不明显，位于子叶端与胚根形成的边缘缺口处或近处。根据种子特征，藜科可分成环胚亚科和螺胚亚科，环胚亚科的胚形呈马蹄形或环形，环绕着胚乳；螺胚亚科的胚形呈螺旋形，胚乳少或无，法国菠菜属、藜属和轴藜属的一些种有二形果或三形果，这些不同包括形状、大小和颜色的变化。法国菠菜属的果实由叶状物紧包，苞片瓣裂，而菠菜属的苞片是硬的、合生的，成熟时形成不开裂的坚果状。甜菜属的花是团花序，其萼栓化增厚，成熟时形成含几个种子的种球。

藜科 16 种种子形态检索表如下(中国科学院北京植物园，1980)：

1. 直径在 2 mm 以上 ……………………………………………… 2
1. 直径在 2 mm 以下 ……………………………………………… 6
2. 胞果扁，具胚乳 ……………………………………………… 3
2. 胞果锥体形，不具胚乳 ……………………………………………… 5
3. 具环绕翅 ……………………………… 海索虫实(*Corispermum hyssopifolium*)
3. 不具环绕翅，具二片苞片 ……………………………………………… 4
4. 胞果卵形 ……………………………… 法国菠菜(*Atriplex hortensis*)
4. 胞果菱形 ……………………………… 红滨藜(*Atriplex rosea*)
5. 花被杯状，由膜质裂片组成，裂片向上突起，呈革质翅状突出物…猪毛菜(*Salsola collina*)

5. 花被向外平展呈花盘状 …………………………………… 钾沙蓬(*Salsola kali*)
6. 种子直立，顶部具膜质鸡冠状突起 ………………………… 轴藜(*Axyris amaranthoides*)
6. 种子横生
7. 直径或长度在 1 mm 以上
7. 直径或长度在 1 mm 以下
8. 直径或长度为 1.5～1.6 mm ……………………………… 地肤(*Kochia scoparia*)
8. 直径或长度在 1～1.5 mm ……………………………………………………… 9
9. 种子表面有细微的网状纹，直径 1.2～1.3 mm ………… 角果碱蓬(*Suaeda corniculata*)
9. 种子表面具粗糙的不明显的网状纹 ………………………………………… 10
10. 直径 1～1.2 mm ………………………………… 市藜(*Chenopodium urbicum*)
10. 直径 1.2～1.5 mm ………………………………………… 藜(*Chenopodium album*)
11. 直径 0.9～1 mm ……………………………… 苋色藜(*Chenopodium amaranticolor*)
11. 直径 0.6～0.8 mm …………………………………………………………… 12
12. 直径 0.8 mm ……………………………………………………………………… 13
12. 直径 0.6～0.7 mm …………………………………………………………… 15
13. 胞果边缘略具缘脊 …………………………… 头状藜(*Chenopodium capitatum*)
13. 胞果具圆滑的边缘 …………………………………………………………… 14
14. 果皮膜质，表面具微细的放射状线纹 ………… 多子藜(*Chenopodium polyspermum*)
14. 果皮膜质，表面具蜂窝状网纹 ……………………… 小藜(*Chenopodium serotinum*)
15. 膜质，不易脱落 …………………………………… 灰绿藜(*Chenopodium glaucum*)
15. 果皮膜质，易脱落 ………………………… 土荆芥(*Chenopodium ambrosioides*)

(三)种子鉴别步骤

中国科学院植物研究所张义君研究员总结提出的方法：

1. 找脐

首先寻找种脐(果脐)，观察其位置、形状、大小、颜色及其附属物。豆科植物种子的种脐位置有三种类型(中部、中部偏上或中部偏下)；种脐的形状有圆形、椭圆形、卵形、长圆形、线形和环线形(如野豌豆和大花野豌豆的种脐长达种子圆周长的75%)。

2. 确定种子上下端、形状和大小

观察种子时，多数是种脐朝下，如禾本科、菊科、十字花科，但有些科，如豆科其种脐多在腰部，遇到这类种子目前有两种方法：一是仍将脐朝下，这样常是种子长小于宽；二是胚根尖朝下。种子上下端的确定，决定着种子的形状，否则会出现上下颠倒、卵形和倒卵形不分的混乱现象。

3.记载种子表面特点

观察种子表面颜色、光滑或粗糙、有否光泽。

4.观察其附属物

包括翅、刺、毛、芒、冠毛等形态特征。如芒着生的位置(在外稃顶端或稃脊的中部)、芒的形态(挺直、扭曲或有关节)、芒的长短等。

5.编制或利用检索表

根据外部形态、内部结构、化学法和物理方法等所描述及测定出的各类种子的综合特征,作出检索表。或利用工具书,依据其形态特征检索鉴定出未知的种子。可利用的工具书有《植物种子图说》、《牧草种子检索表》、《杂草种子图鉴》等。

6.应用计算机技术进行种子分类

该技术在美国领先,种子计算机鉴定系统包含四个主要数据处理程序:①比较程序,在一个数据矩阵里作种或属的比较分类。②描述程序,对每个种进行描述。③鉴定程序,鉴定未知标本。④检索程序,把观察结果排成二歧式特征检索表。该鉴定系统极大地方便了种子的鉴定和识别。

(四)形态相近种子的识别方法

1.常用方法

一般亲缘关系较近的植物、同一植物种不同品种的种子在外部形态上相似,差异很小,很难用肉眼区别,需要借助内部结构、化学方法、物理方法、细胞学、生物学的方法来鉴别。其中细胞学和分子生物学等方法也是近年来植物品种纯度检验的重要方法。

(1)内部结构。目前主要有两种方法,一是以胚的位置、形状、大小等差异来鉴别;二是以种皮横切面的细胞结构不同来区别。如豆科主要以种皮横切面的栅状细胞层的特征为依据。而十字花科种子的种皮横切面分四层,最外表皮层(是否具黏性),然后是大细胞压缩层和栅状细胞层,其内为色素层。其中主要区别在于表皮层和色素层的差异。

(2)物理方法。紫外光线照射,即利用种子和幼苗在紫外光线下的反应不同来鉴别。当种子内含物暴露在紫外光线下,有的会发出荧光反应。如苜蓿和草木樨种子的鉴别——将萌动状态的种子置于紫外分析仪下观察,苜蓿种子发出黄白荧光圈,而草木樨种子则不发光。

应用扫描电子显微镜观察,即对果种皮表面、颖、颖果、内外稃、芒表面的超微形态特征进行观察。如我国对菊科蒿属植物种子、十字花科芸薹属植物种子表面的超微形态都有过详细的研究报道。

采用色谱法,其中薄膜光谱和色谱纸在鉴别品种上是很有效的方法。在薄膜光谱法可以鉴别三叶草属亲缘关系密切的两个品种。

(3)化学方法。以苯酚、重铬酸钾、氨酮等试剂处理种子,通过着色反应及着色深浅来判断品种间的差异。

重铬酸钾法:对冰草属相似种的区别,匍匐冰草(*Agropyron repens*)、兰茎冰草(*A. smithii*)和糙茎冰草(*A. trachycaulum*),种子在1.0%试剂里煮沸5 min,冷却后用水清洗,将种子至滤纸上观察,结果是兰茎冰草染成黑色,匍匐冰草染成暗褐色,糙茎冰草染成琥珀色。

氨酮法:鉴别白花草木樨和黄花草木樨。将吸胀的种子放入氨酮试剂,1～2 min后,白花草木樨种子变为浅绿色,而黄花草木樨种子变为褐色或黑色。氨酮试剂的配制有3种方法:将酮屑溶解在浓氢氧化铵里,获得氢氧化四氮酮溶液;硫酸铜加入氢氧化钠溶液中产生沉淀,然后再溶解在浓氢氧化铵里;硫酸铜可溶解在浓氢氧化铵里,得到硫酸四氨酮溶液。三种溶液在用时均需稀释2～3倍。此法对陈种子无效。

(4)细胞学方法。直接观察各品种或形态相近种子的染色体数目、形状及核型分析。

(5)生物学方法。电泳分析种子内的蛋白质和同功酶,根据谱带的数目及宽度等鉴别。

2.实例

(1)如何识别苜蓿与草木樨种子。苜蓿与草木樨种子在大小、形状、颜色上较接近,一般不易区别。在牧草种子生产经营过程中,由于苜蓿的利用价值高于草木樨,一些不法商贩常将草木樨种子掺入苜蓿种子中以牟取利益。因此,有必要掌握有效便捷的识别方法。

图3-16 草木樨种子(左2) 苜蓿(右2)

除上述荧光反应法外,还可利用以下特征来鉴别。

形状:紫花苜蓿荚果含多粒种子,种子在螺旋荚果内发育,大部分成熟种子为肾形,但由于荚果内不同部位的种子受挤压的程度不同,使得部分种子呈现不规则形状。如近方形、或有棱有角、或凸凹不平等;草木樨荚果通常含一粒种子,种子形状较为一致，近椭圆形。

种脐位置及其与胚根的相对长度：苜蓿种脐位于种子中部，突出的胚根长为子叶的 1/2 或略短；草木樨种子的种脐位于种子基端一侧，胚根长为子叶长的 2/3 或 3/4。

颜色和气味：苜蓿种子呈鲜黄色，种子味淡，类似菜豆味；而草木樨种子多为黄绿色，有的发黑褐色且表面具斑点，种子有一种浓烈的香豆素气味，苦甜的味道。

(2)如何从多年生黑麦草种子中区分出一年生黑麦草种子。早在 1929 年 G. Genter 博士发明了荧光测定法。将培养在白色滤纸发芽床上的两者的幼苗放在紫外光下照射时，意大利黑麦草幼苗发出蓝色荧光；而多年生黑麦草则不发荧光。

另一种方法是，一年生黑麦草外稃具短芒，或具 5 mm 以下的细芒，易断；而多年生黑麦草外稃无芒或具短芒尖。

(3)如何区别羊草与冰草种子。羊草与冰草种子在大小、颜色和形态上相近，但在外稃形态上有一定差异。冰草外稃背部具短刺毛或短柔毛、顶端渐尖成2 mm 以上短芒，腹面具沟，呈舟形；羊草外稃背部较光滑无毛、顶端渐尖，腹面较平。

第四章

牧草与草坪草种子质量检测技术

第一节　概　　述

一、草种子质量检验的起源与发展

种子检验起源于19世纪欧洲，由于种子贸易发展，草种子商品化日益扩大，不法种子商为牟取暴利进行掺假种子，以次充好等无信誉、无道德行为，为了阻止不法奸商活动和促进种子公平贸易，许多国家颁布了种子管理法令，瑞士伯恩市1816年明文规定，禁止销售掺假的三叶草种子。英国第一部种子法，即“禁止种子掺假法”也于1870年5月1日生效。同时种子检验也应运而生。1869年德国的诺培(F. Nobbe)博士建立世界上第一个种子检验机构，于1871年编写出版了《种子手册》，作为标准参考文献达50年之久。1870年霍斯特(E. M. Holst)在丹麦创建了私人种子实验室，以后发展成为国家种子检验站。1867 年在美国康涅狄格州建立了第一个种子实验室。1892 年通过了世界上第一个跨国的斯堪的纳维亚种子检验规程，1897 年美国颁布了检验规程，1906 年德国汉堡举行第一次国际种子大会，使种子检验向国际合作迈了第一步。1921 年在丹麦哥本哈根召开第三次国际大会，创立了欧洲种子检验协会。1924 年在英国剑桥召开第四次国际大会，决定把原名改为现在的国际种子检验协会(International Seed Testing Association，简称 ISTA)，此协会是专门从事种子检验标准制定的官方机构，总部现设在瑞士苏黎世。1908 年北美官方种子检验者协会(AOSA)诞生，1917 年公布其第一部种子检验规程，1927 年修订后包括了 53 种作物和牧草种子、27 种蔬菜种子、18 种花卉种子的检验方法。推动了当时种子检验领域的研究与发展。相比之下，国际种子检验协会同期工作缓慢，1931 年才制定了第一部 ISTA 国际种子检验规程(International Rules for Seed Testing)，1953—1996 年(1953、1966、1985、1993、1996)多次颁布与修订。作为种子检验的国际标准，已被全世界许多国家的种子法所引用，作为评价种子质量的法定方法。ISTA 通过每年召开年会和每隔三年召开世界种子大会，对种子科技各个领域进行联合攻关技术研究和技术交流。同时每年年会更新补充国际种子检验规程。截至 2009 年 12 月 31 日，国际种子检验协会已拥有 195 个会员实验室，56 个个人会员，33 个协会成员，遍及世界 79 个国家。1989 年中国农业大学牧草种子实验室代表农业部被国际种子检验协会正式接纳为会员实验室。

我国草种子检验工作起步晚，1951 年华北农林部种子管理局起草"种了检验实施办法"，1956 年农业部种子管理局种子检验室成立，1975—1977 年农业部着手制定"农作物种子检验办法"和"主要作物种子分级"，1982 年制定和颁布了国家"牧草种子检验规程"，并于 2002 年进行了修订。1985 年制定了"禾本科主要栽培牧草种子质量分级标准"、"豆科主要栽培牧草种子质量分级标准"和"木地肤、白沙蒿种子质量分级标准"，并于 2008 年修订发布为"禾本科草种子质量分级"与"豆科草种子质量分级"。牧草种子检验规程和质量分级标准为我国牧草种子检验的重要依据，规范了我国草种检验工作。1985 年 6 月 18 日颁布《中华人民共和国草原法》，依法监管草种子，在 2002 年 12 月 28 日修订了《中华人民共和国草原法》中，提出县级以上人民政府草原行政主管部门应当依法加强对草种生产、加工、检疫、检验的监督管理，保证草种质量。依据《中华人民共和国种子法》和《中华人民共和国草原法》，2006 年 1 月 5 日农业部第 2 次常务会议审议通过《草种管理办法》并公布，自 2006 年 3 月 1 日起施行。依据办法规定由农业部负责制定全国草种质量监督抽查规划和本级草种质量监督抽查计划，县级以上地方人民政府草原行政主管部门根据全国规划和当地实际情况制订相应的监督抽查计划。草原行政主管部门可以委托草种质量检验机构对草种质量进行检验。禁止生产和经营假、劣草种。进出口草种质量必须达到国家标准。该办法对于规范和加强草种管理，提高草种质量，维护草品种选育者和草种生产者、经营者、使用者的合法权益，促进草业的健康发展，具有重大意义。目前，全国草种子检验体系基本形成。全国已建成5个部级草种子质量检测中心，并通过了国家计量认证和农业部审查认可。农业部已经在全国建立了18个省市级草种子检验站，举办检验员培训班，开展草种质量检验。实行检验员持证上岗。《草种管理办法》要求建立种子检验员考核制度，规定种子检验员必须具备一定的条件和能力，亦即满足一定的准入条件。草种检验员必须熟悉有关法律、法规的规定，具有扎实的草种检验理论和技术基础，具备熟练的实践技能，才能保证出具准确、清晰、明确、客观的检验数据和结果。2009年5月24日中华人民共和国农业部第1196号公告《草种检验员考核办法》，2009年6月1日起实施，使草种子检验规范化、标准化、市场化。

二、种子质量检验的目的意义

草种子检验是运用科学的方法对生产上使用的草种子质量进行检测、鉴定和分析，确定其使用价值，草种子检验贯穿于草种子生产、加工、贮藏、运输、销售和使用的全过程。草种子质量是一个综合概念，是由不同的特征综合而成的，包括种子净度、饱满度、生活力、发芽率、含水量等内容。这些特征对生产者、使用者和经营者以及种子管理机构都极其重要。

草种质量的优劣，直接关系到种子经营部门的信誉，关系到草种子事业的兴衰成败，也直接影响到农牧业经济发展、生态环境保护和城市环境绿化效果。为保证草种子质量，必须借助先进的检测技术，严格遵守种子质量检验标准。随着社会经济的发展，农村市场体制的逐步完善，生产、市场贸易流通的草种种类和数量不断增加，为了保护广大草种生产者、经营者和种植者的利益，确保生产效益的发挥，建立健全我国草种质量监督管理体系，对生产、流通领域的草种进行质量检测和品种真实性的鉴别十分必要。草种检验的最终目的是测定其种用价值，它不仅为行政主管部门依法对草种生产和经营进行有效的监管，为有关部门对草种质量纠纷进行协调、解决提供有效的法定依据，同时也是草种生产、经营企业质量管理的重要组成部分和草种质量控制的重要手段之一。对促进农牧业生产发展、生态治理建设、农牧民增收致富、维护草种市场稳定、构建和谐社会做出重要的贡献。

第二节　种子扦样

一、扦样的目的

草种子检验是运用科学的方法，对生产上使用的草种子质量进行检测、鉴定和分析，以确定其利用价值。由于种子数量大，全部进行检验是不可能的，只能抽取其中很小的一部分样品进行检验。通常把检验样品的扦取过程称为扦样，又称取样或抽样。扦样的目的是从一批大量的草种子中要获得一个数量适合于检验用的样品，并且这一样品能够准确地代表该批被检验种子的成分，因此正确的扦取种子样品是做好种子检验的第一环节。种子检验为了获得一致、准确的结果，关键在于认真按照规程中规定的扦样方法扦取并准备初次样品、混合样品和送验样品。无论实验室分析做得怎样准确，其结果只能表明送验样品的质量。样品中各成分存在的概率只能由种子批中各成分的含量所决定。因此，每个环节必须尽量保证送到实验室的样品能够准确地代表被检种子批的质量。同样，在检验室分样时，也要确保分取的试验样品能够代表送验样品。

二、扦样原则

从种子批不同部位随机抽样，多点扦取的小部分种子合并而成样品。该样品经一次或几次分成几个较小的样品。每次都要经过反复对分递减或随机抽取组合小量成分的方法，以达到充分混合。

扦样的基本原则是获得一个能代表整批种子质量状况的送检样品。为此，扦样时要求：

(1)一批种子内各件间或各部分间的种子类型和品质要求基本均匀一致，否则不予扦样。经受检方申请，可对种子批进行异质性测定。

(2)扦样点要全面均匀地分布在种子堆的各部位点上，既要有水平分布，又要有垂直分布。

(3)各样点扦取的样品数量要基本一致，某个取样点种子取得过多或过少往往影响整个混合样品的代表性。

(4)扦样工作必须由经过专门训练的扦样员担任。

三、种子批的确定

(一)种子批的划分

一般一个种子批只能扦取一个送验样品。如果一批种子数量过大,根据种子批规定的数量,划分为若干种子批,每批分别扦样。种子批的大小与种子的大小有关,一个种子批不能超过其规定的最大重量,同一种子批力求种子各部分间均匀,种子包装容器大小一致,并具有种子批号码。国家标准和国际种子检验规程中均对种子批的最大重量做了明确规定(表 4-1)。

表 4-1 部分牧草与草坪草种子批最大重量与样品最低重量

种名 学名	种名 中文名	种子批最大重量/kg(第 2 章)	样品最低重量/g 送验样品(第 2 章)	样品最低重量/g 净度分析试验样品(第 3 章)	样品最低重量/g 其他植物种子测定试验样品(第 4 章)
Agropyron cristatum (L.)Gaertn.	冰草	10 000	40	4	40
Agrostis stolonifera L. (includes *A. palustris* Hudson)	匍匐翦股颖(包括匍茎翦股颖)	10 000	5	0.25	2.5
Alopecurus pratensis L.	草原看麦娘	10 000	30	3	30
Astragalus cicer L.	鹰嘴紫云英	10 000	90	9	90
Avena sativa L.	燕麦	30 000	1 000	120	1 000
Axonopus compressus (Sw.) P. Beauv.	地毯草	10 000	10	1	10
Brachiaria decumbens Stapf	伏生臂形草	10 000	100	10	100
Bromus inermis Leyss.	无芒雀麦	10 000	90	9	90
Cicer arietinum L.	鹰嘴豆	30 000	1 000	1 000	1 000
Cichorium intybus L.	菊苣	10 000	50	5	50
Coronilla varia L.	多变小冠花	10 000	100	10	100
Cynodon dactylon (L.)Pers.	狗牙根	10 000	10	1	10
Dactylis glomerata L.	鸭茅	10 000	30	3	30
Dichondra repens J. R. Forst. & G. Forst.	马蹄金	10 000	50	5	50
Elytrigia repens (L.)Desv. ex Nevski	偃麦草	10 000	100	10	100
Festuca arundinacea Schreb.	苇状羊茅	10 000	50	5	50
Festuca ovina L. (all varieties)	羊茅(所有变种)	10 000	25	2.5	25

续表 4-1

种名		种子批最大重量/kg（第 2 章）	样品最低重量/g		
学名	中文名		送验样品（第 2 章）	净度分析试验样品（第 3 章）	其他植物种子测定试验样品（第 4 章）
Lathyrus sativus L.	山黧豆	20 000	1 000	450	1 000
Lespedeza striata (Thunb.) Hook. & Arn.	鸡眼草	10 000	40	4	40
Lolium multiflorum Lam.	多花黑麦草	10 000	60	6	60
Lolium perenne L.	多年生黑麦草	10 000	60	6	60
Lotus corniculatus L.	百脉根	10 000	30	3	10
Lupinus albus L.	白羽扇豆	30 000	1 000	450	1 000
Medicago lupulina L.	天蓝苜蓿	10 000	50	5	50
Medicago sativa L.	紫花苜蓿	10 000	50	5	50
Melilotus albus Medik.	白花草木樨	10 000	50	5	50
Melilotus officinalis Lam.	黄花草木樨	10 000	50	5	50
Onobrychis viciifolia Scop. (fruit)	红豆草(果实)	10 000	600	60	600
Onobrychis viciifolia Scop. (graine)	红豆草(种子)	10 000	400	40	400
Paspalum notatum Flüggé	巴哈雀稗	10 000	70	7	70
Paspalum plicatulum Michx.	棕籽雀稗	10 000	40	4	40
Phalaris arundinacea L.	虉草	10 000	30	3	30
Phleum pratense L.	猫尾草	10 000	10	1	10
Poa pratensis L.	草地早熟禾	10 000	5	1	5
Psathyrostachys juncea (Fisch.) Nevski (previously *Elymus junceus* Fisch.)	新麦草(以前的灯心草野麦)	10 000	60	6	60
Rumex acetosa L.	酸模	10 000	30	3	30
Sorghum bicolor Moench × *S. sudanense* (Piper) Stapf	高丹草	10 000	300	30	300
Sorghum sudanense (Piper) Stapf	苏丹草	10 000	250	25	250
Trifolium pratense L.	红三叶草	10 000	50	5	50
Trifolium repens L.	白三叶草	10 000	20	2	20
Vicia villosa Roth (includes *V. dasycarpa* Ten.)	毛叶苕子(包括苕子)	30 000	1 000	100	1 000
Zoysia japonica Steud.	结缕草	10 000	10	1	10

四、扦样仪器和使用方法

种子扦样的方法取决于种子种类、种子堆积方式及扦样器的种类和构造。根据种子的大小、种子的易流动性和包装情况往往使用不同的扦样工具和方法。扦样器有适于水平扦样的，也有适于水平和垂直两个方向扦样的。

(一)诺培扦样器及其用法

诺培扦样器(图 4-1A)制造成多种规格，适用于不同种类的种子。扦样器的前部为尖头空管，之后有一个卵圆形孔，其长度足以探到袋子的中部。它的总长度约 500 mm，其中，柄长约 100 mm，尖头长约 60 mm，大约有 340 mm 的长度可插入袋内，足以探到各类袋子的中心。用于禾谷类作物，扦样器管的内径约为 14 mm；用于三叶草及类似大小的种子，内径 10 mm 已足够。

诺培扦样器适用于袋装种子扦样，不适用于散装种子扦样。图 4-2 展示扦样过程。扦样器要慢慢插入袋内，尖端朝上，与水平约呈 30°，洞孔向下，直到袋的中心；然后将扦样器旋转 180°，让洞孔朝上，减速抽出，使连续部位得到的种子数量由中心到袋边依次递增。或者更换一种长度足够插到袋的更远一边的扦样器，抽出时，应保持相对均匀的速度。当扦样器抽出时，须轻轻振动，以保持种子均匀流

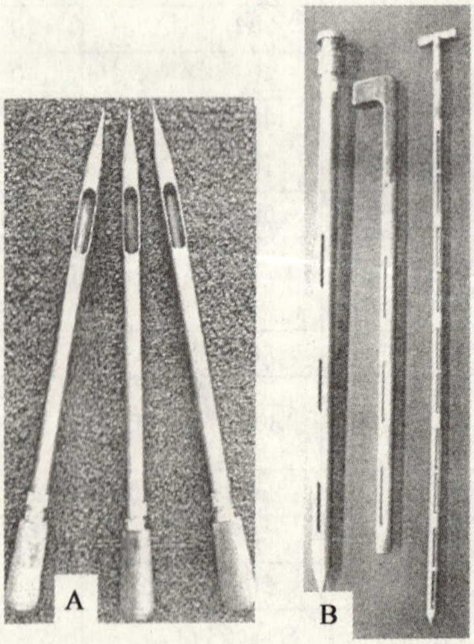

图 4-1 种子扦样器

A. 诺培扦样器 B. 双管式扦样器

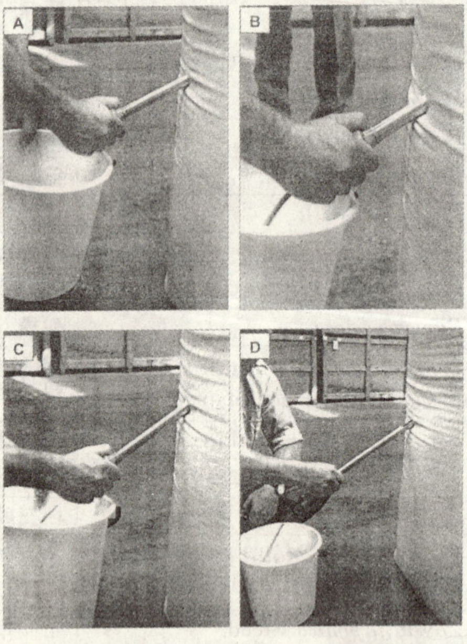

图 4-2 使用诺培扦样器扦样的过程

动。扦样器内壁愈光滑,种子流动愈通畅。

扦样应从袋的上、中、下不同部位扦取。从堆垛的最下一层袋中扦样时,可以把它们搬出来放在别的袋上取样。扦样时在袋子上留下的洞孔可按手杖式扦样器中所述方法封闭。

(二)手杖式或双管扦样器及用法

手杖式扦样器或双管扦样器(图 4-1B)是最常用的扦样器之一,由一个空心铜管紧套在顶端具有实心尖头的外管中构成。内外套管的管壁均开有狭长小孔,当内管小孔旋转到与外管小孔重合时,种子便流入内管;当内管旋转半周,孔口即关闭。管的长度和直径可根据种子类型及容器大小有多种设计,并制成有隔板和无隔板两种。袋装种子扦样时,扦样器适宜的尺寸为:用于三叶草和其他小粒流动种子的扦样器:长度 762 mm,外径 12.7 mm,开有 9 个小孔;用于禾谷类种子的扦样器:长度 762 mm,外径 25.4 mm,开有 6 个小孔。

用于集装箱的扦样器构造原理与袋装扦样器相同,但要大得多,长度达 1 600 mm,直径 38 mm,开有 6 个或 9 个小孔。

手杖式扦样器可以垂直或水平使用,但垂直使用时,扦样器必须带有隔板分成多个室。否则扦样器开启时,种子将由上层落入扦样器而使上层的种子比例过多。垂直使用手杖式扦样器,由顶到底扦取种子,难免有一定阻力。在制造扦样器时,尽可能光滑,减少棱角,以减少阻力。

无论垂直或水平扦样,应将扦样器倾斜扦入袋内或容器中。扦取散装种子,垂直插入更为通用。扦样器在关闭状态插入袋内,然后开启孔口,转动两次或轻轻摇动,把扦样器装满,之后关闭、抽出,将种子倒在一个合适的种子盘内、一张蜡纸上或类似的材料上。关闭扦样器时,应注意勿损伤种子。

手杖式扦样器可扦取大部分种子,只是不适用于一些不易流动的种子。扦样器套筒直径合适时,可以穿过用黄麻或其他类似材料织成的粗麻袋。取出扦样器后,用扦样器尖在麻袋穿孔处反方向划拨、交叉划拨,使麻线合并在一起,封闭孔洞。封口的纸袋装种子亦可穿孔扦样,扦后用特制的黏性胶片封闭孔口。

五、扦样程序

扦样只能由受过扦样培训并具有经验的人员担任,即经过有关种子检验机构专门认可的人员,或经种子检验实验室主任认可的其他官方或半官方机构的雇用人员担任。种子批的摆放应使各容器或该批种子的各部分便于扦样。如果种子批的状况或容器的类型难以进行扦样,要么拒绝扦样,要么寻找方法改变种子批的状况。种子所有者应按照扦样员的要求提供该批种子堆装混合的全部情况。如果种子批确有形态上或者文件记录上明显的异质性，则应拒绝扦样。一个完整的扦取送验样品程序始于检验机构收到并受理受检方（或委托方）的种子扦样申请（或接受行政部门下达的种子质量监督测试任务），最终扦样员将样品及扦样单、检验委托书等文档带回检验机构并与接样员办理样品交接手续。

（一）扦样准备

扦样前受检方首先提出种子扦样申请，申请书应写明种及品种的名称、种子批数量、种子批号、包装数量、包装规格、产种单位、存放地点。扦样申请书由受检方出具，盖章签字后可传真或直接递送至检验机构，质检部门受理该申请后以书面形式向 2 名或 2 名以上的扦样员下达扦样任务。扦样员在充分了解种子批基本情况（主要依据扦样申请书所显示信息，必要时可通过电话等通讯方式与受检方进一步确认核实）的基础上，按照国家标准 GB/T2930.1—2001 或 ISTA 相关标准制订种子扦样方案，扦样方案主要制定不同种类或品种划分的种子批数、不同批次所需最小初次样品数、不同检测项目送验样品所需的最小重量等指标。此外，扦样员还应准备适合的扦样器、天平、样品袋、封样标签、手套、工作服及身份证明、空白扦样单、空白检验申请书等文档材料。在扦样方案经过质检部门审核、批准后，扦样员即可前往种子存放地点实施扦样。

（二）扦样

扦样员到达种子存放地点（库房、场院等）后应首先对种子批的基本情况进行核实，确定申请书上所填种子批编号、种子容器（袋）数等项目是否与实际情况吻合一致。扦样员若发现种子包装物或种子批没有标记或能明显看出该批种子在形态或文件记录上有异质性的证据时，应不予扦样并终止扦样程序。在此情况下，经受检方申请后可进入种子批异质性测定程序。被扦种子批作为一个整体在空间上应易于与其他种子批（或种子）区分，如遇被扦种子批作为整体或局部与其他种子混合码放足以影响扦样操作准确性的情况，扦样员有权要求受检方将该种子批重新码放直至达到上述要求为止。此外，扦样员还应确认被扦种子批包装物（袋、桶等容器）都必须封口（符合 GB7414－7415 的规定），且包装物上应贴有或缝有标有种名、品种名、批次号的标签。

确认被扦种子批符合扦样要求后，扦样员即开始按照扦样方案和相关标准扦取初次样品，将初次样品充分混合后得到混合样品；混合样品适当减少后便得到送验样品。

（三）样品标识、封缄和包装

送验样品必须封缄并有与种子批相同的标识。样品通常装入麻袋、布袋或纸袋中。扦样员要亲自负责发给封条、标签和袋子。不让未经授权认可的人员接近这些物品是扦样员的责任。初次样品、混合样品或未封缄的送验样品决不可交给未经授权认可的人。将送验样品倒入样品袋后将印有检验机构全称并加盖公章的标签粘贴封闭展开后的袋口，扦样员和受检方代表随即在标签上签名并注明日期。样品封签后还要请受检方代表填写扦样单和种子检验委托书并签名。最后，扦样员将送验样品带回检验机构，在接样员处办理送验样品交接手续，至此，整个扦样程序全部完成。

六、扦样方法

(一)袋装种子扦样法

1. 不同包装规格初次样品的数量与扦样频次

对 15～100 kg 袋装种子批或容量与麻袋相似、大小一致的其他容器，下列扦样数量为最低要求：

1～4 袋(或其他容器)：每袋(或每个容器)扦取 3 个初次样品；

5～8 袋(或其他容器)：每袋(或每个容器)扦取 2 个初次样品；

9～15 袋(或其他容器)：每袋(或每个容器)扦取 1 个初次样品；

16～30 袋(或其他容器)：每批扦取 15 个初次样品；

31～59 袋(或其他容器)：每批扦取 20 个初次样品；

60 袋(或其他容器)以上：每批扦取 30 个初次样品。

如果种子装在小于 15 kg 的小容器中，如金属罐、纸板箱或零售小包装里，要把种子批划分成扦样单位(sampling units)，每个扦样单位不超过 100 kg。把扦样单位相当于一个容器看待，即以 100 kg 的重量作为扦样的基本单位，小容器合计重量不得超过此重量。如 20 个 5 kg 的容器，33 个 3 kg 的容器，或 100 个 1 kg 的容器。将每个单位作为一个容器，按以上扦样数量要求进行扦样。

大于 100 kg 包装的种子批，或从正在装入容器的种子流中扦样时，扦样数量的最低要求是：

种子批大小	扦取初次样品数量
500 kg 以下	至少扦取 5 个初次样品；
501～3 000 kg	每 300 kg 扦取 1 个初次样品，但不得少于 5 个；
3001～20 000 kg	每 500 kg 扦取 1 个初次样品，但不得少于 10 个；
2 0001 kg 以上	每 700 kg 扦取 1 个初次样品，但不得少于 40 个。

扦样时，当种子批的容器少于或等于 15 个时，不论容器大小，每个容器都要扦

取相同数量的初次样品。

2. 初次样品的扦取

(1)扦样器扦样。从每个取样的袋(容器)中，或从袋(容器)的各个部位，扦取重量大体上相等的初次样品。袋(容器)装种子堆垛存放时，应在整个种子批的上、中、下各部位随机选定取样(图 4-3)。袋(容器)扦取初次样品，除在扦样数目有规定外，不需在每袋(容器)中的不同部位扦样。单管扦样器适用于扦取袋装种子，扦样时用扦样器尖端拨开包装物的线孔，凹槽向下，自袋(容器)一端与水平呈 30°。向上慢慢斜插入袋(容器)的中心。然后将扦样器旋转 180°，凹槽向上、减速抽出，将样品装入扦样容器中。扦样后所造成的孔洞，可用扦样器尖端对着孔洞拨几下，使麻线合并在一起。密封纸袋扦样后可用粘布粘贴封闭孔口。

图 4-3 扦样袋或容器(黑色)的选取方式

(2)徒手扦样。对于冰草属(*Agropyron*)、翦股颖属(*Agrostis*)、看麦娘属(*Alopecurus*)、黄花茅属(*Anthoxanthum*)、燕麦草属(*Arrhenatherum*)、地毯草属(*Axonopus*)、雀麦属(*Bromus*)、虎尾草属(*Chloris*)、狗牙根属(*Cynodon*)、洋狗尾草属(*Cynosurus*)、鸭茅属(*Dactylis*)、发草属(*Deschampsia*)、马唐属(*Digetaria*)、披碱草属(*Elymus*)、偃麦草属(*Elytrigia*)、羊茅属(*Festuca*)、绒毛草属(*Holcus*)、黑麦草属(*Lolium*)、糖蜜草属(*Melinis*)、黍属(*Panicum*)、雀稗属(*Paspalum*)、早熟禾属(*Poa*)、新麦草属(*Psathyrostachys*)、假鹅观草属(*Pseudoroegneria*)、三毛草属(*Trisetum*)、结缕草属(*Zoysia*)中的种类，特别是有稃壳不易自由流动的种，徒手扦样是最满意的方法。徒手扦样过程与操作要点见图 4-4。

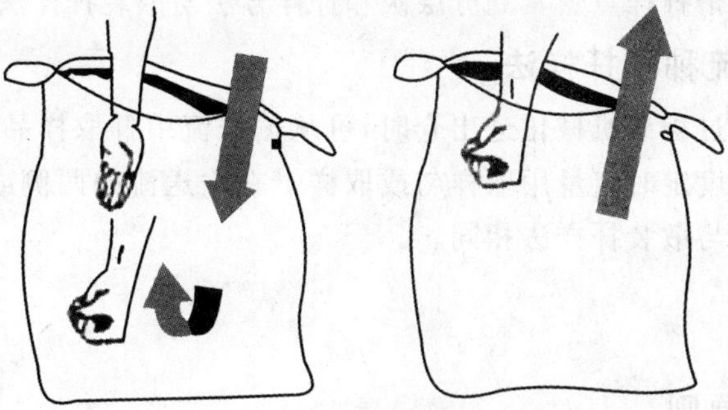

图 4-4 徒手扦样示意图

左图：徒手伸入袋中至规定部位后抓取种子 右图：手掌抽离的过程中，应握紧种子，以免种子漏出

扦取豆科大粒种子、具翅种子和水分含量低的种子，使用扦样器可能损伤种子，而徒手扦样则非常合适。

徒手扦样只适用于开口容器。容器深度超过 400 mm，徒手扦样就困难了。也就是说，不能从袋子或罐子的下层取到样品，遇到这种情况，种子扦样员可以做一些特别的准备，如要求把一些容器中的种子全部倒出或部分倒出，取到样品后，重新装回容器中。徒手扦样时，要特别注意手指合拢，握紧种子，避免漏掉。

(二)散装种子扦样方法

当种子是散装或在大型容器里时，则应随机从各个部位及深度扦取初次样品。种子堆高不足 2 m，分上下两层设点；高 2～3 m，分上、中、下三层设点，上层距顶 10～20 cm，中层在中心部位，下层距底 5～10 cm 处，每个部位的扦样点数量应大体相等。

垂直使用双管扦样器时需在关闭状态沿对角斜插入种子堆中，然后开启孔口轻轻摇动，使扦样器完全装满，最后关闭、拔出，将样品装入扦样容器中。

使用长柄短筒圆锥形扦样器取样，先旋紧螺丝，再以 30°的斜角插入种子堆内，达到取点深度后用力向上一拉，使活动塞离开进种门，略加振动后拔出。先扦上层，次扦中层，后扦下层，以免搅乱层次而影响扦样的代表性。

(三)圆仓(或围囤)种子扦样方法

按仓的直径分内、中、外设点。内点在圆仓的中心，中点在圆仓半径的 1/2 处，外点在距圆仓壁 30 cm 处。扦样时在围仓的一条直径上，按上述部位设内外 3 点，再在与此直径垂直的直径线上，按上述部位设两个中点，共设 5 点。仓囤直径超过

7 m 时可增设 2 个扦样点。其划分层次和扦样方法与散装扦样法相同。

(四)输送流种子扦样法

种子在加工过程或机械化进出仓时,可从输送流中扦取样品。方法是根据种子数量和输送速度定时定量用取样勺或取样铲在输送流的两侧或中间依次截取。取出的样品数量与散装扦样法相同。

七、分样

(一)分样原则

从种子批各个点扦取的初次样品,如果是均匀一致的,则可将其合并混合成混合样品。通常混合样品与送验样品规定数量相等时,则将混合样品作为送验样品。但混合样品数量较多时,可用分样法将混合样品减到适当大小而获得,送验样品的最低数量要求根据种子的大小和牧草的种类而定。种子检验机构收到的送验样品,通常需经过分样减少成为试验样品。

净度分析用的试验样品重量是按至少含有 2 500 粒种子推算出来的(表 4-1)。供测定其他植物种子数用的重量通常为净度分析样品重量的 10 倍,最大重量为 1 000 g。

(二)分样方法

分样方法包括机械分样、随机杯法、改良对分法和徒手分样法等。

1.机械分样法

除流动性极差的种类外,机械分样法适用于各类种子。机械分样器将进入的样品分成两个或多个大约相等的部分。分样器可以混合送验样品,将被分出的样品合并后,再次倒入分样器混合。如有必要,可按相同的方法第三次混合送验样品。分样时,样品反复通过分样器。每次通过分样器的样品,交替移出一部分,另一部分继续倒入分样器。这样,样品的数量连续减少,直至分到规定重量的试验样品。分取的试验样品重量不得少于规定的重量。机械分样采用钟鼎式或圆锥式分样器、横格式分样器(也称土壤分样器)和离心式分样器(图 4-5)分样。

(1)钟鼎式或圆锥式分样器(conical divider)。圆锥式分样器(也称布欧诺式分样器)有大、小两种规格,小号适用于小粒种子,大号适用于大粒种子(大小如小麦或更大的)。它的基本组成部分是漏斗、圆锥体及一组把种子通向两个出口的档格。档格由宽度相同、相互间隔的凹槽和空格构成,上部排列成圆形,经由内部和底部相通,凹槽通向一个出口,空格则通向相对的另外一个出口。在漏斗底部有一

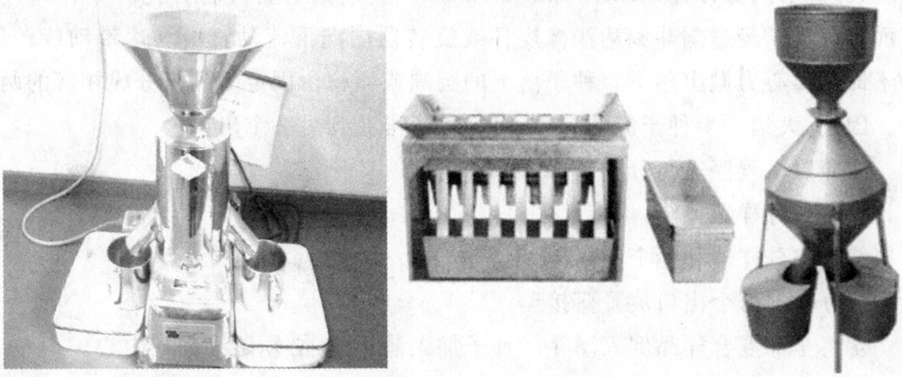

图 4-5　分样器的主要种类(由左至右分别为离心式、横格式、钟鼎式分样器)

个控制种子的活门或开关。当打开活门后,种子受重力作用,下落到圆锥体上而均匀分布到凹槽及空格内,然后经过出口落到盛接盘内,将种子分成两份。分样可多次进行。

圆锥式分样器适宜的规格是:用于大粒种子及禾谷类种子的大号分样器,分别有 19 个凹槽和 19 个空格,宽 25 mm。用于小粒易流动种子的小号分样器,有 22 个凹槽及 22 个空格,分别宽 8 m。分样器的外形规格为:大号分样器高 812.8 mm,直径 368.3 mm;小号分样器高 406.4 mm,直径 52.4 mm。

购置圆锥式分样器时,应考虑下列结构特点:①开关阀或活门滑板应易于开关,关闭时种子不沿边缘下漏;②锐角应尽量减小,种子流经的表面不应有小裂缝及粗糙边缘,以免截留种子,被带到其他样品中。圆锥式分样器的缺点是难于检查清洁。

(2)土壤分样器(soil divider)。其构造原理与圆锥形分样器相同。凹槽排列成一横行,而不像圆锥式分样器排列成圆形。土壤分样器由一个附加凹槽或长方形格子的漏斗、一个支持漏斗框架、两个盛接盘和一个倾倒盘组成。

土壤分样器适宜的规格:格子或凹槽宽 12.7 mm,由漏斗通到盛接盘。有 18 个凹槽相互间隔通到相反的两边。最大外形尺寸:长 355.6 mm,宽 254 mm,高 279.4 mm。

在使用土壤分样器时,将种子相当均匀地散布在倾倒盘内,倾倒盘的长度与漏斗的长度相同,并沿着漏斗的全长以大约相等的速度倾倒。土壤分样器适用于大粒种子及有稃壳的种子,也有一些类型适用于小粒种子。

(3)离心式分样器(centrifugal divider)。应用离心力混合并把种子撒布在分离面上。种子经过漏斗到达浅橡皮杯或旋转器内向下流动。由马达带动旋转器，种子即被离心力抛出落下。种子落下的圆周或面积由固定的隔板分成相等的两部分。因此，大约一半种子流到一个出口，另一半流到另一个出口。

按照以下程序进行分样：

①调节分样器垫脚，保持水平。

②检查分样器和两个盛接器，干净清洁。

③分样器每个出口放置盛接器。

④将全部混合样品倒入漏斗。种子加入漏斗时，必须始终倒在中心。

⑤启动旋转器，种子流入盛接器。

⑥取出装满种子的盛接器，换上空盛接器。将两个盛接器内装满的种子一起倒入漏斗，这样种子会边倒入边自然混匀，再启动旋转器。

⑦按⑥所述程序至少重复一次；样品分取。

⑧取出装满种子的盛接器，换上空盛接器，将一个装满种子的盛接器搁置不用，将另一个盛接器内的种子倒入漏斗，然后启动旋转器。

⑨重复程序⑧，直至分得与规定重量相当的试验样品为止。

(4)旋转分样器(rotary divider)。旋转分样器由旋转冠体、振动片和漏斗构成。旋转冠体上固定着6～10个样品盛接器。使用时，将种子加入漏斗，启动分样器，携带样品盛接器的旋转冠体以大约100转/分的速度转动，振动片也开始将种子拨入旋转冠上的大口式接种管。振动片拨种速度和分样操作持续时间能够由漏斗管到振动片的距离和振动片振动频率调节。接种管内的种子，或者集中流入旋转冠中的分配器，分配器同时再把种子分配到所有样品盛接器；或者分散流入接种管下面旋转的样品盛接器口，流动的种子就被分成了许多样品。对种子检验而言，这两种方式都能达到满意的精确度。

旋转分样器适用于小粒种子，也适用于多数带稃壳的种子，如牧草、花卉和药材种子。只有稃壳具芒的种子(如三毛草)，堵塞漏斗，不能分样。该分样器结果准确，当分样操作持续时间至少为1 min时，每个盛接器分得100份以上的样品。把一个样品盛接器中的样品作为试验样品，或几个相对的盛接器中的样品作为试验样品，或把盛接器中的样品进行重复分样。

2. 改良对分法分样

设备由一个盘子和装入其中的方框组成，方框内具有同样大小的若干立方小格，小格上方开口，下方每隔一格无底。种子初步混合后，均匀地倒入方格内。当方格提出后，约有一半样品留在盘上。用同样的方法，对送验样品连续对分递减，直到取得约大于等于所要求重量的试验样品。

3. 匙子法

匙子法推荐用于健康检验分取试验样品。其他项目检验限于比小麦属小的种子。分样需要有一个盘子、一个刮铲及一个有直边的匙子。种子初步混合后，均匀倒入盘内，不要摇动盘子。分样时，一手拿匙子，一手拿刮铲，两者并用，在盘子中随机从 5 处以上的地方取出少量种子。取出足够量的种子，组成大约不少于所要求重量的试验样品。

4. 徒手减半法

本方法限用于下列各属有稃壳的种子：龙牙草属（*Agrimonia*）、须芒草属（*Andropogon*）、黄花茅属、燕麦草属、阿司吹禾属（*Astrebla*）、菵草属（*Beckmannia*）、格兰马草属（*Bouteloua*）、臂形草属（*Brachiaria*）、凌风草属（*Briza*）、蒺藜草属（*Cenchrus*）、虎尾草属、双花草属（*Dichanthium*）、稗属（*Echinochloa*）、马唐属、沙地牧草属（*Ehrharta*）、披碱草属、画眉草属（*Eragrostis*）、千日红属（*Gomphrena*）、糖蜜草属（*Melinis*）、稻属（*Oryza*）、狼尾草属（*Pennisetum*）（不包括御谷 *P. glaucum*）、新麦草属、蓝盆花属（*Scabiosa*）、假高粱属（*Sorghastrum*）、柱花草属（*Stylosanthes*）（圭亚那柱花草 *B. guianensis* 除外）、芒带草属（*Taeniatherum*）、三毛草属。

对于所有其他植物种子，徒手分样法只能够用于实验室分取健康检验的试验样品。

徒手分样程序：

(1)将种子均匀地倒在一个光滑清洁的平面上。

(2)用平边刮板将种子充分混匀，堆成一堆。

(3)把整堆种子分成两半，每半再对分一次，共分成四部分；然后把其中每部分减半，再分成八个部分，排成两行，每行四个部分。

(4)合并与保留交错部分：例如将第 1 行的第 1、3 部分与第 2 行的 2、4 部分合并。把留下的四个部分拿开。

(5)把第(4)步骤保留的种子，按第(2)、(3)、(4)步骤重复分样，直到分得所规定的试验样品重量为止。

第三节 净度分析

一、目的和意义

草种子的净度是指从被检草种子样品中除去杂质和其他植物种子后，被检草种子重量占样品总重量的百分率。进行种子净度检验的工作称为净度分析。净度分析的目的是了解检验样品各组分，如净种子、杂质、其他植物种子的百分率，由此推测种子批的组成，为种子清选分级提供依据；分析样品混合物的特性，鉴定组成样品的各个种和杂质的特性；分离出的净种子为其他项目的分析提供样品。净度分析不仅要计算各成分的重量百分比，还要鉴别样品中其他植物种子和杂质所属的种类。

从净种子的百分率了解种子批的利用价值，从而确定播种量；从其他植物种子的种类和含量，可以决定种子批的取舍和危害。其他植物种子混入会影响机械收获、产量和产品质量；而许多有害或有毒杂草含有有毒物质，会造成人、畜中毒。了解了杂质种类和含量，可为进一步清选、加工种子提供依据和处理意见，确保种子安全贮藏，提高种子利用率。综上所述，净度分析是草种子检验的重要项目之一，对草业生产具有重要的指导意义。

二、净度分析各组分定义及划分

(一)净度分析标准

1. 净种子

净种子是指报检者所叙述的种，或在分析时所发现的主要种，包括该种的全部植物学变种和栽培品种：

(1)具有下列构造的种子，即使是未成熟的、瘦小的、皱缩的、带病的或发过芽的种子，如果能明确鉴别出它们是属于所分析的种，应为净种子。已变成菌核、黑穗病孢子团或线虫瘿除外(应用均匀吹风法例外)。

①完整的种子单位。即通常所见的传播单位，如瘦果和类似的果实、分果、小花等，净种子的定义已对每个属或种作了明确的规定。

在禾本科中，具有明显含胚乳颖果的小花；裸粒颖果。

②超过原来大小一半的破损种子单位。

(2)根据上述主要原则，个别的属或种有例外情况。

①对于豆科、十字花科、柏科、松科、紫杉科和杉科，其种皮完全脱落的种子单位应列为杂质。即使有胚中轴和/或超过原来大小一半的附着种皮，豆科的分离子叶也列为杂质。

②禾本科的某些属中：

a. 要求颖果大小达到最低限度。在黑麦草属、羊茅属和羊茅黑麦草属及偃麦草中含有一个颖果的小花，颖果从小穗轴基部量起，达到或大于内稃长度1/3的，列入净种子或其他植物种子；但含有一个颖果的小花而颖果小于内稃长度1/3的，则列为杂质。其他属或种的小花，只要颖果含有一点胚乳，就列入净种子。

不育小花——在下列属中一个可育小花上附着一个不育小花，可不必除去而一起列入净种子部分：燕麦草属、燕麦属、虎尾草属、鸭茅属、羊茅属、羊茅黑麦草属、绒毛草属、黑麦草属、早熟禾属和高粱属。

b. 在小穗和小花上是否带有颖果不作硬性规定；

c. 经均匀吹风过程分离的净种子和杂质；

d. 复粒种子单位(MSU)列为净种子部分；

e. 对特定属的附属物可留在种子上，但需按规定填写报告。在某些属中可能附着不同的附属物(如芒、断柄等)，这种附属物可保留在种子上作为净种子，但应申请者的要求，必须按规程填报附着大于其最大直径附属物种子的百分含量。

③除禾本科外的所有科。瘦果、分果和分果爿、其他果实和种子只从表面加以检查，不必施加外力、放大、使用透视仪或其他特殊仪器。经过这样检查发现该构造中明显没有种子，则把它列入杂质。

④损伤的种子。如果按检验规程所规定的种子单位没有明显地伤及种皮或果皮，则不管是空瘪或饱满，均作为净种子或其他植物种子。但当种皮或果皮有一个裂口时就会发生困难，如有必要，检验员必须判断留下的种子单位部分是否超过原来大小的一半，然后相应地按照规程来决定。如果不能迅速作出这种决定，则将种子单位列为净种子或其他植物种子。没有必要将每粒种子翻过来观察其下面是否有孔洞或其他损伤部分。

如果破损小花和颖果超过原来大小的一半，则将其列入净种子或其他植物种子。

2. 其他植物种子

其他植物种子是指除净种子以外的任何植物种类的种子单位。关于划分为其他植物种子，还是杂质，可采用净种子定义所规定的区别特征。但下列情况例外：

(1)凡需均匀吹风处理那些种的种子单位，作为其他植物种子时不必经过吹风进行划分。

(2)复粒种子单位(MSU)应先分离,然后按规程 3.2 的总则对单粒种子单位进行划分。

(3)菟丝子属(*Cuscuta* spp.)的种子单位脆而易碎,呈灰白色以至乳白色,列入杂质。

除净种子定义中已规定的某些种或属外,需将复粒种子结构、蒴果和荚果打开,取得种子,将非种子构造部分列入杂质。

3.杂质

杂质是指下列除净种子或其他植物种子外的种子单位和所有其他物质及组成组分。

(1)非常明显不含真种子的种子单位。

(2)在黑麦草属、羊茅属和羊茅黑麦草属及偃麦草种的小花,其颖果达不到规定最小大小的,除燕麦草属、燕麦属、虎尾草属、鸭茅属、羊茅属、羊茅黑麦草属、绒毛草属、黑麦草属、早熟禾属和高粱属规定的属外,附在可育小花上的不育小花需除去。

(3)破裂或受损伤的种子单位的碎片为原来大小的一半或达不到一半的。

(4)按该种的净种子定义,不将这些附属物归为净种子的部分;在净种子定义中尚未提及的附属物必须除去,归入杂质。

(5)种皮完全脱落的豆科、十字花科、柏科、松科、紫杉科和杉科的种子。

(6)脆而易碎、呈灰白色、以至乳白色的菟丝子属种子。

(7)脱下的不育小花、空的颖片、外稃、内稃、稃壳、茎、叶、球果鳞片、果翅、树皮碎皮、花、线虫瘿、真菌体(如麦角、菌核、黑穗病孢子团)、泥土、砂粒、石砾及所有其他非种子物质。

(8)当用均匀吹风的方法进行分离时,除规程规定的作为其他植物种子外,留在轻的部分中的所有物质。在重的部分中,等于或小于原来大小一半的破损小花和颖果,以及除净种子和其他植物种子外的所有其他物质。

(二)净度分析原则

净度分析是将试验样品分成净种子、其他植物种子、杂质三种组分,并测定各组分的重量百分率。在样品中所有植物种子所属的种和每种杂质,应尽可能加以鉴别,如需报告其结果,应测定其重量百分率。

(三)净度分析的仪器

为了将样品分离为各种组分,通常借助于放大镜、反射光净度台、筛子和吹风机。

为了正确鉴定和分离小粒种子单位和碎片，可经常使用手持放大镜和双目显微镜。反射光净度台对从禾本科可育小花与不育小花的分离很有效，并且可用于线虫瘿和真菌体的检查。筛子可用于净度分析中，从试验样品中分离茎叶碎片、土壤和其他细小颗粒。

吹风机：种子吹风机可用于从较重的种子中分离出较轻的杂质，如稃壳和禾本科牧草的空小花。吹风机仅用于处理小量样品（重量1～5 g）时，可获得最准确的分离。一个良好的吹风机应该风力均匀，能标准化，并使要分离的组分全部分离。为了使气流保持均匀，吹风机应有一个或几个空气压缩室，和一个由速率一致的电动机所带动的风扇或推进器。吹风管的直径应与试验样品的大小成比例，而且管子长度要足以保证样品很好地分离。调节气流的气门或阀门应能准确调节，校准刻度，标识易于辨认，其构造与位置要防止在吹风机中产生“强”流区和“弱”流区。为使吹风机标准化，需有一个压力计。

均匀吹风法所用的吹风机必须能达到：可用不同的压力吹风（用校准样品测定），以适应不同植物种的种子；在各种所需压力下使管内保持均匀一致的气流；能很快调节到大致所需的压力，调压装置应定期用协会授权颁发的校准样品吹风校正；可准确定时。

（四）净度分析的程序

1.分析前的准备

分析前必须验收送验样品的样品编号与记录是否一致，该种是否为记录所描述的种，送验样品的重量是否满足要求等。

2.试验样品的分取

试验样品应按国家或国际标准中规定的要求从已接收的送验样品中分取。除禾本科的某些种需用均匀吹风法外，试验样品的大小应为：估计至少包含有2 500个种子单位的重量，或符合国家或国际规程的规定。净度分析可用该重量的一份试验样品，或至少是该重量一半的各自独立分取的两个次级样品（半试样）。

试验样品（或每个次级样品）需称重，以克表示，达到规程规定所需最小的小数位数（表4-2），以满足计算各种组分百分率达到一位小数的要求。

分取试验样品遵循分样规则，用分样器分取或四分法经反复递减直至分取规定重量的试验样品。用规定重量的一份试样或两份半试样（试样重量的一半左右）进行净度分析。

表 4-2 称重与小数位数

试样或半试样及其成分重量/g	称重至下列小数位数
<1.000	4
1.000～9.999	3
10.00～99.99	2
100.0～999.9	1
≥1 000	0

3.试验样品的分离

(1)试验样品(或次级样品)称重后,按规程净度分析的定义将其各种组分分离开,分离成净种子、其他植物种子和杂质。

(2)分离时可借助于体式显微镜、放大镜、镊子、吹风机等器具,或施用压力而在不损伤发芽力的基础上进行检查。某种情况下,必须采取特殊手段,如均匀吹风法(如草地早熟禾、普通早熟禾与鸭茅种子的净度分析)或筛选等方法。将净种子、其他植物种子、无生命杂质分离,并分别用相应的容器或纸袋盛装。

(3)分离后,各组分 (净种子、其他植物种子和杂质)以及需要报告百分率的任何植物种子种类或其他物质的种类,都需称重,以克表示,达到表 4-2 所规定的小数位数,以满足计算各种组分百分率达到一位小数的要求。

(4)当检验实验室认为难以或不可能区别种间差异时,可鉴定到属。此外,在种及品种鉴定规定中用于明显区别植物种和品种的方法,将不允许在净度分析中使用。

(5)分离时特殊情况处理。

①不能区别的种:当不同植物种之间区别困难或不可能区别时,则必须采用下列程序之一:

a.在检验证书中仅填报属名,该属的全部种子均为净种子;附加说明可填写在"其他测定"栏内。

b.将相似的种子从其他组分中分离出来一起称重。从这个混合物中随机取出至少 400 粒种子,最好在 1 000 粒种子左右,最后将这部分再分离开,并测定每个种的重量比例。从这个比例可估算出每个种占整个样品的百分率。如果按这个方法做,应将其详细情况填报,包括所测定的种子数目在内。

②对复粒种子单位(MSU),根据申请者的要求,斯卑尔特小麦和下列属(燕麦属、雀麦属、鸭茅属、羊茅属、羊茅黑麦草属、洽草属、黑麦草属)中的复粒种子单位要分别称重,并按规程予以填报。

③个别混杂物严重影响结果时的处理程序,凡与供检种子在大小或重量上明

显不同且严重影响结果的混杂物，如石块、小粒种子中混入大粒禾谷类子粒等，都会导致这一现象。如果它们能够比较容易地被清除，如过筛，那就从整份送验样品（或至少10倍于净度分析试样重量的样品）中除去这些混杂物后，再取规定重量的试样进行正常分析。这些混杂物应作填报并相应地计算结果。

④附着附属物：在某些属中的种子和果实，可能附着不同的附属物（如芒、断柄等），这种附属物可保留在种子上作为净种子，但应申请者的要求，必须按规程填报附着大于其最大直径附属物种子的百分含量。

⑤带翼种子：净种子定义，带翼种子仅是这些珠被带翼的种子。不论什么时间，这些黏附的附属物必须留存在种子上，填报带翼种子所占的百分数。

(6)均匀吹风法。对于草地早熟禾、普通早熟禾和鸭茅强制性使用本方法。

草地早熟禾和普通早熟禾的试验样品重量为1 g，鸭茅为3 g。草地早熟禾和鸭茅的吹风压力用由国际种子检验协会批准发给的校准样品进行校准（表4-3）。平均千粒重<0.35 g的品种再乘以由草地早熟禾的设定数值0.82而获得（仅适用于General型种子吹风机），普通早熟禾的吹风压力由草地早熟禾的设定数值再乘以0.82而获得（仅适用于General型种子吹风机）。校准前需将校准样品暴露在室内的条件下。

表4-3 平均千粒重<0.35 g的草地早熟禾品种 g

品种	千粒重	品种	千粒重
Balin	0.34	Pegasus	0.29
Compact	0.34	Platini	0.29
Julia	0.33	Slezanka	0.28
Limousine	0.33	Mardona	0.27
Enprima	0.32	Tommy	0.26
Oxford	0.32	Lato	0.24
Ikone	0.31	Harmony	0.23
Sobra	0.31		

吹风：将吹风机调到由均匀一致的校准样品校准好的吹风点上，再将试验样品倒入杯内，然后进行吹风正好3 min。

分离重的部分：

①在分析时，将吹风后留在杯内的所有种子单位（即重的部分）归入净种子，包括：完整的单小花，像鸭茅；草地早熟禾和普通早熟禾的所有完整复小花，鸭茅的复粒种子单位；小花带有真菌体（如麦角），被完全包裹在内外稃里的；受害虫损伤或感病的小花和裸粒颖果（内外稃缺失），包括海绵状、木栓状、白色的或易碎的颖果；

超过原来大小一半的破损小花和颖果。

②把下列草地早熟禾、普通早熟禾或鸭茅的小花和颖果列入杂质，包括：带有麦角且伸出小花顶端的小花；为原来大小一半或不到一半的破损小花和颖果；其他植物种子(包括早熟禾属其他种)，枝梗、茎秆、砂粒等应按规程划分。

分离轻的部分：

轻的部分包含当吹风机调到均匀吹风点所吹出的种子单位及其他物质。留在轻的部分的全部草地早熟禾、普通早熟禾或鸭茅的小花和颖果应作为杂质；其他植物种子(包括混在草地早熟禾、普通早熟禾中的某些早熟禾属的种)。

枝梗、茎秆、砂粒等应按规程划分。当草地早熟禾或普通早熟禾样品中混有早熟禾属的某些种，如加拿大早熟禾的可育小花时，必须在放大镜下检查全部轻的部分。当这些种的种子在样品中数量较少(1%～3%)时，则一般比较容易从重的和轻的部分中除去全部小花，并测定其他植物种子占总重量的百分率。当在草地早熟禾、普通早熟禾样品中的其他早熟禾种子数量较多(3%～5%)时，检验员可用下面方法。

在草地早熟禾、普通早熟禾中列为其他植物种子的其他早熟禾属某些种适用的替换方法：早熟禾属的其他栽培种的可育小花可从轻的部分取出，与重的部分的小花充分混合。从其混合物中随机取出(如在轻的部分中没有其他早熟禾的种存在时，则从重的部分小花中取)至少 400 个，最好 800～1 000 个小花。在放大镜下，将这些小花中的不同早熟禾的种分离出来，然后测定每部分重量的百分率。

经化学处理种子种类的吹风程序，可按净度分析方法规定进行。由于化学处理会影响种子的吹风特性，因此，这种样品的净度分析必须用手工方法测定。

(五)结果计算和表示

1. 核查分析过程的重量增失

不论是一份全试样、还是两份半试样，均将试样所有组分的重量相加，其总和需与原始重量进行比较，以核查有无重量增失。如果增失偏差值超过原始重量的 5%，则必须重新分析，并填报重新分析的结果。

2. 计算各组分的百分率

在检验报告中各组分的重量百分率应计算到一位小数。百分率必须根据各组分重量之和，而不是以试验样品的原始重量为基数而计算的(如有必要，此时百分率均可保留两位小数，但不必修约至 100.00%)。除规程要求外，净种子以外的其他任一种种子或任一类杂质均不再分类计算百分率。

3. 检查两份试样间的差异

(1)两份半试样。两份半试样的每一组分间差异不应超过规定的容许差距。按容许误差表每一组分的平均百分率在表栏中找到相应的百分率范围，并确定该组分两个数值之间最大的容许差距。

重复此程序检查所有组分的容许差距。若所有组分的实际差距都在容许范围内，就可继续计算平均值。

如某一组分的实际差距超过容许差距，则按以下程序进行：

a. 再分析成对半试样，直至一对各组分的差距均在容许范围内为止(但全部分析不必超过 4 对)。

b. 凡一对组分间的差距超过最大容许值差距两倍时，均略去不计。

c. 各组分百分率的最后记录，应从全部保留结果加权平均值计算而得。

建议找出造成差异的原因，特别是在重复分析也出现较大的差异时。在这种情况下，可采用特殊情况进行处理。

(2)两份或两份以上全试样。当两份全试样分析完毕后，如果结果间的差异超过了容许差距值，就应再分析一份或两份以上全试样，直到两次分析结果在容许差距内(分析样品不超过 4 份)。若分析后的最高值与最低值间差异未超过容许差距两倍时，则填报样品结果的加权平均值。除非其中有一次或几次结果显然是由于差错而不是随机取样所引起的，在这种情况下，需将这些差错的结果略去不计。如果没有一对分析结果在容许差距范围内，建议找出引起差异的原因。

如果第二次试验结果不如第一次结果，看两次结果的平均判定是否在误差范围之内。

4. 难分离种的计算

当供检样品中含有两个或更多难以区分的种，而且是用 400～1 000 粒种子进行分离时，则按下列方法计算某一混杂种的百分率。

某一植物种(A)的种子百分率，将根据其质量与 400～1 000 粒种子总质量的比值和原来的净种子百分率(P_1)来计算：

$$A=\frac{\text{植物种 }A\text{ 的种子质量}}{\text{400～1 000 粒种子的总质量}}\times P_1\times 100\%$$

然后将这个百分数加入其他植物种子的组分之中，因为当时的净度分析是未考虑难分离种；并从净种子百分率中减去相同的数值，保证净度分析最后各组分的百分率总和达 100.0%。

5. 严重影响结果的混杂物的计算

假如已从样品 M(g)里除去 m(g)，且后续分析得出净种子百分率为 P_1(%)、杂质为 I_1(%)、其他种子为 OS_1(%)，那么最终净度应作如下换算。

净种子：
$$P_2 = P_1 \times \frac{M-m}{M}$$

杂质：
$$I_2 = I_1 \times \frac{M-m}{M} + \frac{m_1}{M} \times 100$$

其他植物种子：
$$OS_2 = OS_1 \times \frac{M-m}{M} + \frac{m_2}{M} \times 100$$

式中：M 为用于分离重型混杂物的样品原始质量；m_1 为重型混杂物中归于杂质的质量；m_2 为重型混杂物中归于其他植物种子的质量。

最后应核查：$P_2 + I_2 + OS_2 = 100.0\%$。

6. 结果报告

净度分析结果填报净种子拉丁学名，如果在种子特殊情况下不能确定出种，可只填报到属。净种子、其他植物种子、杂质的百分数。净度分析的结果应保留一位小数，所有组分的百分率总和应为 100%。如果其和不是 100.0%（99.9%或 100.1%），则从修约百分率最大值中加减 0.1%。组分少于 0.05% 的，填报为"微量"。

第四节 其他植物种子数测定

一、目的和意义

其他植物种子是指除测定种外的所有种的种子，包括其他作物种子、其他牧草种子和杂草种子。其他植物种子数测定的目的是检测送检样品中其他植物种的种子数目，并由此推测种子批中其他植物种的种类及含量。其他植物种可以是所有其他植物种或指定的某一种或某一类植物种。

种子批中含有其他植物种子数量的多少，会直接影响到该种草的质量及产量，其他植物种子与所栽培的草种争夺空间、水分和养料。有的杂草是有毒有害及恶性杂草，是国际贸易中的检疫对象，具有很强的危害性。如豚草属、菟丝子属、毒麦、列当属、假高粱已列入《全国农业植物检疫性有害生物名单》。

综上所述，了解草种中其他植物种子数，减少使用者与经营者浪费，避免牧草生产中带来的经济损失。

二、其他植物种子数测定原则

通过对供检样品种子中所发现的其他植物种子进行计数，并以数目表示。如所发现的种子不能准确地鉴别到种时，可允许只报告其属名。

三、测定程序

1. 试验样品

测定其他植物种子样品应符合国际或国家所规定的重量。通常样品不得小于25 000 个种子单位的重量，也就是净度分析试验样品重量的 10 倍。如果送验人所指定的种难以鉴定时，至少需用规定试验样品重量的 1/5 对该指定的特殊种进行鉴定。

2. 测定

其他植物种子数的测定可以采用 4 种不同的方法。其中完全检验是从整个试验样品中找出所有其他植物种子的测定方法；有限检验是指从整个试验样品中只限于找出指定种的测定方法；简化检验是从部分试验样品（至少是规定试验样品重量的 1/5）中找出所有其他植物种子的测定方法；简化有限检验指用少于规定重量的试验样品检查指定种的测定方法。

借助器具对试验样品进行逐粒检查，挑出试验样品中所有其他植物种或根据送检者的要求挑出某些指定种的种子，对挑出的每个种的种子进行计数。

如果检验仅限于指定的某些种的存在与否，那么发现该种或全部指定种（与申请者的要求相符）的一粒或数粒种子时，即可结束测定。

对分离出的其他植物种子进行鉴定，确定到种，部分难以鉴别的可确定到属。

四、结果计算与表示

结果用测定试验样品实际重量中发现的所有其他植物种子数或指定种（属）的种子数表示，通常折算成单位重量（如每千克）所含的其他植物种子数或指定种（属）的种子数。

其他植物种子含量（粒/kg）＝其他植物种子数/试验样品重量（g）×1 000

如果同一样品进行第二次或多次检验，那么其结果应用检验样品总重量中发现的种子总数表示。

当需判断同一或不同实验室的两个测定值是否有显著差异时，可查其他植物种子的容许差距表进行比较，但比较的两个样品的重量需大体相等。

五、结果报告

其他植物种子数测定填报结果，包括检测种子的实际重量；发现的所有其他植物种子的名称（中文名和学名）及种子数，应以发现的种子重量或每千克种子数表示；注明所采用的检验方法，如“完全检验”、“有限检验”、“简化检验”或“简化有限检验”。

第五节 发芽试验

一、目的和意义

发芽试验的目的是测定种子批的最大发芽潜力，据此可以比较不同种子批的质量，也可估测田间播种价值，确定播种量。

田间的环境条件变化很大，不同地区、不同季节的气候与土壤条件千差万别，在田间条件下进行发芽试验，通常结果没有可靠的重演性。因此，采用控制外部条件的实验室方法，实验室方法已经标准化，使大多数样品的草种得到最整齐、最迅速、最完全的发芽。发芽条件的控制与方法的标准化使发芽试验结果尽可能在接近随机样品变异所容许的范围内得到重现，数据较为准确可信。

种子发芽率代表种子成为正常种苗的能力，进行发芽试验，掌握种子发芽情况，有利于了解种子的使用价值，对草种子贸易、种子的安全贮藏、种子使用时播种用量确定等都具有重要的参考价值。使生产者、使用者与经营者更好地掌握草种子质量，避免造成不必要的经济纠纷或损失。

二、发芽试验原则

发芽试验的种子应符合各种净种子的定义。净种子可以是经净度分析后的净种子，也可以是送验样品中的代表样品。若种子批已包衣，应符合净丸粒定义的要求。

除经发芽试验建议方法处理外，接受的种子应该是未经预先处理的。可以进行平行或重复测定，结果报告应符合规程中重新试验的要求。如果在某种措施之后进行补充试验，其结果和预处理情况必须填报在检验证书的“其他测定”栏内。

种子按重复放在适宜水分和标准所规定方法的条件下进行试验。达到标准所规定的时期后，对各重复进行检查，计数报告要求的不同种类的幼苗和种子。

三、发芽介质与发芽床

(一)发芽介质与要求

发芽介质是指供给种子发芽所需水分和支撑幼苗生长的材料。所用材料一般有纸、纯净沙、有机复合物的混合物加矿物质颗粒。通常使用的发芽床是纸或沙。有机复合物及矿物质颗粒不宜用作初次试验的发芽床。当由于纸床污染，对已有病菌的样品鉴定困难时，或当纸床或沙床上幼苗出现中毒症状时或对幼苗鉴定发生怀疑时，为了比较或研究目的，一般都采用有机复合物及矿物质颗粒土壤。

1. 介质一般特性要求

对所有的发芽介质应符合下列要求：

(1)持水力。在整个发芽期间应具有足够的保持水分的能力，以保证对种子与幼苗不断供应水分，并有足够的孔隙通气满足最佳的发芽条件与根系生长需求，所以介质的水分含量必需调节到最大持水量。必要时调整到特殊种的需要，最大持水力用百分数表示。

(2)pH。培养床介质 pH 值必须在 6.0～7.5 范围内。

(3)电导率。盐含量要尽可能低，不超过 40 mS/m(毫西门子/米)。

(4)无毒无菌。发芽介质必须是不含真菌、细菌或有毒等这些干扰种子发芽、生长或种苗评价的物质。

(5)发芽床再利用。推荐发芽介质一次使用，下次要更换。

(6)测定方法替换。根据需求要想从供应商那获得或检查发芽介质的所有要求可能很困难，允许用生物检验替代电导率，如植物毒性。

2. 介质类型

(1)纸。发芽试验中应用最多的发芽介质是纸，常用的有滤纸、吸水纸或纸巾。发芽纸的纤维成分应是100%经过漂白的木纤维、棉纤维或其他净化的植物纤维物质。

纸张应贮藏在相对湿度尽可能低的地方，并有包装，以防贮藏期间受到污染和损害。放置时间长的纸张应进行消毒，以消灭贮藏期间发育起来的霉菌。

(2)沙。沙作为发芽介质也是发芽试验较为常用的，沙粒应均匀，不含微粒和大粒，推荐90%颗粒通过0.8 mm筛，保留在0.05 mm筛上，沙粒中不能含有种子或病菌。要达到如此要求应进行如下处理：清洗，除去杂物后用清水洗涤；消毒，将清洗后的沙放在耐高温的托盘内摊薄，在130～170℃高温下烘2 h；过筛，将烘干的沙子用筛孔直径为0.8 mm、0.05 mm的筛子过筛，两层筛之间的沙子，即直径为0.05～0.8 mm的沙砾为发芽介质。

沙可以重复使用，但使用前应进行洗涤并重新消毒。但用化学药品处理过的沙不能重复使用。

(3)有机发芽介质。有机发芽介质一般为有机复合物和矿物质颗粒。有机复合物如泥炭纤维、椰子纤维或木质纤维，小于5 mm。矿物质颗粒如沙、珍珠岩、蛭石等，占20%体积比。推荐颗粒的直径大小90%通过孔隙2 mm筛而保留在孔隙0.05 mm筛上。有机发芽介质不建议重复使用。

(4)土壤。一般规定土壤符合一般发芽对介质要求外，还必须具有良好结构，不结块，并无大的颗粒。为了达到洁净的要求，在使用前，土壤必须经过消毒。进行消毒时不可让能抑制或杀灭种子携带的病原菌的化学物质残留在土壤中。建议土壤只使用一次。

3. 水分

种子发芽所用水分应不含有有机杂质和无机杂质。若通常使用的自来水不适用，也可用蒸馏水或无离子水。其pH应为6.0～7.5，或者有证据表明对发芽试验结果没有影响的其他pH范围。

(二)发芽床的种类和用法

不同的发芽介质与发芽器皿构成不同的发芽床，主要有纸床、沙床、有机发芽床、土壤四大类。每种床的用法如下。

1. 纸床用法

纸床又分为纸上、纸间、褶裥三种，每种床的用法如下。

(1)TP(纸上)。纸上发芽床按英文缩写简称TP，种子放在一层或多层纸上发芽，纸可放在雅可勃逊(Jacobsen)发芽器上；放在透明的盒子或培养皿内，在试验开始时加入适量的水分，并加紧盖子或用塑料袋罩在培养皿上，使蒸发作用降到最低水平；直接放在发芽箱的盘上。箱内的相对湿度必须尽可能接近饱和，以防干燥。经过湿润的疏松纸或脱脂棉可用作发芽床的衬底。

(2)BP(纸间)。纸间简称 BP，种子放在两层纸中间发芽。另外用一层滤纸松松地盖在种子上；把种子放在折好的纸封里，可平放或竖放；把种子放在纸巾卷里(这种纸巾卷应竖着放)。

发芽床应放在密闭的盒子内，盒子用塑料袋包好或直接放在发芽箱的盘上，使发芽箱内的相对湿度保持接近饱和状态。

(3)PP(褶裥纸)。褶裥纸简称 PP，把种子放在类似手风琴的具有 50 个褶裥的纸条内，通常每个褶裥放两粒种子。将褶裥纸条放在盒内或直接放在"湿型"发芽箱内，并用一条宽阔的纸条包在褶裥纸的周围，以保证有均匀的湿度条件。在规定采用 TP 或 BP 法的情况下，可用这种方法来替代。

2. 沙床与有机发芽床

(1)TS(沙上)或 TO(有机发芽床上)。把种子压入沙或有机发芽介质的表层。

(2)S(沙中)或 O(有机发芽床中)。种子播在一层的湿沙或有机发芽床上，然后加盖 10～20 mm 厚度的松散沙或有机介质，盖的厚度取决于种子的大小。为了保证通气良好，最好在播种前将底层耙松。

当由于纸床污染，对已有病菌的样品鉴定困难时，当幼苗出现中毒症状时或对幼苗鉴定发生怀疑时，也可用沙床或有机发芽床替代纸床。

3. 纸床与沙床混合用法

纸上盖沙法英文简称 TPS。种子放置在多层湿纤维纸上，上面盖一层 2 cm 干沙进行发芽。

4. 土壤床

土壤一般不被推荐作为初次检验的发芽床。但有时如当纸床或沙床上对幼苗鉴定发生怀疑时和有机发芽床上幼苗出现中毒症状时，一般都采用土壤发芽床。

四、发芽材料与设备

(一)数种设备

1. 数种板

数种板通常用于大粒种子，如玉米、菜豆和豌豆。数种板的面积和放置种子的发芽床大小相近。上层有一层固定的板，板上有 50 或 100 个孔，孔的一般形状和大小与计数的种子相似，但可让样品最大粒的种子落进去。板的下层衬有一块无孔的薄板，作为底板可以来回抽动。或在板上打孔，上下对应，可移动两板使它启闭。操作时，数种板放在发芽床上，把种子撒在板上，并将板稍微倾斜，以除去多余的种子。然后进行核对，当所有孔装满了种子而每孔只有一粒种子时，抽去可移去的底板，种子就落在发芽床上的适当位置。

2. 真空数种器

真空数种器多用于形状规则和较为光滑的种子，如禾谷类、苜蓿属和三叶草属中各个种。真空数种器有三个主要部分：真空系统，包括皮管（它不能阻碍气流）；数种盘或数种头，其大小范围要同所检查种子和发芽的大小范围相符合；真空的排放阀门。通常家用的真空清洁器可作为真空系统。数种头需有 50 或 100 个孔，要比发芽床稍小些，其边缘需稍高起，以防种子滚出去。数种孔的直径应与种子大小和所采用的真空相适应。

操作时，在未产生真空前，将种子均匀撒在数种头上，然后接通真空，倒去多余种子，并进行核对，使全部孔都放满种子，并使每个孔中只有一粒种子。然后将数种头倒转放在发芽床上，再解除真空，使种子按一定位置落在发芽床上。

必须要计数的种子应不加选择地随机倒进数种头上。使用真空数种器时，应采取某些预防措施，以避免重复间产生偏差，数种头不能嵌入种子，因为这种做法会选择轻型种子。同样理由，当种子正在倒进数种头上的时候，不能使用真空。

(二)发芽设备

1. 钟形罩或雅可勃逊发芽器（又称哥本哈根槽）

这种发芽器由上面配有放置种子滤纸床的发芽盘组成。用灯芯连接发芽床，通过发芽盘的缝隙或小孔，伸入下面的水浴槽，以保持发芽床经常湿润。为防止干燥，每个发芽床上盖上一个钟形罩，罩顶部有一个孔，可以通气而不致过分蒸发。其温度可以用水浴槽内加热水（或冷却水间歇调节，或直接调节发芽盘，通常是自动调节的）调节。这种发芽器可用于所有各种规定的恒温或变温，虽然对某一种特定的雅可勃逊发芽器来说，它能达到的温度范围是会受到设计上的限制。

2. 发芽箱

发芽箱具有良好的隔热性能，内部装有加热和冷却两个系统。目前市场上供应的发芽箱，能满足试验所需的恒温或变温的所有范围。发芽箱中的温度可利用水或空气或两者同时在箱中循环流动得到保持。如果设备的功能只能提供恒温条件，则可把试验从一个发芽箱转移到另一个调节到不同温度的发芽箱，而达到所需的变温循环（交替周期）。有些发芽箱设有湿度控制，因而可使暴露在发芽箱里所进行的试验不致干燥（湿型发芽箱）。假如对湿度水平有任何怀疑时，那么放在加盖的保湿培养皿中进行试验。在干型发芽箱中进行试验，应始终保持加盖状态。

3. 发芽室

发芽室是一种改进的发芽箱。其构造在原理上与发芽箱相同，但容积扩大，工作人员可进入内部，并可将试验放在中心走道的两边。变温试验可放在有轮小车上的发芽箱内进行，在发芽试验期间将小车推入发芽室内。除非试验放在加盖的保湿器皿中进行，否则应安装室内加湿器，以保持较高的湿度水平。

(三)其他器皿与材料

培养皿、发芽盒、镊子、加水滴瓶、配制溶液用的玻璃器皿。这些器皿均是无毒气释放并干净无菌。药品包括硝酸钾、氢氧化钠、浓硫酸、赤霉素等。

五、发芽条件与促进发芽的处理方法

(一)发芽条件

种子只有在适当的光、温度、湿度等条件下才能正常发芽。种子存在各种休眠，只有进行对发芽条件的控制，采取有效的处理方法，才能使休眠种子打破休眠而正常发芽。

1. 水分和通气

发芽床在所有时候必须含有足够的水分以满足发芽的需要。但水分不宜过多，否则就会限制通气。

发芽床的初次加水量取决于发芽床的性质和大小，同时也取决于被检种子的大小和种类。最适宜的加水量需依据试验来确定。

以后的加水应尽可能避免使重复间和试验间的差异增大。因此应采用预防措施，以确保在整个试验期间发芽床不干燥，并持续得到足够水分的供应。

对于密闭在盒内或培养皿内的 TP 和 PP 试验，通常不必采用特别的通气措施。但是在 BP 试验中就应注意，纸封袋或纸巾卷须相当疏松，使种子周围有足够的空气。同样，在沙床和土壤发芽床试验中，覆盖种子的材料不应紧压。

2. 温度

种子的发芽需要在规定的温度条件下进行(表 4-4)，发芽器、发芽箱或发芽室的温度必须尽可能均匀一致。在日光直射或在人造光源下试验时，应注意温度不超过规定标准。规定的温度应作为最高限度。仪器的温度变幅，不应超过±2℃。

当规定用变温时，通常应保持低温 16 h 及高温 8 h。在 3 h 内逐渐变温，一般就可符合要求。但对于可能存在休眠的种子，应该在 1 h 或更短时间内完成急剧变温，或将试验移到另一个温度较低的发芽箱里。

3. 光

根据发芽过程中对光的不同反应可将种子分为三类，需光型种子、需暗型种子和光不敏感型种子。需光型种子发芽时必须有红光或白炽光，促进光敏色素转化成活化型。新收获的休眠种子发芽时必须给予光照。需暗型种子只有在黑暗条件下光敏色素才能达到萌发水平，但也只是发芽初期采取黑暗，随着茎叶系统的形成，应给予光照。光不敏感型种子在光照和黑暗条件下均能正常萌发，大多数草种属于此类。

大部分草种的种子可在光照或黑暗下发芽（表 4-4）。但通常建议采用人工光源或日光作发芽床的光照，因为这样可产生发育良好的幼苗，使鉴定更为容易。在完全黑暗下生长的幼苗较为衰弱和苍白，因而对微生物的侵害较为敏感。此外，也难以观察到有些缺陷（如叶绿素缺乏病）。需光照的光照强度为 750～1 250 lx。变温条件下发芽，应在 8 h 高温时段给予光照。

表 4-4 部分草种子发芽条件

种名		规定				
学名	中文名	发芽床	温度/℃	初次计数（天数）	末次计数（天数）	附加说明，包括破除休眠的建议
Agropyron cristatum	冰草	TP	20～30；15～25	5	14	预先冷冻；KNO_3
Agropyron desertorum	沙生冰草	TP	20～30；15～25	5	14	预先冷冻；KNO_3
Agrostis stolonifera	匍匐翦股颖	TP	20～30；15～25；10～30	7	28	预先冷冻；KNO_3
Astragalus cicer	鹰嘴紫云英	BP；TP	15～25；20	10	21	—
Avena sativa	燕麦	BP；S	20	5	10	预先加热（30～50℃）；预先冷冻
Cicer arietinum	鹰嘴豆	PP；S	20～30；20	5	8	—
Coronilla varia	多变小冠花	TP；BP	20	7	14	—
Cynodon dactylon	狗牙根	TP	20～35；20～30	7	21	预先冷冻；KNO_3；光照
Dactylis glomerata	鸭茅	TP	20～30；15～25	7	21	预先冷冻；KNO_3

续表 4-4

种名		规定				
学名	中文名	发芽床	温度/℃	初次计数（天数）	末次计数（天数）	附加说明，包括破除休眠的建议
Dichondra repens	马蹄金	TP	20～30	7	21	—
Elytrigia repens	偃麦草	TP	20～30；15～25	7	21	预先冷冻；KNO_3
Eragrostis curvula	弯叶画眉草	TP	20～35；15～30	6	10	预先冷冻；KNO_3
Festuca arundinacea	苇状羊茅	TP	20～30；15～25	7	14	预先冷冻；KNO_3
Festuca rubra	紫羊茅	TP	10～30；15～25	7	21	预先冷冻；KNO_3
Lolium multiflorum	多花黑麦草	TP	20～30；15～25；20	5	14	预先冷冻；KNO_3
Lolium perenne	多年生黑麦草	TP	20～30；15～25；20	5	15	预先冷冻；KNO_3
Lotus corniculatus	百脉根	TP；BP	20～30；20	4	12	预先冷冻
Medicago sativa	紫花苜蓿	TP；BP	20	4	10	预先冷冻
Melilotus officinalis	黄花草木樨	TP；BP	20	4	7	预先冷冻
Paspalum notatum	巴哈雀稗	TP	20～35；20～30	7	28	H_2SO_4 后用 KNO_3
Poa pratensis	草地早熟禾	TP	20～30；15～25；10～30	10	28	预先冷冻；KNO_3
Sorghum sudanense	苏丹草	TP；BP	20～30	4	10	预先冷冻
Stylosanthes guianensis	圭亚那柱花草	TP	20～35；20～30	4	10	H_2SO_4
Trifolium pratense	红三叶	TP；BP	20	4	10	预先冷冻
Trifolium repens	白三叶	TP；BP	20	4	10	预先冷冻用聚乙烯薄膜密封
Zoysia japonica	结缕草	TP	20～35	10	28	KNO_3

表中缩写字母代表的意义如下：

TP：纸上，BP：纸间，PP：褶裥纸床，S：沙，TS：沙上；KNO_3：用 0.2％硝酸钾溶液代替水，H_2SO_4：在发芽试验前，先将种子浸在浓硫酸里。

在有些情况下(如一些热带和亚热带的禾本科牧草),光可促进休眠种子的发芽。但在另一种情况下,也有少数种类必须在黑暗下发芽,因为光对它有抑制作用。

4. 发芽床

发芽床主要有纸床、沙床、有机发芽床、土壤。根据不同的草种选择适当的发芽床与发芽方法。发芽床用法在前面已叙述不再重复。

(二)促进发芽处理方法

由于种子生理休眠、硬实、含抑制物质等原因,在发芽试验末期,还留存相当数目的硬实或新鲜种子,可采用下述的一种方法或几种组合方法处理后再重新进行试验,就能得到比较完全的发芽。假如怀疑有休眠,这些处理也可用于初次试验。预先处理的时间不包括在发芽试验时间内。预先处理和预先处理的持续时间应填报检验报告中。

1. 破除生理休眠的方法

(1)干燥贮藏。对于休眠期本来比较短的种类,往往只要将样品放在干燥地方经短时间贮藏即能破除。

(2)预先冷冻。在按规定的温度进行试验前,将进行发芽的各重复种子放在湿润的发芽床,开始在低温下保持一段时间。通常在5~10℃下可保持7 d。但在有些情况下,需要延长预先冷冻时间或重新冷冻。

(3)预先加热。将发芽试验的各重复种子放在不超过30~35℃的循环气流加热处理7 d,然后移到规定发芽条件下发芽。但在有些情况下,有必要延长预先加热的时间。对有些热带和亚热带的种,可采用40~50℃的预先加热温度(如花生用40℃;水稻用50℃)。

(4)光照。发芽试验在每24 h周期内,至少需有8 h进行光照。当种子放在变温条件下发芽时,在高温时期进行光照。光照强度应为750~1 250 lx的冷白荧光灯。建议对有些热带和亚热带牧草,如无芒虎尾草、狗牙根最好给予光照。

(5)硝酸钾(KNO_3)。发芽床可用0.2%的硝酸钾溶液湿润,而不是用水。该溶液是将2 g硝酸钾溶解在1 000 mL水里配制而成。在试验开始时,用溶液浸透发芽床,但以后用水湿润。

(6)赤霉酸(GA_3)。对燕麦、大麦、黑麦、小黑麦建议用GA_3方法。用0.05% GA_3(可用500 mg GA_3溶解于1 L的水配成)溶液湿润发芽床。当休眠较浅时,用0.02%浓度足够。当休眠很深时,需用0.1%浓度。当要求的GA_3浓度高于0.08%时,建议用磷酸缓冲溶液来溶解GA_3。这种缓冲溶液可用1.779 9 g

$Na_2HPO_4 \cdot 2H_2O$和1.379 9 g $NaH_2PO_4 \cdot H_2O$溶解于1 L蒸馏水配成。

(7)聚乙烯袋密封。当在标准发芽试验结束，仍发现有很高比例的新鲜未发芽种子（如三叶草属）时，应将种子密封在大小恰好的聚乙烯袋中重新试验，通常可诱导这些种子发芽。

2.破除硬实的方法

对存在硬实的草种子，通常不必设法使其发芽，只需填报所发现的硬实率。如要求进一步比较完全的种子评价，就必须进行一些特别处理。这种处理可在发芽试验开始时进行，假如担心这种处理可能对非硬实发生不良影响，也可在规定试验时期结束后，对所留下的硬实种子进行处理。破除硬实的方法如下：

(1)浸种。将硬实种子放在水中浸渍24～48 h后，发芽就比较容易。对于金合欢属，要把种子投入相当其容积约3倍的接近沸腾的开水中，直至冷却。浸种后立即开始进行发芽试验。

(2)机械划破。在紧靠子叶顶端的种皮部分，小心地把种皮刺穿、削破、锉伤或用砂纸摩擦，也可直接刺入子叶部分或用刀片切去部分子叶和胚乳，足以破除休眠状态。为了避免损伤胚部和影响以后的幼苗，应注意在种皮的适当部位把它划破。

(3)酸液腐蚀。有些种类，如翼豆属、臂形草属、巴哈雀稗，将种子浸在浓硫酸（H_2SO_4）里，直至种皮出现孔纹。腐蚀时间因种而异，从几分钟到1 h不等，但应每隔数分钟进行种子检查。种子经腐蚀后，必须将其放入流水中充分洗涤至种皮表面中性，然后进行发芽试验。

3.除去抑制物质的方法

(1)预先洗涤。当果皮或种皮中含有一种自然存在的抑制物质，对发芽有影响时，可在发芽试验前将种子放在25℃的流水中洗涤，以除去该物质。洗涤后，应将种子进行干燥，最高温度不得超过25℃（如甜菜）。

(2)除去种子周围的构造。有些种子除去其外部的构造可促进发芽，如禾本科中某些种的刺毛状总苞片、内外稃等。

六、发芽试验程序

（一）准备工作

1.确定发芽条件

种子只有在温度、发芽床、水分、光照等综合条件都适宜的情况下，才能得到最好的发芽结果。不同的草种发芽适宜条件需求不同，而同一种草种也可能有几种发芽方法供选择(表 4-4),方法的选择取决于草种子的来源、生产年限和状态(如种子是否处理),能否采用适宜的检验方法取决于检验员的经验。若所选择的方法不能获得满意的结果,则需用其他一种或几种方法重新进行试验。

2.选择适宜的发芽器皿并加注标签

根据已确定的发芽条件所选择的发芽床与草种子大小选取适宜的发芽器皿。清洗干净,在置种子的器皿侧面加注标签,标签上注明样品编号、名称、重复号和置床日期等。标签最好不要贴在盖上,以免混乱,造成误差。一般发芽为 4 次重复。则需准备四套大小适宜的发芽器皿。

3.发芽床准备

根据种子特性选择适宜发芽床,纸质发芽床应剪裁适宜平铺在器皿中,并润湿,待纸床吸足水分后,沥去多余的水即可,注意排出 2 层滤纸之间的空气。要求用硝酸钾溶液处理的,则用 0.2%硝酸钾溶液代替水湿润。沙床加饱和含水量的 60%~80%(中小粒种子加 60%,大粒种子加 80%)。

(二)数种置床

1.数种

用于发芽试验的种子必须从净种子中分取。将净种子充分混匀后分为 4 份,从每份中随机数取 100 粒种子,大粒种子或带有病原菌的种子,可根据需要再分为 50 粒或 25 粒的副重复。应注意避免从净种子的一个方向数取 4 个 100 粒。数取种子可采用人工计数、数种板或真空数种器计数的方法。

2.置床

将数好的 4 份 100 粒种子用镊子均匀地摆放在制备好的发芽床上,种子之间应保持一定的距离,以减少相邻种子间病菌的相互感染和对种苗发育的影响。为了避免在摆放过程丢失种子,摆放应有一定的规律。

(三)置培养箱中培养

把发芽箱温度调节到所选定的发芽温度,并根据需要调节光照条件。将置床后的培养皿放入发芽箱。如需预先冷冻,则放入 5~10℃下预冷 7 d 后再移规定的发芽温度的培养箱中培养。

(四)日常检查管理

种子发芽期间应经常检查温度、水分和通气状况,以保持适宜的发芽条件。注意适时补水,始终保持发芽床湿润。检查发芽箱的温度,防止因电器损坏、控温部件失灵等事故造成发芽箱温度不在规定的温度范围。如采用变温发芽的应在规定的时间变换温度。检查过程中如有腐烂的死种子应及时取出并记载。如有发霉的种子应及时取出冲洗,发霉严重应更换发芽床。

(五)观察记载

1. 试验持续时间

国际或国家标准中规定了各草种的试验持续时间,试验前或试验间用于破除休眠处理的时间不包括在发芽时间内。

如果确定试验方法选择得合适,而样品在规定的试验时间内只有几粒种子刚开始发芽,则试验时间可再延长 7 d,或规定时间的一半。反之,如果在规定的试验时间结束前,样品已经达到最高发芽率,则该试验可提前结束。

2. 种苗评定与计数

当幼苗的主要构造发育到一定时期时应按照规定的标准进行种苗评定与计数。

试验期间至少应进行两次计数,即初次计数与末次计数。中间计数的次数和时间根据发芽情况斟酌进行。

第一次计数时间是大约时间,必须让幼苗达到适当发育的阶段,以便对幼苗进行正确的评定。规定的计数时间是在最高温度条件下得出的(表 4-4)。如果选择较低的温度条件,则第一次计数必须延迟。未超过 7～10 d 的沙床试验,第一次计数可以省略。为了便于计数和避免影响其他幼苗的发育,可以进行中期计数,把已经充分发育的幼苗取出。中期计数的次数和日期可由检验员斟酌进行,但计数次数应该尽量少一些,以减轻对尚未充分发育的幼苗受到损伤的危险。

末次计数是计正常幼苗、不正常幼苗和未发芽种子。未发芽种子包括硬实种子、新鲜未发芽种子、死种子、空种子、无胚种子、虫伤种子等。当一个复胚种子单位产生一株以上正常幼苗,仅按一株正常幼苗计数。

当种苗不易评定或呈现毒素症状时,则重新选择发芽床如沙床、有机发芽床或土壤床重新试验。

(六)重新试验

由下列情况所引起的试验结果不满意,不应报告,应采取相同的或替换的方法进行第二次试验。

(1)当怀疑有休眠存在时,即有较多的新鲜不发芽种子时,可采取促进休眠种子发芽处理的一种或几种方法重新试验。

(2)当由于植物毒素或真菌或细菌的蔓延而试验结果不一定可靠时;可采用沙床或土壤发芽床重新试验,必要时增加种子间距。

(3)当正确评定幼苗数有困难时，可采用规定的其他一种或几种方法重新试验。

(4)当有迹象表明试验条件、幼苗评定或计数存在差错时，应采用相同方法重新试验。

(5)当100粒种子重复间的差距超过最大容许差距范围时。如果第二次结果和第一次结果相一致，即其差距不超过规定的容许差距，则填报两次试验结果的平均数。如果第二次结果和第一次结果不相符合，即其差距超过所规定的容许差距，则采用相同方法进行第三次试验，用第三次结果分别与前两次结果进行比较，填报相一致结果的平均数。如果第三次试验仍得不到相一致的结果，则应从人员操作和设备方面查找原因。

(七)结果计算和表示

发芽试验结果要计算4个100粒种子重复的平均数(50或25粒种子的副重复应合并组成100粒种子的重复)，结果用正常幼苗数的百分率表示。百分率要修约至最近的整数。不正常幼苗、硬实、新鲜种子和死种子的百分率按同样方式计算。当一个试验的100粒的4个重复都在最大容许范围内，则其平均数表示的发芽率可填报在检验证书上。正常幼苗、不正常幼苗和不发芽的种子百分率总和必须为100%。如果总和是99%或101%，那么从参加修约的最大值中增减1%。

对于复胚种子单位，每个单位只要有一株正常幼苗，就计数为发芽试验结果中。如有要求，也应填报产生一株、两株或三株以上正常幼苗的单位数目，结果用至少产生一株正常幼苗的单位总数的百分率来表示，或采取另一种方式，用一定数目的种子单位所产生的幼苗总数表示。

(八)容许差距

为了核对试验结果的可靠性，需计算各重复的平均百分率，并查阅容许差距表进行比较。如果重复之间的最高和最低值差距未超过所规定的容许差距，则认为结果是可靠的。如果实际差距超过容许差距，则应重新试验。

第六节 水分测定技术

一、目的和意义

种子水分与种子成熟度、最佳收获时间、安全包装、人工干燥、热损伤、霜冻、病虫害以及机械损伤等因素有密切相关性，种子水分含量高低是决定能否安全贮藏种子的重要指标。测定种子水分，控制种子水分在合理范围内是保证种子质量的重要手段。了解各阶段种子水分含量均具有重要的意义，在种子收获、清选或药物处理应含适当的水分，否则会发生破碎和挤压等机械损伤或药物中毒现象；安全的含水量有利于种子的运输、贮藏及加工等各个环节，也不易因病虫害和温度等因素而引起劣变，保持良好的种子生活力，因而种子含水量测定对指导种子收获、清选、药物处理、种子贮藏、运输等都具有极其重要的作用。

二、水分测定原则

采用的测定方法在尽可能保证除去较多水分的同时，减少氧化、分解或其他挥发性物质的损失。

三、水分的定义

按程序将种子样品烘干至恒重，用失去重量占供检初始样品重量的百分率表示。

四、水分测定方法

水分测定常用恒温烘箱法和水分仪测定法。

(一)恒温烘箱法

恒温烘箱法一般根据种子特性及大小采用高温（130～133℃，1 h±3 min，2 h±6 min，4 h±12 min）或低温（101～105℃，(17±1)h）方法。牧草与草坪草种子及禾谷类作物可采用高温法（表 4-5），树木种子一般多采用低温法如紫穗槐、松、柏等。含油量高的植物适宜低温烘箱法，如大豆、亚麻等。

1. 仪器设备

(1)研磨机。用不吸湿的材料制成；其构造能够保证种子被尽量磨碎，在研磨过程中尽量隔绝空气；研磨速度要快且均匀，避免磨碎材料发热，尽量减少空气流动、降低水分损失；研磨机可调节到所规定的研磨细度。

(2)电子恒温烘箱。烘箱可选用重力对流或机械对流（鼓风对流）类型，应为电力加热。由恒温调节器控制，绝缘良好，温度范围 103～130℃，保证整个烘箱内各部分温度均匀一致，使烘箱架平面上方保持在设定的温度。在上层烘箱架，样品附近测定温度，精确到 0.5℃。在预热达到所需温度 103～130℃后，打开烘箱门放入样品盒，烘箱应能在 30 min 内回升到设定温度。

表 4-5 采用低温烘干方法测定的牧草与草坪草

拉丁名	种	研磨/切	高温	高温干燥时间	预先干燥需求
Agrostis spp.	剪股颖属	否	是	1	
Allium spp.	葱属	否	—	—	
Arachis hypogaea	花生	切	—	—	水分含量≤17%
Avena spp.	燕麦属	粗磨	是	2	水分含量≤17%
Beta vulgaris (*all* vars.)	甜菜(所有变种)	否	是	1	
Bromus spp.	雀麦属	否	是	1	
Cicer arietinum	鹰嘴豆	粗磨	是	1	水分含量≤17%
Cynodon dactylon	狗牙根	否	是	1	
Cynosurus cristatus	洋狗尾草	否	是	1	
Dactylis glomerata	鸭茅	否	是	1	
Elytrigia spp.	偃麦草属	否	是	1	
Festuca spp.	羊茅属	否	是	1	
Lolium spp.	黑麦草属	否	是	1	
Lotus spp.	百脉根属	否	是	1	
Lupinus spp.	羽扇豆属	粗磨	是	1	水分含量≤17%
Medicago spp.	苜蓿属	否	是	1	
Melilotus spp.	草木樨属	否	是	1	
Onobrychis viciifolia	红豆草	否	是	1	
Paspalum spp.	雀稗属	否	是	1	
Phleum spp.	猫尾草属	否	是	1	
Poa spp.	早熟禾属	否	是	1	
Raphanus sativus	萝卜	否	—	—	
Trifolium spp.	三叶草属	否	是	1	
Vicia spp.	野豌豆属	粗磨	是	1	水分含量≤17%

注:高温栏内标注“是”,表示可以采用高恒温法烘干测定的种类。

(3)样品盒。样品盒必须由耐腐蚀的金属或玻璃制成,厚度约 0.5 mm,有与之配套的盒盖,以将水分的吸收和散失减少到最低限度。盒底平整、有边,边沿水平。盒与盖标有相同号码。使用前,将其在 130℃下烘干 1 h(或以相同功效的其他方法),在干燥器中冷却。烘干有效层是指试验样品在样品盒内的分布不超过 0.3 g/cm^2。

(4)干燥器和干燥剂。干燥器必须配有一块厚金属片,以促进样品迅速冷却,并装有适当的干燥剂,如五氧化二磷、活性矾土或颗粒为 1.5 mm 的 4A 型分子筛。

(5)分析天平。精确度为±0.001 g。

(6)筛子。需备孔径为 0.50 mm、1.00 mm、2.00 mm 和 4.00 mm 的金属丝筛子。

(7)切片工具。对大粒和坚硬的植物种子进行切片,可使用解剖刀或刀身长 4.0 cm 以上的修枝刀。

2.水分测定程序

(1)测定前仪器的准备。首先检查干燥器中的干燥剂是否具有干燥功能,否则替换新干燥剂或烘干再利用。在水分测定前将要用的样品盒(含盒盖)洗净后,于 130℃的条件下烘干 1 h,取出后置于干燥器中冷却后称重,再继续烘干 30 min,取出后冷却称重,当两次烘干结果误差小于或等于 0.002 g 时,取两次重量平均值;否则,继续烘干至恒重。需要研磨的种子要准备研磨机并清理干净,调节所需的细度。恒温烘箱温度按方法要求调好所需温度,稳定在 103～130℃。

(2)试验样品。测定应取两份独立分取的重复试样,根据所用样品盒直径大小,每份试样重量达到下列要求:直径＞5 cm 且＜8 cm:(4.5±0.5)g;直径≥8 cm:(0.0±1.0)g。

在分取试验样品以前,送验样品须按下列方法之一进行充分混合:

①用匙在样品容器内搅拌;

②将原样品容器口对准另一个同样大小的容器口,在两个容器间重往返倾倒种子。按规程规定方法分取每份试验样品,样品暴露在空气中的时间不得超过 30 s。

所接收的水分测定样品,必须装在一个完整的防湿容器中,尽量排出其中的空气。样品接收后尽快进行测定。测定时,样品在检验室空气中暴露的时间应减至最低限度,对于不需要研磨的种子,样品从接收的容器中拿出,直至试验样品密闭在准备烘干的样品盒内所经过的时间不应超过 2 min。

(3)称重与烘干。称重以 g 为单位,保留 3 位小数。样品盒与盖在称样品前空时称重,加大约所需样品的重量后,再称样品盒和盖及样品的烘前重量,称重后迅速放入恒温烘箱内,并将打开的样品盖近置样品边。等烘箱温度升至所需温度后开始计时,烘制时间长短是根据种子的种类、特性与大小确定,选择高温时间(130～133℃,1 h±3 min,2 h±6 min,4 h±12 min)或低温(101～105℃,(17±1)h)进行烘制。烘制时间结束后放入干燥器中冷却,约需 45 min。冷却后,称样品盒和盖及样品的烘后重量。

(4)研磨。除高油分种子难以磨碎，或易于氧化增重的种子(具高典价油分的亚麻种子)外，大粒种子在烘干前必须研磨。如果不能研磨种子，可采用切碎方法。

细磨程度应达到至少有50%的研磨材料通过0.5 mm筛，而留在1.00 mm筛上的不超过10%。粗磨程度至少有50%的研磨材料通过4.00 mm筛，而通过2.00 mm筛上的材料不超过55%。所有的研磨过程所需时间必须不能超过2 min。研磨机使用时确保一个样品没有污染到另一个样品。

调节研磨机以得到要求大小的颗粒，可先取少量样品试磨，弃去不用，取数量略多于测定所需的样品。

(5)切碎。豆科种子或高油含量的种子，应切至小于7 mm大小来代替研磨。切碎必须在2个次级样品中，每个次级样品重约等于从送验样品中抽取5个完整种子的重量。样品暴露在空气中的时间不应超过4 min。

(6)预先烘干。如果是需要研磨的种子，其水分含量高于17%(大豆种子高于10%，水稻种子高于13%)，必须进行预烘干。称取两个次级样品，每个样品至少称取(25±1)g，放入已称重的样品盒内。然后将这两个次级样品放在样品盒内130℃烘箱烘5～10 min，使水分降至表4-5需求。预烘干后的材料至少在实验室暴露放置2 h。

预烘干后，重新称量在样品盒中次级样品的重量，测定水分散失。此后立即将这两份半干的次级样品分别研磨，按规程程序进行水分测定。

很湿的玉米种子(25%以上)必须均匀地铺放在样品盒内，厚度不超过2 mm，分别称取放入样品前后样品盒与盒盖的重量。将盒盖放在样品盒上，一同迅速地放入温度恒定在(103±2)℃的烘箱内，烘干(17±1)h。当烘箱回升至所需温度时，开始计时。到达规定的时间后，盖好样品盒的盖子，并放入干燥器冷却30～45 min。

冷却后，称出样品盒、盒盖和样品的总重。在进行测定时，检验室空气相对湿度必须低于70%。

3.计算与结果表达

(1)计算。水分以重量百分率表示，每次重复计算保留3位小数，最后结果修约保留1位小数，公式如下：

$$\text{种子水分}=(M_2-M_3)\times\frac{100}{(M_2-M_1)}\times 100\%$$

式中：M_1 为样品盒和盖的重量(g)；M_2 为样品盒和盖及样品的烘前重量(g)；M_3 为样品盒和盖及样品的烘后重量(g)。

若用预烘干，水分可从第一阶段和第二阶段所得结果来计算。如果 S_1 是第一阶段失去的水分，S_2 是第二阶段失去的水分，两次均按上法计算，以百分率表示，样品的初始水分可按下式计算。

$$种子水分=(S_1+S_2)-\frac{S_1\times S_2}{100}\times 100\%$$

(2)容许差距。若一个样品的两份测定之间的差距不超过 0.2%，其结果可用两份测定的算数平均数表示。否则，重做两份测定。

4. 结果报告

水分结果修约至 0.1%。报告中注明测定方法及其他信息，如送样样品中发现有发芽种子、发霉种子或丸衣化种子等信息。

(二)水分测定仪法

1. 水分测定仪的校准

(1)校准的目的。准备水分测定仪校准所需的样品，以核对水分测定仪的准确性。

(2)校准的原则。该方法是将水分测定仪与烘箱法测定结果作比较。只有校准结果与测定要求相符，水分测定仪才可以使用。

水分测定仪每使用 100 次，或每年至少要校准一次。

对于每个应用水分测定仪法测定的种子，都应填写校准报告。水分测定仪要有监测计划，一年一次检查水分仪常规方法和恒温烘箱法测定样品的水分含量。

(3)校准程序

①注意事项。水分测定仪的校准可能受许多变量的影响，包括样品的种、品种、成熟度、湿度、温度和杂质含量等。

在测定之前，应均衡温度，使水分测定仪与样品达到相同温度。

测定过程中，样品暴露在检验室空气中的时间应减少至最低限度。

②校准样品。用于校准的样品草种最低含 2 个品种，每个品种需 5 个校准样，校准样的水分含量范围应覆盖水分测定仪需要检测的全部范围。如果自然样品不能满足全部范围，可以进行调节。若证实同一种不同品种间测定结果存在显著差异，在测定某品种时就必须用该品种校准。校准样应该是完整的、未发酵和未萌发的种子。

校准样品中的杂质会干扰测定，必须通过手工、筛子或者机械将之分离。

校准样品使用前密封贮藏于(5±2)℃容器中，容器盛放量以 2/3 为宜，如果过多，样品不易混均匀；过少，种子与容器内空气进行水分交换，导致样品水分含量的变化。

③从校准样品中分取试验样品。试验样品应该彻底混匀，可通过用匙搅拌或两个类似容器口对口前后倒置混合。整个操作试验样品暴露空气中不超过 30 s。

④称重。参照净度分析试验样品规定方法称重。

⑤规定方法。按操作规程，使用水分测定仪对校准样品连续进行 3 次测定。每次测定后，检测过的样品仍放回分取检验样品中，经过充分混合，分取下一个试验样品。如果测定具有破坏性，则需用 3 份独立分取的试验样品进行测定。

测定后，校准样品的水分含量应按参照烘箱法重新校对。

(4)结果计算与表示。

①参照方法－烘箱法。对于每一份测试样品都获得 2 个烘箱参考值；使用水分测定仪前，测定值为 X_1，使用后为 X_2。如果这两个测定值的差异不超过 0.3%，则两者的平均值即为真实值(X_t)。如果差异大于 0.3%，则需重新作校准测定。

②水分测定仪。每个校准样品都获得 3 个读数(Y_1，Y_2，Y_3)，计算平均值 Y_x 和 Z_i：

$Y_x=(Y_1+Y_2+Y_3)/3$　　　$Z_i=Y_x-X_t$(X_t 为水分含量的真实值)

③最大容许差距。当 Z_i 值低于下列最大容许误差时，水分测定仪即在校准范围内。结果修约到一位小数后才比较重复间平均结果。

④校准结果。校准结果必须记录并至少保存 6 年。

2.水分测定仪法测定水分含量

根据规程接受的供水分测定的送验样品，必须盛放在一个完整、防湿的容器内，并且尽可能排出其中空气。测定过程中，将样品暴露在检验室空气中的时间应减少到最低限度。水分测定仪工作环境要求，室温在 15～25℃，相对湿度为 45%～75%。

(1)测定程序。测定应使用两份独立分取的试验样品，其样品重量(或体积)依据仪器而定。分取试验样品前送验样品应按规定方法进行充分混合。每份试验样品均应按此方式分取，样品暴露在空气中的时间不超过 30s。

当样品温度与放置水分测定仪的检验室温度差异较大时，可能会发生冷凝现象。因此，测定前样品应作均衡处理，使之与检验室温度相近。

(2)称重。参照净度分析确定天平精确度要求与保留的小数位数。

(3)测定结果计算与表示。水分含量以重量百分比表示，按下式计算平均值，结果保留 1 位小数。

$$\frac{M_1+M_2}{2}$$

其中，M_1 和 M_2 分别为水分测定仪两次重复的读数值。

(4)容许误差。如果两次测定的差异不超过0.2%，水分测定结果即以对同一样品的两次重复测定值的算数平均值表示。否则应重新做两次重复测定。如果第二次检验结果在容许差距范围内，填报第二次检验结果。如果两次检验重复和再次检验的平均结果均在容许差距外，应放弃结果，检查仪器设备和试验程序问题，再重新检验。

(5)测定结果填报。将水分测定结果修约到一位小数，填报到检验证书相应的空格内。在“其他测定”一栏的下方填写所用水分测定仪的品牌和型号，同时还应填报校准的水分测定仪的测定范围。

第七节　草种子质量的分级

一、草种子质量分级目的和意义

草种子质量分级是根据草种子的发芽、净度、其他植物种子数、水分等质量指标判定种子的优劣而划分的级别。分级的目的是使人们能清楚了解草种子质量，清楚种子的合格与否，更好地利用种子。为我国草种子标准化管理和与世界种子管理标准接轨提供数据和实用方法。加速我国牧草与草坪草种子管理的标准化进程。为了更好地保护草种子生产者、经营者与使用者的利益，促进按质论价，提高我国草种子在国际市场中的竞争力，满足市场的需求，具有十分重要的意义。

二、草种子质量分级标准

草种子质量分级按照国家标准《禾本科草种子质量分级 GB 6142—2008》与《豆科草种子质量分级 GB 6141—2008》进行。

1.质量分级判定规则

以净度、发芽率、其他植物种子数和水分四项指标进行质量单项定级和综合判定。当四项分级指标均在三级以上，净度、发芽率不在同一级时，用种子用价取代净度与发芽率。豆科草种子发芽率中可含有硬实种子。

2.质量分级所依据的检验方法

(1)扦样、净度、发芽率、其他植物种子数、水分的测定方法遵照 GB/T2930.1、

GB/T2930.2、GB/T2930.3、GB/T2930.4、GB/T2930.8 和《国际种子检验规程》。

(2)质量分级。豆科草种子与禾草种子质量分为一级、二级、三级。

3. 质量等级评定方法

(1)单项指标定级。根据豆科与禾本科草种子的净度、发芽率、其他植物种子数、水分进行单项指标的定级，三级以下定为等外(表 4-6，表 4-7)。

表 4-6 豆科牧草与草坪草种子质量分级

中文名	学名	级别	净度 ≥/%	发芽率 ≥/%	种子用价 ≥/%	其他植物种子数≤/(粒/kg)	水分 ≤/%
沙打旺	*Astragalus*	一	98.0	0	88.2	1 000	12.0
	adsurgens Pall.	二	95.0	80	76.0	3 000	
		三	90.0	70	63.0	5 000	
紫云英	*Astragalus*	一	98.0	90	88.2	500	12.0
	sinicus L.	二	95.0	85	80.8	1 000	
		三	90.0	80	72.0	2 000	
鹰嘴豆	*Cicer*	一	98.0	90	88.2	100	13.0
	arietinum L.	二	95.0	85	80.8	200	
		三	92.0	80	73.6	400	
柠条	*Caragana*	一	98.0	85	82.8	200	13.0
锦鸡儿	*korshinskii* Kom.	二	95.0	75	71.3	400	
		三	92.0	65	59.8	600	
多变	*Coronilla*	一	98.0	90	88.2	500	12.0
小冠花	*varia* L.	二	95.0	80	76.0	1 000	
		三	90.0	70	63.0	2 000	
甘草	*Glycyrrhiza*	一	98.0	90	88.2	200	12.0
	uralensis Fisch.	二	95.0	80	76.0	400	
		三	92.0	70	64.4	600	
紫花苜蓿	*Medicago*	一	98.0	90	88.2	1 000	12.0
	sativa L.	二	95.0	85	80.8	3 000	
		三	90.0	80	72.0	5 000	
红三叶	*Trifolium*	一	98.0	90	88.2	500	12.0
	pratense L.	二	95.0	85	80.8	2 000	
		三	90.0	80	72.0	4 000	
白三叶	*Trifolium*	一	98.0	90	88.2	500	12.0
	repens L.	二	95.0	85	80.8	2 000	
		三	90.0	80	72.0	4 000	

表 4-7　禾本科草种子质量分级

中文名	学名	级别	净度 ≥/%	发芽率 ≥/%	种子用价 ≥/%	其他植物种子数≤/(粒/kg)	水分 ≤/%
冰草	*Agropyron cristatum* (Linn.) Gaertn.	一	95.0	90	85.5	2 000	11.0
		二	90.0	85	76.5	3 000	11.0
		三	85.0	80	68.0	5 000	11.0
匍匐翦股颖	*Agrostis stolonifera* Linn.	一	95.0	85	88.2	2 000	11.0
		二	90.0	80	72.0	3 000	11.0
		三	85.0	75	63.7	5 000	11.0
燕麦	*Avena sativa* Linn.	一	98.0	90	88.2	200	12.0
		二	95.0	85	80.7	500	12.0
		三	90.0	80	72.0	1 000	12.0
无芒雀麦	*Bromus inermis* Leyss	一	95.0	85	80.7	1 000	11.0
		二	90.0	80	72.0	2 000	11.0
		三	85.0	75	63.7	3 000	11.0
狗牙根	*Cynodon dactylon* (L.) Pers.	一	95.0	85	80.7	1 000	11.0
		二	90.0	80	72.0	2 000	11.0
		三	85.0	75	63.7	3 000	11.0
鸭茅	*Dactylis glomerata* L.	一	95.0	80	76.0	1 000	11.0
		二	90.0	75	67.5	2 000	11.0
		三	85.0	70	59.5	3 000	11.0
老芒麦	*Elymus sibiricus* Linn.	一	95.0	85	80.7	2 000	11.0
		二	90.0	80	72.0	3 000	11.0
		三	85.0	75	63.7	5 000	11.0
长穗偃麦草	*Elytrigia elongata* (Host) Nevski	一	95.0	85	80.7	1 000	11.0
		二	90.0	80	72.0	2 000	11.0
		三	85.0	75	63.7	3 000	11.0
苇状羊茅	*Festuca arundinacea* Schreb.	一	98.0	90	88.2	500	11.0
		二	95.0	85	80.7	1 000	11.0
		三	90.0	80	72.0	2 000	11.0
羊草	*Leymus chinensis* (Trin.) Tzvel.	一	95.0	80	76.0	1 000	11.0
		二	90.0	70	63.0	2 000	11.0
		三	85.0	60	51.0	3 000	11.0
多年生黑麦草	*Lolium perenne* L.	一	98.0	90	88.2	500	12.0
		二	95.0	85	80.7	1 000	12.0
		三	90.0	80	72.0	2 000	12.0

续表 4-7

中文名	学名	级别	净度 ≥/%	发芽率 ≥/%	种子用价 ≥/%	其他植物种子数≤/(粒/kg)	水分 ≤/%
多花黑麦草	*Lolium multiflorum* Lam.	一	98.0	90	88.2	500	12.0
		二	95.0	85	80.7	1 000	12.0
		三	90.0	80	72.0	2 000	12.0
草地早熟禾	*Poa pratensis* L.	一	96.0	85	81.6	2 000	11.0
		二	93.0	80	74.4	3 000	11.0
		三	90.0	75	67.5	5 000	11.0
克氏针茅	*Stipa krylovii* Roshev.	一	95.0	80	76.0	1 000	11.0
		二	90.0	75	67.5	2 000	11.0
		三	85.0	70	59.5	3 000	11.0
结缕草	*Zoysia japonica* Steud.	一	98.0	80	78.4	500	11.0
		二	95.0	75	71.2	1 000	11.0
		三	90.0	70	63.0	2 000	11.0

(2)四项指标综合定级。四项指标均在同一质量等级时，直接定级。四项指标有一项在三级以下，定为等外。

四项指标均在三级以上，其中净度与发芽率不在同一级别时，先计算种子用价，用种子用价取代净度与发芽率。种子用价和其他植物种子数在同一级别，则按该级别定级；不在同一级别，按较低的指标所在的等级定级。

豆科草分级的同时应给出发芽率中所含硬实种子的百分率。种子中不应含有检疫性植物种子，若含有检疫性植物种子判为劣种子，不能流通市场。

第五章 牧草与草坪草种子生产认证技术

种子认证是一种控制种子质量的制度，是由第三方认证机构依据种子认证方案通过对品种、亲本种子来源、种子田以及种子生产、加工、标识、封缄、扦样和检验等过程的质量监控，确保品种纯度和真实性并通过颁发认证证书和认证标识来证明某一种子批符合相应的规定要求的活动，是保证生产高质量、遗传稳定的植物品种种子和繁殖材料的一种方案，是种子质量的保证体系。种子认证的作用是通过认证程序的执行而产生的。在欧美等国家种子认证被列入国家的种子法规，对种子质量的控制、种子的生产和贸易起到了很好的保证和监督作用。在我国，种子认证也被翻译为“种子审定”、“种子注册”、“种子登记”、“种子签证”及“种子证书”等。

第一节 种子认证的目的和意义

一、种子认证

作为农牧业生产最基本的生产资料，种子的质量是影响其种用价值最重要的特征。种子的质量一般包括两方面的内容:首先是其种用质量或物理质量,主要表示种子用于播种时的价值,常用种子的净度、发芽率、含水量等种子室内常规检验中的一些指标来表示。其次是种子的品种质量或遗传质量,指品种真实性(种子与该品种的文件记录或标签的相符性)和品种纯度(品种在特征特性方面典型一致的程度),常通过品种审定以及田间检验来判定。

对于一个品种来讲(特别是人工育成的杂交品种),由于在不断的世代繁育过程中遗传物质会产生交流,基因构成会发生变化,品种的性状就会改变。这样,经若干个世代后,品种的纯度和优良的表观农艺性状会下降很多。此时品种发生了退化,种子的品种质量下降了。种子认证正是为防止和减缓这一过程的发生而设计的一种种子质量保证制度。

种子认证是伴随着19世纪末到20世纪初育种工作发展迅速、大量的新品种相继问世而发展起来的。最初,新品种的种子繁殖和发放都由育种者或育种单位完成。由于植物育种站、农业试验站的工作人员和育种、考种人数有限,以及这些单位和个人的土地面积的局限,仅能生产少量的种子,限制了新品种的繁殖速度和发放数量。育种工作者或单位将所选育新品种的种子交给农民(种植者)进行种子繁殖。在种植者生产种子的过程中,由于缺乏新品种种子生产的田间管理经验和实践,往往造成种子浪费、种子混杂等问题,使优良品种迅速退化,所生产的种子失去了真正的价值。为了防止这样问题的发生,欧洲和北美几乎同时在20世纪初开始施行了种子认证制度。在20世纪20年代至60年代,种子认证制度已发展成为各国控制种子质量的主要途径;20世纪60年代后,逐渐演变为双边、多边互认、区域和国际种子认证制度。

(一)国际种子认证组织

1.北美的官方种子认证机构协会(AOSCA)

北美国家实行的是一种种子产后管理认证体系。美国在联邦种子法的基础上,各州有适合各自特点的州种子法,种子认证工作由各州独立完成,每个州都有专门的认证机构。大部分州的种子认证工作是由州作物育种改良协会实施,尽管作为育种者的大学人员常担任作物改良中心的秘书长。无论认证机构的组织形式如何,通常这些州立机构与大学人员保持着紧密的联系,而且美国、加拿大的种子认证程序都是非营利性的。它只收取少量费用,以保证人员工资及日常开销等。在加拿大,种子认证由加拿大育种者联盟实施,这一联盟代表着加拿大所有的专业育种者。

北美的官方种子认证机构协会(AOSCA,Association of Official Seed Certifying Agencies)是美国、加拿大和新西兰种子认证机构的联盟,该组织的目标是:①建立有关新品种遗传纯度的最低标准和建立种子分级的基本标准;②使种子认证规程标准化;③鼓励所有的个人、单位、群体和组织通过合作来达到上述目标;④帮助其成员机构完成种子提纯、生产和释放。该协会的历史可追溯至1919年,当年12月美国的13个州以及加拿大在参加芝加哥国际谷物与牧草展示会期间,成立了国际作物改良协会(ICIA,International Crop Improvement Association),其目标是促进全美和加拿大的农业投入,特别强调大田作物的整体改良,尤其是种子改良。ICIA的工作对美国及加拿大的种子认证工作有重大影响。它促进了种子认证基本概念的创立、种子大田和实验室检测标准的建立,以及促进会员机构的认证程序规范化。1968年ICIA正式更名为官方种子认证机构协会(AOSCA)。目前AOSCA的会员包括美国42个州的种子认证机构、加拿大(CSGA和AC)、新西兰(MA)、澳大利亚和阿根廷。其主要出版物有《AOSCA遗传和作物认证标准》和《AOSCA操作程序》,主要内容包括种子认证的规则和程序及种子质量标准。

2. 经济合作与发展组织(OECD,Organization of Economic Cooperation and Development)

英国、法国、德国等欧盟国家,种子认证在大田作物基本上都是强制性的,与北美国家相比是一种种子生产产前产后均进行质量监控的体系。欧盟国家种子认证主要遵循经济合作与发展组织的种子认证方案。OECD的前身是1948年4月成立的欧洲经济合作组织(OEEC),其成员包括许多欧洲国家,日本、北美等,至今为止有50多个国家加入OECD。欧盟作为OECD和国际植物新品种保护联盟(UPOV)及国际种子检验协会(ISTA)的主要成员国,在种子质量监控中,从品种管理、释放,到种子的法规法律均遵从上述三大国际组织的相关规定。只有注册品种,进入官方品种目录的品种才可以进行生产和认证。各个国家均设有专门机构从事种子的认证管理工作。例如,英国国家农渔食品部(MAFF)(Ministry of Agricultural Fishery and Food)在苏格兰、北爱尔兰和英格兰及威尔士设立了三个独立的种子认证机构,负责所管辖的区域内实施种子法规。

为鼓励成员国使用持续的高质量植物种子及促进种子国际贸易,OECD提出了一系列种子认证方案,如《国际贸易流通OECD品种认证方案——牧草种子》,《国际贸易流通OECD品种认证方案——三叶草种子》,《国际贸易流通OECD品种认证方案——玉米和高粱种子》等。为了使种子认证过程中小区种植鉴定和田间检验结果具有可比性,应保证以同样的方式进行操作,并使用同一方法,OECD颁布了《小区鉴定和田间检验手册》。另外,自1962年以来,OECD每年出版发行"OECD认证合格品种目录",该目录由参加OECD种子方案国家的主管机构提供的官方出版的品种目录汇编而成。制定目录的目的是为认证种子的品种提供有效信息。AOSCA 以观察员身份参加 OECD 协会,同时在北美制定与 OECD 种子方案等效的种子认证方案。

(二)国内种子认证

中国为了保证农业用种的质量,树立名牌产品和企业形象,促使我国种子质量管理体系与国际接轨,参与国际种子市场竞争,在国家种子工程的总体部署下,农业部于 1996 年首次发布了关于开展种子质量认证试点工作的通知,颁发了《中国农作物种子质量认证试点方案(试行)》。2001 年 4 月全国农业技术推广中心发布了《农作物种子质量认证手册》。农业部全国农作物种子质量监督检验测试中心实行农作物种子质量认证委员会职能,监督执行认证程序。结合 OECD 的种子认证规程,全国农作物种子质量监督检验测试中心制定了一系列适合中国国情特点的种子认证规章制度,初步建立全国种子认证检测检验网。目前,全国有玉米、小麦(济南、郑州)、水稻(成都、长沙)和瓜菜(合肥)种子质量监督检测中心 12 个,这些中心分别负责当地及周边参加种子认证试点种子公司的认证申请及种子生产条件、质保体系考核和种子质量检测、监督工作。我国草种子生产起步较晚,限制国产草种子质量和产量的提高,并且不利于种子的规模化生产,影响我国草种业的健康发展。我国农业部已经在北京、兰州、呼和浩特和乌鲁木齐设置 5 个部级种子质量监督检测中心,2006 年我国颁布了国家行业标准《牧草与草坪草种子认证规程》(NY/T 1210—2006),对建立和完善草种子生产的质量保障体系起到了引领示范作用,但由于国情的特殊性,距大规模实施草种子认证制度和方案还有相当远的距离。

(三)种子认证服务的未来发展

种子认证的公正性决定了其非营利性的经济性质,许多认证机构只能考虑以认证服务以外的其他方法获利。因此,通常通过利用其优势,提供与认证相关的辅助服务来达到经济上的目标。这种服务主要有三种:

1. 品种(身份)保存

关于品种纯度的鉴定和保持从一开始就是种子认证的核心和主要内容。认证中的程序、操作措施,包括细致的记录、田间和收获后的遗传纯度及质量检查(包括一致性检查),使品种保存成为可能。品种保存可以使得农民不断地迅速有效地获得改良品种,这项工作对全世界的作物(包括牧草与草坪草)种子生产具有巨大意义。

近年来,专业认证鉴定逐渐进入农产品消费者的领域。例如,牧场主要求蛋白含量较高的牧草品种，为此他们愿意支付额外费用以获得经认证的优秀品种。这么做可以避免不同品种或不同质量级的牧草种子和其他产品在贮藏或销售过程中出现混杂。专业认证鉴定的进一步发展，将为农业和相关的下游工业提供有关产品质量、水平和一致性的服务。

2. 质量保证

许多认证机构为种子行业提供质量保证。在不需要进行完全的认证步骤时，他们也可提供田间检验和评估服务。那些要求认证机构提供专业的田间检验或实验室检验和质量控制意见的种子公司就会接受这种服务。多数情况下，权威认证机构的种子质量监控不同于害虫调查或一般作物种植咨询服务，权威机构的认证使得种子会被贴上一个专门的质量保证标签。

3. 特殊认证

在牧草与草坪草上，主要有草皮认证、混合品种认证及种子健康检验等。草皮认证主要针对几方面：认证优势品种和草种净度，确定植物品种组成、病虫害携带情况以及杂草和其他作物种子含量。一些机构为混合品种的种子提供认证服务。条件是：混合的所有成分都必须代表认证种子，混合比例必须确切，且符合商业要求。混合种的成分是生产者和认证机构间的秘密。健康检验并不是一般意义上的种子认证。它只是证明种子和其生产田未受某种病害侵袭。健康检验通常由政府机构和大学的种子检验专家及植病学家进行，并贴以标签表示已经检验。同时给种子发一份健康检验证书。在国际种子贸易中，多数健康检验证书的有效期限是种子或植物装运后 14 d。

二、种子认证的主要目的

种子认证是为保持新品种的优良性状，促进新品种生产和经营的一套制度。它的主要目的是确保植物种或品种在世代繁殖过程中所生产种子的基因纯度和一致性。它按照一定的法规、条例或标准，对于以种子生产为目的的田间和设备进行一系列的审查、检查和监督。以保证所生产出来的种子在品种特异性方面能维持一定的标准。种子认证的主要任务是有组织、有计划地繁殖和保护优良品种，并将其快速推广以及不断提供精心保持的高纯度原种材料。

种子认证对于品种的基因保持和防止混杂、良种的正确繁殖以及种子生产都具有重要的指导和实践意义。种子认证可以确保种子生产者和用种者的利益，使良种得到更广泛更持久的运用，还使种子市场规范化，促进种子贸易的发展。

三、种子认证的主要内容

种子认证的目的是为了保证用种者的利益，确保品种在种子繁殖的各代中保持其基因纯度和农艺性状的一致性。一套完整的种子认证制度应包括以下几个方面的内容。

(一)种子认证的机构以及组织管理

种子认证是一个国家农业法规的一个重要方面，实施种子认证制度要有一套完整的组织机构和法规程序。其主要包括：专门的种子认证机构；认证所要求各项目的最低质量标准；以及根据上述标准要求所制定的田间检查、种子加工、种子检验、种子封装等各项程序。种子认证的执行机构一般为政府部门或政府部门的授权机构。其必须为独立于种子生产者和种子使用者的单位或机构，以保证其行使职权时的独立性和公正性。新西兰的种子认证由农渔部(MAF)国家种子认证局完成；英国由农渔食品部(MAFF)种子认证局完成；法国则由种子苗木跨行业联合会(GNIS)执行；德国的种子认证由各州的种子认证办公室(SAS)负责。美国种子认证由各州的种子认证机构完成，根据美国联邦种子法规定，种子认证机构是由州、地区或领地的法律授权的进行官方种子认证的单位。我国牧草与草坪草种子认证由专门的种子认证机构完成，种子认证机构由省级以上草原行政主管部门授权，必须独立于种子生产者、经营者和使用者。

(二)种子认证的标准

种子认证的标准常以国家或地区的“种子法”以及有关种子认证的法律条文为准，对于每种植物都有具体规定。一个国家所生产的认证种子要想进入国际市场，必须以国家为代表加入 OECD，并使本国的种子认证标准符合该组织的最低标准。OECD 对于进入国际贸易的牧草种子和油料作物种子制定了“牧草和油料作物品种种子认证规程”。欧盟(EU)制定了欧盟范围内的种子认证规程、其中包括牧草种子认证规程。北美(主要是美国和加拿大)还有“官方种子认证机构协会”(AOSCA)的种子认证标准(AOSCA 种子认证手册)。

(三)种子认证的程序及方法

种子认证一般要经过种植者申请、认证机构登记核实、田间检查、种子收获加工的监督检查及实验室检验、签发证书等一系列程序。种植者申请进行某一等级的种子生产后，认证机构要登记注册并派出人员对进行繁殖的种子来源进行审查；对进行种子生产的田块种植史(前作)以及隔离措施进行询问和核实；在植物生长季节要对种子生产田进行田间检查；在种子收获时对种子收获、清选、加工机械和过程进行监督和认可；对所收获种子进行质量检验。如上述的任何一项程序不能得以通过，则应即时取消该种子批的认证资格，终止认证程序。如该种子批通过所有程序，达到了一定的标准，则签署一定颜色的认证标签表明种子属于某一特定的认证等级。

第二节　草种子认证资格及等级

一、种子认证资格

认证机构依据种子认证规程，对不同品种的种子进行认证。这些品种必须是已被国家品种登记部门或其他有关部门批准，并列入认证机构种子认证名录的种子，具体包括：全国草品种审定委员会登记的牧草与草坪草育成品种，受《中华人民共和国植物新品种保护条例》保护的，特异性、一致性和稳定性明确的牧草与草坪草品种，以及引入国内进行种子生产的国外登记的牧草与草坪草品种。除此之外，种子认证时还应提供下列有关信息：

(1)品种名称，包括种名(普通名和拉丁名)。

(2)品种的起源和育种程序的详细说明。

(3)品种特征的详细描述，包括植株和种子形态、生理和其他特征，以区别于同种的其他品种。

(4)品种表现性能和证明材料，包括产量、抗虫、抗病及其他说明品种性能指标的实验和评定结果。

(5)品种适应区域和使用目的的说明，包括育种者已试验和已推广及商品化的地区和国家范围。一般通过品种 VCU 测试即农业栽培和利用价值测试，在不同生态的布点测试品种的产量、抗病性等特性(即区域试验)，以确定品种的使用价值。

(6)保持原种计划和程序的说明，包括品种繁殖的代数。

(7)标准种子样品，代表进入市场的品种的种子样品。

满足以上要求的种子才可被种子认证机构批准进行种子认证。

二、认证种子的等级

从育种者手中极少量的种子开始，一直到生产出大量的商品用种子，其间一般要经过数代的繁殖扩增。认证种子生产时，对哪一种子类别才能生产下一类别的种子有严格规定。因此，认证种子生产需要对生产种子的来源等级进行认可。种子的等级扩增方式可用图 5-1 来表示。由于各国对各代种子的要求和标准不同，在种子认证中采用的等级划分也有所不同。大多数国家或组织一般将认证种子分为四级，个别的分为三级或五级。表 5-1 为世界有关机构和某些国家的认证种子等级划分。

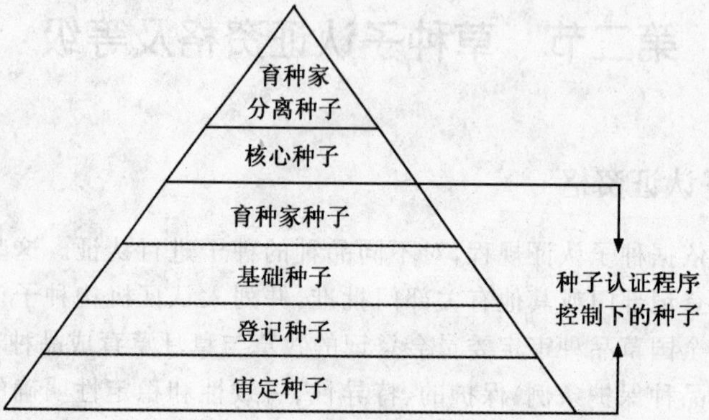

图 5-1 种子扩繁等级示意图

(1)育种家分离种子(breeder isolation)。指育种家完成品种选育后所得到的极少量种子。一般由育种者自己保存和生产，不进入流通市场。

(2)核心种子(nucleus seeds)。也称前育种家种子(Pre-breeder seeds)，由育种家分离种子繁育而来，少量的半商业化种子，一般由育种家所在的机构生产。

(3)育种家种子(Breeder seeds)。育种家种子是由育种者(个人、单位或设计者)培育出来，并由育种者直接监控生产的种子，也有国家将育种家种子称之为前基础种子(Pre-basic seeds)。育种家种子由核心种子(前育种家种子)(或材料)种植而生产，是生产其他认证级别种子的原始材料。为保证其品种纯度和真实性，育种家种子必须严格按照种子认证程序的要求生产和加工。

(4)基础种子(basic seeds)。基础种子是在育种者(个人、单位或设计者)或其代理的指导和监督下，按照种子认证机构制定的程序，由选定的种植者种植育种家种子或基础种子而生产的种子，确保了其品种纯度和真实性。

(5)登记种子(registered seeds)。登记种子是按照种子认证机构制定的程序，由种植者种植育种家种子或基础种子而生产的种子，确保了其品种纯度和真实性，可作为商品种子销售。

表 5-1 世界有关机构及其国家认证种子等级

OCED[1]	AOSCA[2]	EEC[3]	加拿大	新西兰	瑞典
前基础种子 (Pre-Basic seed)	育种家种子 Breeder seed	前基础种子 (Pre-Basic seed)	育种家种子 Breeder seed	育种家种子 Breeder seed	A (=Pre-Basic seed)
			精选种子 (Selected seed)		
基础种子 (Basic seed)	基础种子 (Basic seed)	基础种子 (Basic seed)	基础种子 (Basic seed)	基础种子 (Basic seed)	B (=Basic seed)
	登记种子 (Registered seed)		登记种子 (Registered seed)		
认证一代种子 (Certified seed, 1st Generation)	认证种子 (Certified seed)	认证一代种子 (Certified seed, 1st Generation)	认证种子 (Certified seed)	认证一代种子 (Certified seed, 1st Generation)	C1 (=Certified seed, 1st Generation)
认证二代种子 (Certified seed, 2nd Generation)		认证二代种子 (Certified seed, 2nd Generation)		认证二代种子 (Certified seed, 2nd Generation)	C2 (=Certified seed, 2nd Generation)
		商品种子 (Commercial seed)			H (=Commercial seed)

注：1. OCED，经济合作与发展组织；2. AOSCA，北美官方种子认证机构协会；3. EEC，欧洲经济共同体。

(6)认证种子(certified seeds)。认证种子是按照种子认证机构制定的程序，由种植者种植育种家种子、基础种子或登记种子而生产的种子，保持了良好的品种纯度和真实性。认证种子可作为商品种子出售，但不能再进行认证，即认证种子不能用于种子生产，只能种植后作为牧草或草坪利用。

有些国家(或机构)将非杂交种(常规种)的认证种子进一步分为“认证一代种子”和“认证二代种子”。来自基础种子的第一代称为“认证一代种子”，依次下一世代称为“认证二代种子”、“认证三代种子”等直至规定的适宜代数。但是，对于杂交品种(来自自交系的杂交种)的认证种子，是指两个亲本品种(或以上)基础种子杂交的第一代种子，用于草地或草坪建植，而不用于种子生产。杂交品种的认证种子，只称为“认证种子”，不可能再有“认证种子一代”或“认证种子二代”等。由于认证种子的繁殖是系谱繁殖，对于基础种子等亲本种子繁殖体系一直是各国非常重视的问题。

(7)商品种子(commercial seeds)。仅个别国家提到这一术语。商品种子为由最末一代认证种子生产的、不能进入到认证制度中的种子。

种子认证制度中一般仅包括从育种家种子到认证种子范围内的种子。所谓的三级、四级或五级种子认证制度，指的就是从育种家种子到认证种子的划分级别。根据植物或种子生物学和遗传学等方面的不同，有的国家可以同时有两种不同的种子认证级别系统。如美国爱达荷州种子认证规程规定一部分牧草品种的种子为三级种子认证等级；另一部分牧草品种为四级种子认证等级。我国牧草与草坪草品种的种子认证参照 AOSCA 标准分为四级，即育种家种子、基础种子、登记种子和认证种子。为了减少生产过程中品种纯度受污染的几率，当基础种子数量大时，可用基础种子直接生产认证种子。

第三节　种子认证的标准和要求

种子认证方案的主要内容包括对种源、种子田、所收获种子的检查和控制。对种源的要求即品种来源的要求，在本章第二节已有介绍。而对种子田的用种、田间管理以及种子的收获与加工都有一些特殊而具体的要求，认证种子的等级不同，这种要求也有差异。这种要求常以法规或标准的方式出现。

一、草种子认证的种子田管理

由于种子质量的好坏跟种子田、种子田内的生长植株以及周围环境有很大关系，所以，种子认证方案统一规定了种子田的唯一识别模式，以实现信息可追溯性。田间检验是监控种子繁殖或生产过程中的品种真实性和品种纯度最重要的过程，是种子认证体系中的重要环节。认证机构派出合格的田间检验员对生产企业的种子田及其田间管理进行检验，并出具检验报告。其检验的主要内容包括：田间前作史、田间隔离情况、污染植物或杂草、品种的真实性和品种纯度测定、田间生长情况，种子成熟和质量是否正常等。

(一)种子田的前作要求

为了防止同种不同品种或近缘种之间的基因污染，要求进行种子认证的草种子田前作种植记录中，同种的其他品种或近缘种种植的时间间隔必须达到规定的年限。同种草不同品种的前作撒落在田中的种子在下一个生长季(新品种播种年份)萌发后形成的植株在外部形态上与所种植的品种相似或相同，很难防除，易造成基因污染。一般一年生草需间隔 1 年，但具硬实种子的草要求间隔 4 年，多年生豆科牧草或草坪草最少 3 年，其他多年生牧草或草坪草至少 2 年。AOSCA 的规程中要求三叶草生产基础种子间隔 5 年，登记种子间隔 3 年，认证种子间隔 2 年(表 5-2)。紫花苜蓿、百脉根、三叶草、胡枝子等豆科牧草，除满足间隔年限外，必须在播种的同一年确认无同种的不同品种在田间出现。在品种纯度符合种子认证要求的前提下，同一品种和相同认证等级的种子田可以连作，不受间隔年限的限制。

表 5-2　种子认证对前作、隔离、污染植物和种子质量的要求

牧草	基础种子				登记种子				认证种子			
	前作[1]/年	隔离[2]/英尺	污染植物[3]/株	种子纯度[4]/%	前作/年	隔离/英尺	污染植物/株	种子纯度/%	前作/年	隔离/英尺	污染植物/株	种子纯度/%
紫花苜蓿	4	600	1 000	0.1	3	300	400	0.25	1	165	100	1.0
紫花苜蓿杂交种	4	1 320	1 000	0.1		—	—	—	1	165	100	1.0
大麦	1	0	3 000	0.05	1	0	2 000	0.1	1	0	1 000	0.2
大麦杂交种	1	660	3 000	0.05	1	660	2 000	0.1	1	330	1 000	0.2
百脉根	5	600	1 000	0.1	3	300	400	0.25	2	165	100	1.0
三叶草(所有种)	5	600	1 000	0.1	3	300	400	0.25	2	165	60	1.0
禾本科牧草(异花授粉种)	5	900	1 000	0.1	1	300	100	1	1	165	50	2.0
禾本科牧草(专性无融合生殖或自花授粉种)	5	60	1 000	0.1	1	30	100	1	1	15	50	2.0
胡枝子	5	10	1 000	0.1	3	10	400	0.25	2	10	100	1.0
燕麦	1	0	3 000	0.2	1	0	2 000	0.3	1	0	1 000	0.5
高粱	1	990	50 000	0.005	1	990	35 000	0.1	1	660	20 000	0.1
杂交高粱(原种)	1	990	50 000	0.005	—	—	—	—	—	—	—	—
杂交高粱(普通)	—	—	—	—	—	—	—	—	1	660	20 000	0.1

续表 5-2

牧草	基础种子				登记种子				认证种子			
	前作[1]/年	隔离[2]/英尺	污染植物[3]/株	种子纯度[4]/%	前作/年	隔离/英尺	污染植物/株	种子纯度/%	前作/年	隔离/英尺	污染植物/株	种子纯度/%
自交系玉米	0	660	1 000	0.1	—	—	—	—	—	—	—	—
基础单交系玉米	0	660	1 000	0.1	—	—	—	—	—	—	—	—
基础回交系玉米	0	660	100	0.1	—	—	—	—	—	—	—	—
杂交玉米	—	—	—	—	—	—	—	—	0	660	1 000	0.5
自由传粉玉米	—	—	—	—	—	—	—	—	0	660	200	0.5
甜玉米	—	—	—	—	—	—	—	—	0	660	—	0.5

注：1. 前作指同种不同品种，表中所列是它们之间在同一块地上种植生产认证种子所需间隔期限；2. 紫花苜蓿的隔离距离为种子田大于 5 英亩的隔离距离，如果小于或等于 5 英亩的种子田隔离距离分别为：基础种子田 900 英尺，登记种子田 450 英尺；3. 污染植物（其他品种或异株）出现一株（或一个生殖枝）时田间种植牧草的最低株数（或生殖枝数）；4. 种子纯度指其他品种或异株种子出现的最大百分数；资料来源：AOSCA，1971。

(二)种子田的隔离

对于同种的不同品种及近缘种在田间的布局,种子认证规程中都有严格的要求,即异花授粉、自花授粉和专性无融合生殖的牧草与草坪草种子田必须有明显的保护行、壕、垄、沟、道路和空地等为界限,与同种的其他品种或亲缘关系相近的种及其品种,以及品种纯度不易达到认证要求的同一品种种子田之间必须保持最小的隔离距离。隔离带的宽窄是根据异花授粉牧草的最小授粉距离和种植面积的大小决定的。隔离带的宽度必须能够防止最低程度的品种杂交,避免认证种子生产中的基因混杂。种子田面积越小,杂交的可能性越大,要求的隔离距离也越宽。一般异花授粉的禾本科和豆科草种子田生产育种家种子和基础种子,种子田面积小于或等于 2 hm^2,隔离带宽为 200 m,种子田面积大于 2 hm^2,隔离带宽 100 m;生产登记种子和认证种子,种子田面积小于或等于 2 hm^2,隔离带宽 100 m,种子田面积大于 2 hm^2,隔离带宽为 50 m。自花授粉或专性无融合生殖的草,同种不同品种间要求的隔离带一般为 5 m 或一条犁沟或播种行的宽度。这种隔离的主要目的是为了防止收获期造成的机械混杂(表 5-3)。

表 5-3 不同授粉类型牧草与草坪草种子认证间隔的最小距离 m

授粉类型	种子认证等级	种子田面积≤2 hm^2 时最小间隔距离	种子田面积>2 hm^2 时最小间隔距离
异花授粉	育种家种子	300	200
	基础种子	200	100
	登记种子	100	50
	认证种子	100	50
自花授粉	育种家种子	50	10
	基础种子	50	10
	登记种子	10	5
	认证种子	5	5
专性无融合生殖	育种家种子	50	10
	基础种子	50	10
	登记种子	10	5
	认证种子	5	5

此外,禾本科草生产同一品种的不同认证等级种子的种子田,隔离距离可缩短 25%,紫花苜蓿和三叶草生产同一品种不同认证等级的种子田隔离距离仅为 3 m;禾本科牧草和三叶草二倍体品种与四倍体品种之间的隔离距离应为 5 m;不同的牧草其隔离距离的要求也有一定的差异,如雀麦属的牧草要求与其他雀麦品种的隔离带为 20 m;喜湿虉草的品种要求与其他品种或虉草属其他种的隔离带为 100 m。

(三)认证种子的繁殖世代数

从图 5-1 可以看到,在种子认证制度下认证等级是自上而下逐级生产繁殖的,即由育种家种子生产出基础种子,由基础种子生产出登记种子,再由登记种子生产出认证种子。对大多数植物种类来讲,这样的生产系统既经济、又能保证生产出来的各级种子质量。但在有些情况下(如植物的繁殖系数特别高),可以隔级进行繁殖生产,例如,可以用基础种子直接生产认证种子,而不经登记种子等级。在认证过程中,若发现某一级种子达不到欲生产级别种子的质量要求,也可以将其降级,如原本计划用基础种子生产登记种子,但在检验(田间检查或室内检验)中发现其生产出来的种子达不到登记种子的标准,则可以将其降级作为认证种子使用(前提必须是其达到认证种子的质量标准或要求)。

为了减少认证种子生产中品种基因的遗传漂变,必须限制种子繁殖的世代数。特别是在原产地以外的地区进行种子繁殖,变化了的环境条件会对品种纯度产生影响,种子生产的世代数不宜过长。一般牧草和草坪草种子繁殖不超过 3 个世代,从播种育种家种子开始,生产一代基础种子,由基础种子生产一代登记种子,由登记种子生产一代认证种子。在我国有两种情况可以除外:①国内没有基础种子或基础种子的扩繁体系已经丧失的品种,其登记种子和认证种子可以通过再认证继续使用;②认证种子至多只允许再扩繁一代,只有当生长季开始前基础种子和登记种子无法满足种子生产需要时采用,但必须征得育种者或品种持有单位的同意(通过用于应急的认证种子生产的种子不具备再次认证的资格)。美国各州的种子认证中将紫花苜蓿、红三叶、鸭茅和雀麦的某些品种的登记种子世代取消,减少了影响品种纯度的污染介入的机会。多年生牧草每一世代种子生产的年数在种子认证规程中都有明确的规定,并规定生产一定年数的本等级的认证种子之后可降级生产低一级的认证种子,并且也有年限的限制(表 5-4),之后再不能进入认证,如新西兰国家种子认证规程规定,白三叶育种家种子仅能收获 1 年,之后降为基础种子收获 3 年;基础种子可收获 2 年、之后降为认证一代种子收获 2 年;认证一代种子可收获 4 年。条件允许时一个生长季内可多次收获种子,且认证等级不降低,但必须通过认证机构的田间检查。

表 5-4 多年生草各认证种子等级种子生产年数及降级后生产的年数

草种名称	育种家种子	基础种子	认证一代种子	认证二代种子
紫花苜蓿		3,3	3(6)	—
红三叶	1(2),3	2(2),3	4(5)	4(5)
白三叶	1,3	2,2	4	—
草莓三叶	1,4	2,3	5	—
百脉根	2,3	2,3	5	—

续表 5-4

草种名称	育种家种子	基础种子	认证一代种子	认证二代种子
无芒雀麦	2,4	2,4	6	—
草地雀麦	1,1	1,1	2	—
高山雀麦	1,1	1,1	2	—
鸭茅	1,1	1,1	2	—
高羊茅	2,4	2,4	6	—
紫羊茅	2,4	2,4	4	—
蔄股颖	2,4	2,4	6	—
多年生黑麦草	1,3	2,2	4	—
猫尾草	1,6	2,6	8	—
绒毛草	1,1	1,1	2	2
喜湿虉草	1,6	2,5	7	—
毛花雀稗	1,3	1,3	4	—
菊苣	2,4	2,4	6	—

注：表中育种家种子第一列数据为生产育种家种子的年数，第二列为降为基础种子生产的年数；基础种子第一列数据为生产基础种子的年数，第二列为降为认证一代种子生产的年数；资料来源：MAF，1994。

(四)种子田田间污染植物、其他植物和杂草的控制

污染植物是指能导致种植牧草和草坪草品种基因污染的植物，种子认证中又称为异株(off-type)，包括同种的其他品种、易造成异花传粉的种或品种、杂交种种子生产中易造成自花授粉的植株(或种子)。污染植物的控制除了对前作的严格限制外，在种子生产的田间管理中应加以清除。一般在污染植物开花之前用人工的方法清除种子生产田中的污染植物，以达到种子认证规程的最低标准。AOSCA的种子认证规程中是以田间一定种植牧草株数所允许含的污染植物的株数为指标(表 5-2)，如紫花苜蓿的基础种子仅允许田间每千株含 1 株(或生殖枝)其他品种或异株植物，登记种子每 400 株含 1 株(或生殖枝)，认证种子每百株含 1 株(或生殖枝)。新西兰国家种子认证规程中是以田间单位面积所允许含的污染植物株数为指标，所有育种家种子和基础种子生产田田间不允许出现污染植物，认证一代或认证二代种子生产田田间仅允许每样方(12 m^2)含 1 株污染植物。OECD《国际贸易流通 OECD 品种认证方案——牧草与油料作物种子》中规定牧草基础种子生产田每 30 m^2 内不超出 1 株污染植物，认证种子生产田每 10 m^2 内不超过 1 株，草地早熟禾有特殊规定，基础种子生产田每 20 m^2 不超过 1 株，认证种子田每 10 m^2 不超过 4 株，无融合单元性系品种认证种子田每 10 m^2 不超过 6 株。

其他植物是指除污染植物以外的其他植物种，包括杂草。OECD 的进入国际贸易的“牧草与油料作物品种种子认证规程”规定基础种子生产田每 30 m^2 内不超

过 1 株其他种的植物，认证种子生产田每 10 m^2 内不超出 1 株，对于黑麦草属的基础种子生产田，每 30 m^2 内不超出 1 株其他种的黑麦草。某些国家或地区将某些杂草规定为恶性或有害杂草，在认证种子的生产田中明确禁止出现，美国爱达荷州种子认证中，牧草的种子生产田一旦发现混生具节山羊草和(或)其杂种，以后将无资格生产牧草认证种子，并载入种子生产者档案。新西兰种子认证中，四倍体黑麦草和雀麦种子生产田中如发现野燕麦出现将被拒绝认证；除白三叶、红三叶、百脉根、紫花苜蓿、虉胶颖、猫尾草和洋狗尾草外，其余牧草和草坪草种子生产田中如在检查期发现有野燕麦，无论是育种家种子，还是基础种子都被降级到认证一代种子。恶性杂草或有害杂草必须在田间检查之前清除。

二、种子收获加工过程中的管理要求

(一)种子的收获与清选

种子收获时必须最大限度地防止混杂，联合收割机或脱粒机在使用之前要进行彻底的清理，防止其他植物种子混入认证种子中。为了保险起见，开始脱粒的种子或开割时的种子可弃去(5 袋左右)。种子田进行收获时，草捆或种子在运出种子田之前必须带有标签。利用晒场打碾时，不同的种、品种或认证等级的种子必须设置不同的晒场专门堆放、打碾或清选。严禁将不同的品种或认证等级的种子在同一个晒场堆放、打碾或清选。

清除杂草种子、内含物和小种子的清选过程必须按照种子认证规程的规定进行。清选机和其他设备(漏斗、流出槽、升降机)必须彻底清理，以除去以前使用时所残留的种子，清理过程需在认证机构代表的监督下进行，或直接使用已被认证机构批准的清选设备。种子的清选也可由被认可的机构进行，凡被认证机构认可的种子清选单位必须遵守认证规程，在清选中要能保持种子的真实性，保证不引起种子的机械混杂，并对接受的种子、清选的操作过程及最终清选出的认证种子作详细的记录，允许认证机构对其清选的认证种子和非认证种子的所有记录进行检查。

(二)认证种子质量要求

清选加工后的种子，由经过专门培训的扦样员按照国家牧草种子检验规程的规定扦样，以供测试种子质量和进行认证。扦样必须在同一时间按同一程序进行，以准确反映种子批质量。样品送交认可的种子检验机构进行种用(物理)质量检测(净度分析、发芽试验和水分检测)，认证种子必须达到不同种类和不同认证等级种子的最低种用质量标准(表 5-5 和表 5-6)。若低于标准的要求，将被降低等级或被拒绝贴签。但可重新清选，若达到要求的标准，可进行重新认证。

表 5-5 主要豆科草认证种子质量标准

种名	指标及标准/%											
	净种子（最低）	内含物（最高）	杂草种子（最高）			发芽率（最低）	其他作物种子（最高）			其他品种（最高）		
	F-R-C	F-R-C	F	R	C	F-R-C	F	R	C	F	R	C
紫花苜蓿	99.00	1.00	0.10	0.20	0.50	80.00	0.20	0.35	1.00	0.10	0.25	0.50
红三叶	99.00	1.00	0.15	0.15	0.25	85.00	0.20	0.50	1.00	0.10	0.25	1.00
白三叶、杂三叶	99.00	1.00	0.10	0.25	0.50	85.00	0.20	0.50	1.00	0.10	0.25	1.00
箭叶三叶、绛三叶	98.00	2.00	0.25	0.25	0.50	85.00	0.20	0.50	1.00	0.10	0.25	1.00
草莓三叶	99.00	1.00	0.20	0.20	0.20	85.00	0.20	0.50	1.00	0.10	0.25	1.00
草木樨	99.00	1.00	0.25	0.25	0.50	80.00	0.20	0.50	1.00	0.10	0.25	1.00

注：F：基础种子；R：登记种子；C：审定种子。紫花苜蓿种子中草木樨种子含量：基础种子每磅不超过 9 粒，登记种子每磅不超过 90 粒，认证种子每磅不超过 180 粒；资料来源：AOSCA，1971。

表 5-6　主要禾本科牧草与草坪草认证种子质量标准

草种名称	授粉类型[1]	内含物（%，最高）		杂草种子（%，最高）		净种子[3]（%，最高）		发芽率[4]（%，最低）	禁止杂草种子[5]（%，最高）	其他作物种子（%，最高）		
		F-R[2]	C	F-R	C	F-R	C	F-R-C	F-R-C	F	R	C
巴哈雀稗	C和A	35.0	35.0	0.5	1.0	65.0	65.0	70.0	无	0.2	1.0	2.0
蓟股颖	C	4.0	4.0	0.3	0.5	96.0	96.0	80.0	无	0.2	1.0	2.0
大早熟禾	A	10.0	10.0	0.3	0.5	90.0	90.0	70.0	无	0.2	1.0	2.0
草地早熟禾	C和A	10.0	15.0	0.3	0.5	90.0	85.0	75.0	无	0.2	1.0	2.0
大须芒草	C			1.0	3.0	25.0	25.0		无	0.2	1.0	2.0
小须芒草	C			1.0	3.0	12.0	12.0		无	0.2	1.0	2.0
沙须芒草	C			1.0	3.0	20.0	20.0		无	0.2	1.0	2.0
白羊草	A和S			0.3	0.5	12.0	12.0		无	0.2	1.0	2.0
山地雀麦	S	10.0	10.0	0.3	0.5	90.0	90.0	85.0	无	0.2	1.0	2.0
无芒雀麦	C	15.0	15.0	0.3	1.0	85.0	85.0	80.0	无	0.2	1.0	2.0
野牛草	C(种球)			0.3	0.5	8.0	8.0		无	0.2	1.0	2.0
	C(脱壳)			0.3	0.5	60.0	60.0		无	0.2	1.0	2.0
虉草	C	4.0	4.0	0.3	0.5	96.0	96.0	75.0	无	0.2	1.0	2.0
毛花雀稗	A	60.0	60.0	0.5	1.0	40.0	40.0	50.0	无	0.2	1.0	2.0
羽状针茅	S(未处理)	20.0	20.0	0.3	0.5	80.0	80.0	15.0	无	0.2	1.0	2.0
	S(处理)	20.0	20.0	0.3	0.5	80.0	80.0	65.0	无	0.2	1.0	2.0

续表 5-6

草种名称	授粉类型[1]	内含物（%，最高）		杂草种子（%，最高）		净种子[3]（%，最高）		发芽率[4]（%，最低）	禁止杂草种子[5]（%，最高）	其他作物种子（%，最高）		
		F-R[2]	C	F-R	C	F-R	C	F-R-C	F-R-C	F	R	C
匍匐紫羊茅	C	2.0	2.0	0.3	0.5	98.0	98.0	80.0	无	0.2	1.0	2.0
草地羊茅	C	5.0	5.0	0.3	0.5	95.0	95.0	80.0	无	0.2	1.0	2.0
紫羊茅	C	2.0	2.0	0.3	0.5	98.0	98.0	80.0	无	0.2	1.0	2.0
羊茅	C	5.0	5.0	0.3	0.5	95.0	95.0	80.0	无	0.2	1.0	2.0
高羊茅	C	5.0	5.0	0.3	0.5	95.0	95.0	80.0	无	0.2	1.0	2.0
苇状看麦娘	C	20.0	20.0	0.5	0.5	80.0	80.0	80.0	无	0.2	1.0	2.0
格兰马草	C			0.3	0.5	24.0	24.0	80.0	无	0.2	1.0	2.0
喜湿虉草	C	4.0	4.0	0.3	0.5	96.0	96.0	75.0	无	0.2	1.0	2.0
结缕草	C	10.0	10.0	0.3	0.5	90.0	90.0	70.0	无	0.2	1.0	2.0
沙生画眉草	S	3.0	3.0	0.5	1.5	97.0	97.0	80.0	无	0.2	1.0	2.0
弯叶画眉草	S	3.0	3.0	0.3	0.5	97.0	97.0	80.0	无	0.2	1.0	2.0
鸭茅	C	15.0	15.0	0.3	1.5	85.0	85.0	80.0	无	0.2	1.0	2.0
柳枝黍	C	10.0	10.0	0.5	1.5	90.0	90.0	60.0	无	0.2	1.0	2.0
高燕麦草	C	15.0	15.0	0.3	0.5	85.0	85.0	70.0	无	0.2	1.0	2.0
猫尾草	C	3.0	3.0	0.3	0.5	85.0	85.0	80.0	无	0.2	1.0	2.0
扁穗冰草	C	10.0	10.0	0.3	0.5	90.0	90.0	80.0	无	0.2	1.0	2.0

续表 5-6

草种名称	授粉类型[1]	内含物（%，最高）		杂草种子（%，最高）		净种子[3]（%，最高）		发芽率[4]（%，最低）	禁止杂草种子[5]（%，最高）	其他作物种子（%，最高）		
		F-R[2]	C	F-R	C	F-R	C	F-R-C	F-R-C	F	R	C
沙生冰草	C	10.0	10.0	0.3	0.5	90.0	90.0	80.0	无	0.2	1.0	2.0
中间冰草	C	10.0	10.0	0.3	0.5	90.0	90.0	80.0	无	0.2	1.0	2.0
毛偃麦草	C	10.0	10.0	0.3	0.5	90.0	90.0	80.0	无	0.2	1.0	2.0
黏穗披碱草	S	15.0	15.0	0.3	0.5	85.0	85.0	80.0	无	0.2	1.0	2.0
蓝茎冰草	C	15.0	15.0	0.3	0.5	85.0	85.0	60.0	无	0.2	1.0	2.0
高冰草	C	10.0	10.0	0.3	0.5	90.0	90.0	80.0	无	0.2	1.0	2.0
加拿大披碱草	S	15.0	15.0	0.3	0.5	85.0	85.0	70.0	无	0.2	1.0	2.0
灯心草状新麦草	C	10.0	10.0	0.3	0.5	90.0	90.0	80.0	无	0.2	1.0	2.0

注 1:C 为异花授粉，S 为自花授粉，A 为无融合生殖；2. F 为基础种子，R 为登记种子，C 为审定种子；3. 净种子中不带小数点的数据为净活种子指数。用于种子认证中，标签上必须标明发芽率、硬实种子和净度。净活种子指数等于净种子的百分数乘以发芽百分数(包括硬实种子)除以 100；4. 印度落芒草的发芽率为四唑法(TZ)测定 70%或发芽检验 1%；5. 未脱壳禾本科牧草种子中禁止杂草种子为田蓟、菟丝子、马荨麻、银叶茄、阿拉伯高粱、乳浆大戟、苦荬菜、匍匐冰草、俄罗斯矢车菊、灰毛水芹，毛果群心菜、鸦蒜、田旋花，还有各州(省)所规定的禁止杂草；资料来源：AOSCA，1971。

第四节　牧草及草坪草种子认证程序

按照我国《牧草与草坪草种子认证规程》(NY/T 1210—2006)的规定，种子认证程序包括种植者申请、田间检查、种子收获和加工过程中的监督、种子质量检验、种子袋及其他种子容器的贴签和封缄、对照检查等。认证的一般流程可用图 5-2 表示。

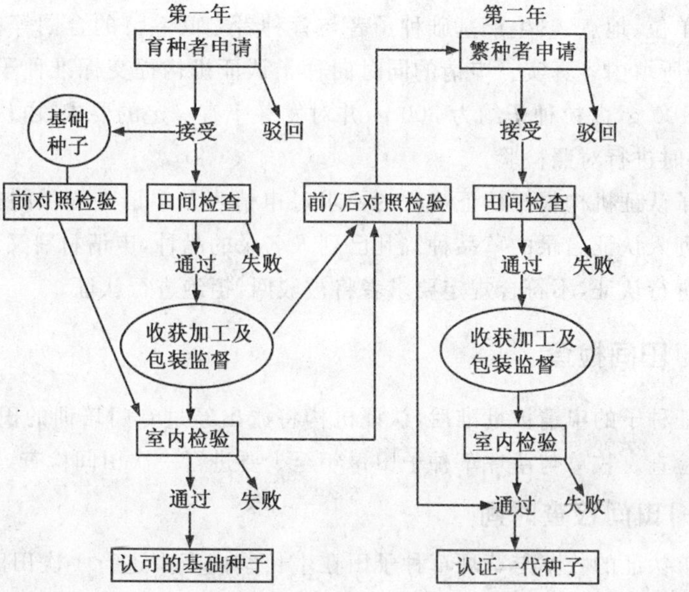

图 5-2　种子审定的一般程序(Thomson,1979)

一、申请

凡准备种植或已种植牧草与草坪草种子田，计划进行认证的种子生产者，每年都得向种子认证机构申请进行种子的认证。申请者要填写由种子认证机构编制的“种子认证申请表”。申请表的内容包括：①申请者的姓名、住址、通讯地址、单位、电话、联系人；②种子生产者(如果申请者与生产者非同一人)、种子生产农场的名字和地址；③所付认证经费的类别、数目；④申请认证品种的名字、种名以及品种的起源和育种程序(需品种证书登记复印件等证明材料)；⑤品种特征的详细描述，包括植株和种子的形态特征、生理特性以及其他特征，特别是品种的特异性和优点的描述；⑥品种生产性能表现及其证明材料，包括产量、抗病虫害性能和抗逆性，并有足够的试验资料证明品种的这些性能；⑦品种的适应区域和使用目的说明，包括已经试验种植或推广的范围和面积；⑧各等级种子的繁育计划和程序的说明，包括品种繁殖世代限制；⑨受《中华人民共和国植物新品种保护条例》保护的牧草与草坪草品种必须提交正式的品种特异性、一致性和稳定性测试报告；⑩作为播种材料的种子的产地、数量、等级、批号、准备播种的日期；⑪种子生产田的种植史（前 3 年种植的植物种及品种的名称及年数，需证明材料），种子田具体位置（地图标明）；⑫种子清选单位、地点；⑬生产基础种子者与育种者之间签订的合同等；⑭由申请者签名，保证所填内容真实。申请的同时向种子认证机构提交标准种子样品。小粒种子约为 100 g，大粒种子约为 500 g，并对发芽率有一定的要求，由认证机构长期保存，必要时进行对照检验。

种子认证机构根据认证规程的要求对申请表及申请人提供的材料进行审查，并核查列入认证名录的草品种。凡已列入名录的品种，申请材料又符合要求的，将被批准进行认证，不符合规定要求者将被驳回，拒绝进行认证。

二、田间检查

认证种子的申请被批准后，认证机构将派出经过专门培训的田间检查人员进行田间检查。牧草与草坪草种子田每年至少要进行一次田间检查。

(一)田间检查时间

要求认证的牧草与草坪草种子田在生长季内至少进行 1 次田间检查，播种当年种子田的田间检查在苗期进行，之后豆科牧草与草坪草在盛花期或开花期检查，禾本科牧草与草坪草在抽穗后及收获之前检查 1 次；其他牧草与草坪草应当选择最能够表现品种特征的时期进行田间检查。

(二)认证种子田的管理要求

检查人员要熟悉被认证品种的特征和特性，认证机构将为检查人员提供品种认证标准和其他有关的文件。根据文件和种植者提供的情况，检查人员首先要核查品种的名称及种子批号、种植地点和面积。通过检查种植者保留在田间的标牌，证实种子批的真实性。进入田间时，随机取 100 个生殖枝，以验证品种名是否与申请的品种名相符。若品种的真实性无法确认或种植地点不符，检查员有权拒绝田间检查；其次，检查种子田前作的种植史。为了防止同种不同品种或近缘种之间的基因污染，要求进行认证的牧草种子田在种植所认证品种之前的一段时间内不得种植同种的其他品种或近缘种。如前作的种植史无证明材料，检查员有权拒绝田间检查。再次，检查隔离是否合乎标准，根据种子认证中对各种、品种及认证等级的隔离要求，进行田间隔离距离，以及障碍隔离中的树篱、沟、渠和道路等的检查。如隔离距离太短，易造成认证品种的基因污染，检查人员也可拒绝继续检查；第四，检查牧草的生长发育、污染植物、其他作物、杂草及病虫害感染等情况，检查田间被认证品种植株的成活情况、活力状况、均一性等指标，同时通过这样的方法进行污染植物、其他作物、杂草及病株的测定和记录，并核实种植者所采取的控制污染植物、其他作物、杂草及病虫害的措施（部分项目需要提供证明材料）。根据认证规程的要求，如果发现成活情况差、活力过差、均一性差、杂草过多、出现恶性或有害杂草、污染植物超标、严重的病虫害出现，可拒绝认证。

（三）田间检查取样方法

田间检查时，凡同一品种、同一来源、同一认证等级和具相同栽培条件的，并以刈割带、围篱、沟、其他作物或未种植带与其他部分隔离的田块作为同一认证单位。新西兰种子认证规程规定白三叶和草莓三叶认证单位等于或小于 2 hm^2，田间检查时要设 5 个至少 12 m^2 的样方，如果大于 2 hm^2，每 0.5 hm^2 设一个样方，但样方数最多不超过 20 个。其余牧草与草坪草的样方设置方法与白三叶相同，样方面积为 10 m^2（10 m×1 m）。各种不同牧草样方的大小和数目都有不同的规定。样方在田间的分布要均匀，田块边缘的样方，离田边至少 5 m。在选取样方的过程中，行走方式对田间检查结果有很大的影响。在田间检查中可以参照联合国粮农组织推荐的一些田间检查方法。

田间检查结果由检查人员填写在田间检查结果表格里，最后由检查人员签名（如两名检查人员需都签名），注明日期，立即交回种子认证机构。检查报告表中务必强调检查是按规程规定方法完成的，结果真实，置于检查人员签名之前。认证机构根据田间检查报告表，决定是否签发田间检查合格证。

三、种子收获和加工时的监督检查

获得田间检查合格证的种子生产田，在种子的收获、清选、分级和处理过程中将进一步受到种子认证机构的监督。种子认证机构的代表具有对已获得田间检查合格证的种子田进行检查收获种子批的权力。并对任何未做品种认定、没有有效防止混杂或未达到认证标准的种子批有权拒绝认证。

在种子被收获后运离田间之前必须进行品种认定，品种认定的目的是确认运走的种子确系申请者申请认证的品种，可由种植者自己在包装袋或运输车上粘贴认证机构的品种认定签或由认证机构的代表粘贴，之后运往清选单位或运往贮藏地点。种子清选往往是由认证机构授权的单位或批准的清选机械进行。如清选机械未获认证机构的批准，则由认证机构派出代表监督清选过程。种子清选机构负责种子的清选、分级和处理。被认证机构授权的种子清选单位的清选程序和标准要按照种子认证规程进行。

四、种子的室内检验

清选加工后，由经过专门培训的扦样员按照国家牧草种子检验规程的规定扦样。样品的一部分由种子认证机构保留，另一部分作对照检验，最后一部分送交指定的农业部牧草与草坪草种子质量监督检验测试中心或者国际种子检验协会会员实验室进行种子质量检验。种子必须全面达到认证种子相应等级的最低质量标准（表 5-5、表 5-6），对于种子质量检验结果低于原认证等级规定的种子批，若结果达到次一级种子的质量要求则可降低认证等级使用；或者进一步加工再次按原申请等级认证。种子品种纯度完全合格，但其他质量检验项目不符合要求的种子批，可以降低种子认证等级使用。如果包括纯度在内的种子质量检验结果不合格且没有补救措施的种子不能通过认证。

五、贴签和封缄

只有通过申请审查、田间检查、收获和加工监督及室内检验，并达到了种子认证规程所有要求的种子才能成为认证种子。认证种子应按照种子认证规程的要求用新袋或新容器重新包装、封缄。每个装种子的容器以认可的方式贴上官方认证种子的标签（或将标签内容印在容器上），之后进入销售系统。如果种子以散装的形式出售，种子拥有者或仓库管理者必须按照种子认证规程的要求进行合理的管理，使种子在起运之前保持认证种子的真实性。种植者和经销商必须出示他们控制散装种子能力的证明材料。标签的粘贴和封缄应在种子认证机构的监督下进行。

贴于种子袋或容器上的认证种子标签起证明品种纯度、认证等级和种子质量的作用。它表明该种子的生产、检查和处理（从收获到封装的处理）都是按种子认证规程进行的，按种子认证规程对种子的认证在贴签时已全部通过。同时还表明该草品种根据样品检验和外观特征，其种子已达到认证规程的要求。

标签上注明种子认证机构、种子批号、种子的种类(种名、品种名)、认证种子等级、种子生产者的登记号和统一的编号。最终认证过的种子批包括标签上的内容与种子净度和发芽率等结果一并出具一个证书。不同颜色的标签代表不同认证种子的等级(表 5-7)。种子认证标签 12 个月内有效。

表 5-7 认证种子标签或包装袋的颜色所代表的认证种子等级

	美国	中国	新西兰	瑞典	OECD
育种家种子			绿色包装袋	白色标签(育种家种子)	白底紫色斜纹标签
(前基础种子)				白底蓝斑标签(前基础种子)	
基础种子	白色标签	白色标签	棕色包装袋	白色标签	白色标签
登记种子	紫色标签	紫色标签			
认证种子	蓝色标签	蓝色标签			
(认证一代种子)			蓝色标签	蓝色标签	蓝色标签
(认证二代种子)			红色标签	红色标签	红色标签
商品种子				棕色标签	

资料来源:AOSCA,1971; OECD,1988; LSFS,1989; MAF,1994; 中国国家行业标准 NY/T 1210-2006,2007。

当通过认证的种子(贴签并封缄)从一个地区(或国家)运往另一地区(或国家)时,如这一地区(或国家)的法律要求对种子进行重新清选或要求重新贴签,则应由这一地区(或国家)的种子认证机构监督,进行开封、去除原有封缄和标签,重新加工,重新取样。样品由原种子认证机构保存一份,其余用于现在种子认证机构的保存、对照检验和质量检验。符合标准后重新贴签和封缄,新标签重新编码,其上要包含旧标签上的所有信息,并加以重新贴签的声明。

六、对照检验

育种家种子的纯度最高,但在以后的世代繁殖过程中很容易因杂交、种子加工中的污染等过程造成后代中基因纯度的降低。为了防止这种情况的继续发生,在种子认证中采取对照小区检验。对照检验分前对照小区(pre-control plots)和后对照小区(post-control plots)检验。前对照小区与种子生产者同时或先于种子生产者种植。前对照小区的种子样品来自该品种的标准样品(认证机构持有或申请认证时申请者提交的种子样品)。前对照检验结果和田间检查结果一并用于品种纯度的鉴定,以利早期淘汰劣质种子批。各认证种子等级都可进行前对照检验。

后对照小区是种植收获的种子样品，用于与标准样品进行比较以检验田间检查的效果和后代的品种纯度。

对于所生产的基础种子、登记种子或认证种子，清选后所扦样品用于后对照检验的部分，收到后立即种植（根据季节决定）在后对照小区内，与标准品种样品种植的小区进行比较。同一品种，基础种子的后对照检验结果可用于登记种子的前对照检验，登记种子的后对照检验结果可用于认证种子的前对照检验。

第六章 牧草与草坪草种子生产技术

随着我国草地畜牧业的不断发展，尤其是以草地生态建设、奶业的发展为契机，依靠天然草地饲养家畜这一传统的草原畜牧业生产经营方式，已经不再适应21世纪草业发展的要求了。以草捆、草颗粒、草皮等产品生产为代表的草产品加工已经成为草业经济的新增长点。同样，大规模天然草地改良、人工草地牧草种植以及城市绿化需要大量优质的牧草和草坪草种子。重视牧草或草坪草种子生产的关键技术，挖掘和提高优良品种的种子产量，对于满足国内种子的需求、促进草种业的国产化进程均具有非常积极和重要的作用。

第一节 种子产量组分

与农作物相比，牧草或草坪草的种子产量常较低，出现这种情况的原因主要有：首先是牧草或草坪草育种目标的不同所导致，牧草育种注重于营养枝丰富的地上部牧草产量，草坪草种注重于选择具有较强营养繁殖能力且能快速形成地表覆盖的植物材料，不希望有种子形成，影响草坪的美观。可见，对于牧草和草坪草的新品种选育，育种目标中都不针对种子的产量。其次，多年生牧草或草坪草与一年生农作物相比，由于具有较强营养繁殖的能力，可以在种植以后多年生长，导致品种的有性繁殖能力削弱，结实率很低。还有，多数牧草或草坪草仍保留着某些野生特性，如开花期长且小花的发育、种子的成熟不一致，落粒性强等，这些遗传因素也限制了种子产量的提高。牧草的用途是为家畜提供优质高产的饲草，草坪草是为人类居住环境提供美化景观，以提高生殖枝和降低牧草或草皮质量来增加种子产量的育种途径可取性较小。因此，只有通过掌握和运用科学的生产管理技术，改善影响种子产量的关键要素，才能够提高种子的产量。

一、种子产量组分

牧草或草坪草种子产量指单位面积上形成的种子重量，最高种子产量是在单位面积最大种子数目的条件下获得的。单位面积上种子数目的多少取决于单位面积上的生殖枝数目、每个生殖枝上的花序数、每个花序上的小花数、每个小花中的胚珠数和平均种子重量，这五个因素则构成了种子的产量组成成分。

1. 单位面积的生殖枝数

生殖枝数是决定牧草或草坪草种子产量的首要因素，在田间管理过程中足够数量的生殖枝是获得种子高产的前提和保证。在河北坝上地区不同生长年限老芒麦种子生产中，由于单位面积生殖枝减少 44%，导致生长三年老芒麦种子实际产量仅为生长二年老芒麦收获种子产量的 50%左右。但生殖枝数过高或田间枝条过密也不利于种子的形成。在一定的生殖枝数目范围内，牧草或草坪草种子产量随生殖枝数目的增加而增加，两者之间呈极显著的相关关系，当生殖枝增加到一定数目之后，种子产量不再增加，并在一个相当宽的生殖枝数目范围内生产相近的种子产量(表 6-1)。

牧草或草坪草种子生产当中，需要采取适宜的田间管理措施来保持单位面积土地上具有一定数量的生殖枝，过多或过少均不利于提高种子的产量。这就需要种子生产者在播种时掌握播种量、行距等技术环节的特殊要求。另外，不同种类的牧草或草坪草种子生产对生殖枝数目的要求也有一定的差异(表 6-2)。

表 6-1 禾草生殖枝数目与种子产量的关系

牧草名称	生殖枝数/m^2	种子产量/(kg/hm^2)	
鸭茅	195	570	
	360	960	
	445	1 310	Rolston(1991)
草地羊茅	436	448	
	824	684	
	1 174	1 235	Fallcowski(1987)
多年生黑麦草	891	548	
	922	737	
	1 303	1 127	Hampton(1987)
草地早熟禾	531	453	
	600	563	
	650	753	Fallcowski 等(1987)

资料来源：Hampton et al,1997。

表 6-2 禾草种子生产所需要的生殖枝数目

牧草名称	类型	生殖枝数/m^2
鸭茅		600～850
高羊茅		600～900
紫羊茅		1 500～3 000
多年生黑麦草	牧草型	1 800～3 000
	草坪型	2 000～3 500
多花黑麦草		1 000～2 000
草地早熟禾		800～2 000

资料来源：Hampton et al,1997。

2. 每个生殖枝上的花序数

生殖枝上着生花序的数量多少是提高种子产量的基础条件，也为种子高产奠定了基础。但在豆科和禾本科植物中，每个生殖枝上的花序数对种子产量的影响并不完全相同。豆科牧草或草坪草的花序数与种子产量之间存在着极显著的正相关关系，一般随生殖枝上花序数目的增加，种子的产量也增加。生产实践中，施用生长调节剂后促进紫花苜蓿和白三叶花序数目的增加，进而增加了种子产量。

在禾本科牧草或草坪草中，每个生殖枝上的花序数以小穗数来表示，对于特定种类而言，每个生殖枝上小穗数通常很稳定、变化很小，因此每个生殖枝上的小穗数通常对种子产量的影响较小。在河北坝上地区的老芒麦种子生产研究中，生长三年老芒麦的每生殖枝小穗数为 32.7，生长二年老芒麦的每生殖枝小穗数为 33.7，两者相差较小。但受地点、季节、种类的影响，每个生殖枝上的小穗数会出现变化。秋季和冬季形成的分蘖枝往往比春季形成的分蘖枝具有更多的小穗数目。多年生黑麦草不同品种间每个生殖枝上的小穗数目存在显著差异；不同的品种小穗数目在生产年份间也存在着差异。有研究报道，9 个多年生黑麦草品种间小穗数目的范围为 19.7～22.3 个，而下一个生长季则为 21.7～24.8 个。

3. 每花序上的小花数

在豆科牧草或草坪草中，每个花序上的小花数与温度变化有密切关系，较高的温度条件可促进每个花序上小花数目的增加。在红三叶、白三叶种子生产中，都有研究表明温度增高可以使每花序小花数增加。豆科牧草或草坪草在开花过程中随着时间的推移，每个花序上的小花数表现为下降的趋势。从花芽到成熟果荚发育期间，由于小花的败育导致潜在种子产量下降。

在禾草中，将每个花序上的小花数称为每小穗上的小花数，禾本科牧草或草坪草生殖枝内的小穗中，每小穗上的小花数量常较稳定，与种子产量没有相关性。在河北坝上地区的老芒麦种子生产中，生长三年老芒麦的每小穗小花数为 4.5，生长二年老芒麦为 4.6，两者相差较小。但受环境因素、生殖枝条发育时间的影响，小花数量可能会出现变化。春季晚发育的多年生黑麦草生殖枝，每个小穗上的小花数较早发育的 6.6 个下降为 4.6 个，每小穗上的小花数也会随着单位面积上生殖枝数目的增加而下降。另外，每小穗上的小花数也随小穗在花序上的位置不同而异，一般花序中部区域小穗的小花数目较高，如基部小穗的小花多年生黑麦草为 6.3 朵，高羊茅为 5.4 朵，中部小穗的小花多年生黑草为 6.8 朵，高羊茅为 6.5 朵，顶部小穗的小花多年生黑麦草为 5.2 朵，高羊茅为 6.3 朵。

4. 每小花中的胚珠数

不同的牧草或草坪草每小花中的胚珠数目各不相同。禾草每小花中最多含有一枚胚珠（不孕小花不含胚珠），豆科牧草草木樨、红豆草、二色胡枝子等每小花含一枚胚珠，紫花苜蓿含 8～10 枚胚珠，白三叶含 5～7 枚。牧草或草坪草种子生产中并不是所有的胚珠都能发育为种子，往往由于牧草或草坪草自身的结构障碍、遗传特性、环境因素的影响，有近一半的胚珠不能够正常发育为种子，从而影响种子产量的提高。豆科牧草或草坪草中每果荚种子数受其遗传因素所决定，而且并不依赖于每个子房内的最初胚珠数量。有研究表明，高产和低产白三叶品种间胚珠数量没有显著差异。

5. 平均种子重量

各种牧草或草坪草种子的重量是由其遗传基础决定的，但牧草或草坪草种子生产中，气候条件适宜、田间管理水平较高，可获得粒大饱满的种子，使单粒种子重量增加，进而提高了牧草或草坪草的种子总产量。研究实践表明，通过施用氮肥、植物生长调节剂和杀菌剂可以增加种子重量，但是这些处理并非对种子重量都有作用，也可以降低种子重量。

单粒种子的最终重量主要与其着生位置有主要关系，由于在植株生殖生长过程中，幼穗分化的不一致性，形成在同一花序或小穗内小花的分化和发育呈现顺序进行，这将导致在不同枝条花序部位、同一花序不同小穗位置上的种子重量有差异。因此，在清选之前单粒种子间重量变化范围较大。然而，经过清选过程，小种子和轻种子被清除之后，种子重量差异变小，最低种子重量与清选效率和强度有关。

通常也用千粒重来表示种子重量，千粒重是在种子清选之后，相对稳定并且与种子数量或产量没有显著的相关性。

二、种子产量的划分

长期的牧草与草坪草种子生产实践表明，随着生产技术水平的进步和实践经验的积累，种子生产者更加关注种子产量的提高。通过田间管理，使植株上形成更多的小花、每朵小花都能正常发育成为一粒种子、每一粒种了能够被收获，将可以最大限度地挖掘种子生产潜力，收获最多的种子。因此，牧草或草坪草虽具有较高的种子生产潜力，但受环境条件、田间管理水平、收获加工技术等各种因素影响，实际收获的种子产量相对较低。根据小花发育、种子成熟以及收获情况将种子产量划分为潜在种子产量、表现种子产量和实际种子产量。

1. 潜在种子产量(potential seed yield)

潜在种子产量为种植牧草或草坪草的单位面积土地上花期出现的胚珠数(每一胚珠具有发育为一粒种子的潜力)乘以单粒种子的平均重量，即单位面积土地理论上能获得的最大种子数量，又称理论种子产量。由以下种子产量组成成分计算：

$$潜在种子产量=\frac{花序数}{单位面积}\times\frac{花数}{花序}\times\frac{胚珠数}{花}\times平均种子重量$$

禾本科牧草或草坪草可表达为：

$$潜在种子产量=\frac{生殖枝数}{单位面积}\times\frac{小穗数}{生殖枝}\times\frac{小花数}{小穗}\times平均种子重量$$

2. 表现种子产量(presentation seed yield)

表现种子产量为单位面积土地上所实现的潜在种子产量数，即牧草或草坪草植株上结实种子数量乘以平均种子重量。表现种子产量是从潜在种子产量中，将未授粉、未受精和受精后败育的胚珠所形成的种子产量减去，剩余的种子产量，可由以下种子产量组成成分计算：

$$表现种子产量=\frac{花序数}{单位面积}\times\frac{花数}{花序}\times\frac{种子数}{花}\times\left(\frac{胚珠数}{花}\times结实率\right)\times平均种子重量$$

禾本科牧草或草坪草可表示为：

$$表现种子产量=\frac{生殖枝数}{单位面积}\times\frac{小穗数}{生殖枝}\times\frac{种子数}{小穗}\times\left(\frac{小花数}{小穗}\times结实率\right)\times平均种子重量$$

3. 实际种子产量(harvested seed yield)

实际种子产量为实际收获的种子产量，也称收获种子产量，是将表现种子产量中除去落粒、收获过程中损失种子所余的种子数量，可表示为：

实际种子产量＝表现种子产量－落粒损失的种子量－收获过程损失的种子量

牧草或草坪草潜在种子产量的高低主要依赖于单位面积上的花序数、每花序的小花数及每花中胚珠数的多少，而潜在种子产量实现的百分比(表现种子产量占潜在种子产量的百分比)取决于开花、传粉、受精及种子发育过程中气候条件的好坏和管理水平的高低、传粉率的高低、授精率的高低及受精后种子发育过程中因营养或病虫情况出现的败育率高低，最终决定于每一小花中实际成熟的种子数及平均种子重量。实际种子产量的高低除取决于决定表现种子产量高低的因素外，还取决于牧草或草坪草开花、成熟的一致性、落粒性和收获的难易程度及收获机械等因素。

三、牧草或草坪草潜在种子产量与实际种子产量间的关系

(一)潜在种子产量与实际种子产量间的差距

潜在种子产量表示在植株上的每朵小花均能发育成为种子的前提下，所能获得的理论种子产量，如按照单位面积出现的胚珠数来计算潜在种子产量，那么，几

乎所有牧草或草坪草的潜在种子产量都相当高，例如紫花苜蓿潜在种子产量可达到 12.1 t/hm²，高羊茅可以达到 9.0 t/hm²。但最终实际种子产量都很低，两者之间存在着很大的差距，牧草或草坪草实际种子产量常常是潜在种子产量的 10%～20%或更低(表 6-3)。另外，在一些作物当中，玉米实际种子产量占潜在种子产量的比例高达 45%，小麦较低，也达到 26%。说明即便在良好的田间管理和机械设备条件下，品种的遗传特性和驯化程度是决定实际种子产量高低的首要因素。

表 6-3　部分牧草及农作物潜在种子产量和实际种子产量

种名	花序数/(个/m²)	花数/花序	胚珠数/花	千粒重/g	潜在种子产量/(t/hm²)	结实率/%	实际种子产量	
							t/hm²	占潜在种子产量/%
紫花苜蓿	3 750	16	10	2.0	12.1	8	0.5	4
白三叶	600	100	6	0.5	1.8	50	0.4	22
红三叶	750	110	2	1.6	2.6	25	0.6	23
百脉根	400	6	40	1.2	1.2	40	0.2	17
多年生黑麦草	200	200	1	2.0	8.0	40	1.0	13
鸭茅	600	760	1	1.0	4.6	40	0.8	17
高羊茅	660	680	1	2.0	9.0	50	1.0	11
玉米	8	900	1	300.0	21.6	90	10.0	45
小麦	500	2	1	200.0	22.4	75	6.0	26

资料来源：Lorenzetti，1993。

(二)潜在种子产量高而实际种子产量低的原因

1. 传粉受精率低，受精合子败育率高

种子生产中限制潜在种子产量实现的主要因素是传粉率低、受精率低、受精后合子败育率高和结实率低等，结果导致部分小花难以形成种子。在禾本科牧草或草坪草中只有 60%的小花能够完成传粉和受精过程，而在豆科牧草或草坪草中如果没有适宜的传粉昆虫，未授粉小花很可能达到 100%。同时环境因素对开花时间、花粉的成熟、花粉的传播与萌发、传粉昆虫的活动及子房双受精过程都有很大的影响。

受精胚珠因条件不能满足其发育需求，在种子发育过程中常常会败育。受精之后会出现细胞分裂紊乱、合子分解、胚珠瓦解等现象。多年生黑麦草开花 10 d 后有 20%～30%的受精小花败育，21 d 后近 50%的受精小花败育。在发育中小花败育的主要原因是营养枝与生殖枝之间对同化产物的竞争及没有足够的同化产物可以同时满足所有受精合子生长发育的需要。白三叶一朵小花胚珠可达 7 枚，但

很少有多于 2～3 枚的胚珠发育为种子，常常受精后的胚珠有一半败育。老芒麦种子潜在种子产量在种子成熟过程中随着营养物质积累而增加，在种子生理成熟时均达到较高的产量，但最终实际收获的种子产量都很低，二者之间相差 50%左右，这与老芒麦每小穗小花败育率高达 33%有很大关系。

2. 落粒性强，种子持留性差

大多数牧草或草坪草种子成熟后在植株上持留性极差，种子收获前禾本科牧草或草坪草种子常从花序上脱落，豆科牧草或草坪草种子常从荚果中崩落(炸裂)，这是造成实际种子产量低的另一个重要因素。多年生黑麦草、大黍、路氏臂形草和棕籽雀稗落粒率分别为 30%、58%、61%和 43%。湿地百脉根种子成熟后荚果炸裂率为每天 10%，8 d 之后荚果的炸裂率为 70%～80%。

在种子生理成熟之后延迟收获，尽管种子生活力和活力保持在较高的水平，但由于种子脱水迅速，落粒性在禾草中有不同程度的增加。例如，对于落粒性强的老芒麦，将造成种子产量损失严重。老芒麦种子落粒率在花后 18 d 达到 19%，24 d 自然脱落率达 26%，到花后 28 d 自然脱落率达 35%。而且在老芒麦种子含水量降至 47%以后，种子的自然脱落加剧，产量下降趋势极为显著。

3. 收获过程中的损失

种子收获过程中的刈割、搬运、捡拾和脱粒等程序都会造成种子的损失，从而降低实际种子产量。收获过程中的损失视草种、品种、收获时间和收获机械而不同，其中受种子落粒性的影响，适宜收获时间的确定对于降低种子损失效果明显。白三叶种子收获过程中的损失为 12%～75%，禾本科牧草或草坪草种子收获过程中的损失为 13%～42%。一般情况下，牧草或草坪草从表现种子产量到实际种子产量因自然落粒和收获过程中的损失为 30%～75%。

四、提高牧草与草坪草实际种子产量的可能性

长期的种子生产实践证明，随着种子生产科技水平的不断提高，生产者通过适宜环境的选择、田间管理技术的研究和运用来提高实际种子产量。特别是在种子生产技术水平先进的国家，专业化种子生产田的建立、配套完善的种子田管理技术和收获加工设备，将牧草或草坪草种子的产量大幅度提高。如在美国西部以专业化种子生产为主的俄勒冈州，2009 年的产量统计中，多花黑麦草种子平均产量已达 2 225 kg/hm^2，多年生黑麦草种子产量平均达 1 729 kg/hm^2，高羊茅种子产量平均达 1 915 kg/hm^2，草地早熟禾种子产量平均达 1 187 kg/hm^2，鸭茅种子产量平均达 878 kg/hm^2，紫花苜蓿种子产量平均达 842 kg/hm^2，白三叶种子产量平均

达 707 kg/hm²。而在小区试验中牧草或草坪草的实际种子产量常很高,多年生黑麦草达 2 900 kg/hm²,高羊茅达 3 600 kg/hm²,鸭茅达 1 350 kg/hm²,紫花苜蓿达 2 307 kg/hm²,白三叶达 1 230 kg/hm²。因此,掌握和了解种子发育成熟规律、田间管理与收获加工技术,才可能充分挖掘种子产量的潜力。随着生产者素质的提高、科学研究的深入、实用技术的推广,牧草或草坪草的实际种子产量势必将有大幅度的提高,满足草地建设和城市美化所需的各种牧草或草坪草种子。

第二节 种子生产的地域性要求

长期以来,我国牧草种子生产仅仅是干草生产过程中的副产品,种子的生产收获都是在兼用草田中进行,这种传统粗放的生产经营已经被证明是低效的。事实上,牧草与草坪草的种子生产对生产地区的要求与干草生产截然不同,不同草种适宜进行种子生产的地区各不相同,同一种牧草或草坪草在不同地区种子产量相差很大。例如,在不施肥条件下,柱花草种子生产试验中广州地区种子产量不足 75 kg/hm²,而在海南三亚地区却达到 225~375 kg/hm²。紫花苜蓿在辽宁地区平均产量为 75 kg/hm²,而在甘肃河西地区最高可达 600 kg/hm²。多年生黑麦草在云南曲靖产量为 336 kg/hm²,而在宁夏黄灌区可达 1 389 kg/hm²。高羊茅在北京产量为 607 kg/hm²,而在宁夏银川可达 2 266 kg/hm²,在新疆石河子可达 2 000 kg/hm²(表 6-4)。许多种子生产单位由于不了解牧草与草坪草种子生产对生产地区气候环境条件的特殊要求,选点不慎,往往会造成巨大的经济损失。新中国成立之初我国曾在全国各地投资建设草籽繁育场,开展种子生产工作,但到目前为止能够进行规模化草种生产的单位寥寥无几,造成这种情况的主要原因是与生产地区光照、降水和温度条件有很大关系。因此,必须根据具体草种生长发育特点和结实特性,选择最适宜的地区进行种子生产,为获得种子的高产奠定基础。

表 6-4 地域性差异对部分牧草与草坪草种子产量的影响

柱花草		紫花苜蓿		多年生黑麦草		高羊茅	
地区(试验田)	产量/(kg/hm²)	地区(试验田)	产量/(kg/hm²)	地区(试验田)	产量/(kg/hm²)	地区(试验田)	产量/(kg/hm²)
广州	<75	甘肃陇东地区	225~300	贵州独山	845	北京	607
儋州	75~150	甘肃东部地区	<225	云南曲靖	336	新疆石河子	2 000
三亚	225~375	甘肃河西地区	275~600	宁夏黄灌区	1 389	宁夏银川	2 266
		辽宁地区	75	辽宁大连地区	236	辽宁大连地区	851

资料来源:韩建国,等,2001。

随着我国草地生态建设工程的深入开展和人工草地种植面积的增加，对于各类牧草种子的需求也在迅速增加，种子生产基地建设也逐渐受到各级政府和企业单位的关注。

一、牧草或草坪草种子生产对气候条件的要求

牧草或草坪草种子生产中气候条件是决定种子产量和质量的根本因素，并且气候条件不能被生产者左右，种子生产者必须根据不同草种生长特性选择最适宜气候区进行种子生产，才能最大限度地提高牧草或草坪草种子产量。实践经验证明，牧草与草坪草种子生产对气候条件的要求为：具有适于草种营养生长所要求的太阳辐射、温度和降雨量；诱导开花的适宜光周期及温度；成熟期稳定、干燥、无风的天气。

1. 生长期间温度适宜、植株发育完全

适宜的温度是植株进行营养生产和生殖生长最基本的条件。不同的牧草或草坪草，其正常生长的最适温度不同。只有在最适温度条件下，植株完成其营养生长过程，才能获得较高的结实率。多年生禾草如草地早熟禾、无芒雀麦、紫羊茅、多年生黑麦草等，只有在15～24℃的温度条件下才能正常生长，温度太高则会影响其生长发育。而矮柱花草、狗牙根、雀稗、象草等在较高的温度下才能正常生长，温度太低则会造成种子产量下降，如矮柱花草在最低夜温9℃以下时完全不能结籽。

各种牧草或草坪草开花、授粉及结实都受到温度变化的影响，适宜的温度可提高种子的产量，温度偏高或偏低都将造成种子产量的降低。例如，当气温低于20℃或高于30℃时，对无芒雀麦开花授粉极为不利，影响花粉成熟和散出。老芒麦开花的最适温度为25～30℃，紫花苜蓿开花的最适温度为22～27℃，羊草开花的最适温度为20～30℃，苏丹草开花期温度不能低于14℃。

此外，牧草或草坪草植株亦需在充足的光照和水分条件下，才能良好地生长发育，植株营养生长所积累的大量养分是获得饱满子粒的重要保证。

2. 适宜开花的日照长度

许多牧草或草坪草品种的开花受日照长度控制，并且牧草或草坪草对于不同光周期的适应而形成不同的生态类型，即长日照植物、短日照植物和中日照植物。低纬度的热带和亚热带地区有利于短日照植物开花，并提高结实率。高纬度的温带地区有利于长日照植物开花结实，而短日照植物则只能在春季开花。

在低纬度的热带和亚热带地区有利于短日照植物开花，牧草中典型的短日照植物有绿叶山蚂蝗、大翼豆、圭亚那柱花草、糖蜜草等，这些牧草只能在低纬度地区

开花结实，而移至高纬度地区则不能开花，无法进行种子生产。另外，在短日照植物中还有一些牧草在花芽分化时要求通过短日照及低温条件才能开花结实，如无芒雀麦、虉草等牧草必须在高纬度地区春季或秋季通过短日照和低温条件的刺激后才能开花。

多数温带牧草或草坪草的开花需经过双诱导，即植株必须经过冬季（或秋春）的低温和短日照感应，或直接经短日照之后再经过长日照的诱导才能开花，一般短日照和低温诱导花芽分化，长日照诱导花序的发育和茎的伸长，如草地早熟禾、看麦娘、鸭茅、猫尾草、虉股颖、多年生黑麦草、草地羊茅等（表 6-5）。

在高纬度的温带地区适于长日照植物进行种子繁殖，这类牧草或草坪草必须通过一定时期的长日照（往往日照时数大于 14 h）才能进行花芽分化，否则将处于营养生长状态，如紫花苜蓿、白花草木樨、箭筈豌豆、白三叶、羊草、高羊茅、多年生黑麦草、紫羊茅等。在临近赤道的低纬度地区，一般长日照植物不能进行种子生产。

表 6-5　牧草和草坪草开花所需的双诱导条件

草种名	短日照（＜12 h）		长日照（＞16 h）	
	温度/℃	日照时间/周	温度/℃	日照时间/周
草地早熟禾	3～18	6～10	3～12	12
看麦娘	6～18	6	6～15	6～8
鸭茅	9～21	10	0～3	＞20
猫尾草	3～15	9～12	3～12	12～14
虉股颖	3～12	15	3～6	15
多年生黑麦草	3	12～16	3	12～16
草地羊茅	3～15	16～20	3～12	18～20
紫羊茅	11～15	12～20	3～12	20

资料来源：Heide，1994。

牧草与草坪草中还有一类中日照植物，需要经过接近于 12 h 的光照条件下才能开花。这类植物在热带禾本科牧草或草坪草中比较常见，如无芒虎尾草、弯叶画眉草、毛花雀稗。

3. 开花成熟期具有持续晴朗的天气

晴朗多光照的气候条件有利于牧草或草坪草的光合作用和开花授粉。禾本科牧草或草坪草开花如遇阴雨天气，小花处于关闭状态。光照对于异花授粉的豆科牧草或草坪草尤为重要，它们借助于包括各种蜂类在内的昆虫进行授粉，蜂喜欢在强光、艳日下活动，若阴天下雨蜂停止活动，从而影响小花授粉结实。在长期荫蔽条件下牧草或草坪草的开花授粉受到严重影响，会明显降低种子的产量。不同光照强度对牧草和草坪草种子产量组分影响的研究表明，遮阳不利于生殖枝、花序和小花的发育，进而影响种子产量(表 6-6)。

表 6-6　不同光照强度(100%为全日照)对牧草或草坪草枝条发育的影响

草种名称	光照强度/%	生殖枝占分蘖枝条/%	花序数/株	小花数/花序	一次分枝/花序
多年生黑麦草	100	100	14.5±0.95	140±7.1	19.4±0.46
	50	100	12.1±1.27	142±7.9	20.0±0.92
	25	100	9.7±0.77	138±7.2	20.4±0.80
	5～10	88	3.2±0.34	45±3.8	18.0±0.99
草地羊茅	100	100	4.3±0.33	194±9.4	12.0±0.37
	50	80	1.7±0.26	197±7.7	12.8±0.37
	25	79	1.5±0.28	180±12.4	12.6±0.31
	5～10	0	0	—	—
鸭茅	100	67	1.9±0.35	520±47.2	14.5±0.42
	50	40	1.0±0.0	581	14.8±0.49
	25	13	1.0±0.0	534	13.5

资料来源：Ryle，1961；1966。

适量的降水对牧草或草坪草种子发育是必要的，有些牧草或草坪草的开花需要适中的相对湿度，如老芒麦需要 45%～60%的相对湿度，羊草需 50%～60%的相对湿度，紫花苜蓿需要 53%～75%。部分豆科牧草或草坪草种子成熟期如湿度太低将造成荚果炸裂引起收获前种子的大量损失。但种子成熟期和收获期过多的降雨将不利于种子的田间晾晒，影响种子干燥速度，造成种子产量的大幅度下降，而且还会造成在植株上的种子吸涨萌发，降低种子的质量。大多数牧草与草坪草种子在成熟期要求干燥、无风、晴朗的天气且昼夜温差大。因此，种子生产地区要避开开花、结实期阴雨连绵的气候区。

此外，充足的光照还有利于抑制病害的发生，有利于营养物质向种子转移。

二、种子生产对土地的要求

除了气候条件，土地也是影响种子生产的重要因素之一。适宜的土壤类型、良好的土壤结构、适中的土壤肥力对获得优质高产的牧草与草坪草种子是非常必要的。

1.种子生产对土壤类型、土壤结构及土壤肥力的要求

大部分牧草与草坪草正常生长喜中性土壤条件。紫花苜蓿、黄花苜蓿、白花草木樨、红豆草、草木樨状黄芪、截叶铁扫帚等牧草适于在钙质土中生长，而紫花苜蓿、羊草、碱茅等牧草也适宜在轻度盐碱土壤上种植生长。盖氏须芒草、弯叶画眉草、卵叶山蚂蝗、头形柱花草等牧草却适于在热带酸性土壤中正常生长。

用于牧草与草坪草种子生产的土壤最好为壤土，由于壤土较黏土和沙土持水力强，有利于耕作和除草剂的使用，壤土还适于牧草或草坪草根系的生长和吸收足够的营养物质。对于土壤肥力要求适中，肥力过高或过低会导致营养生长过盛或不足从而影响生殖生长，降低种子的产量。土壤中除含有足够的氮、磷、钾和硫之外，还应含有与牧草或草坪草生殖生长有关的微量元素硼、钼、铜和锌等。

2.种子生产对地形、土地布局的要求

用作生产牧草或草坪草种子的田块，应选择在开旷、通风、光照充足、土层深厚、排水良好、肥力适中、杂草较少地段上。

在山区进行牧草或草坪草种子生产，宜将种子田布置在阳坡或半阳坡上。一般使用普通的收获机械，土地的坡度应小于10°，若坡度太大，种子和秸秆在收获机的平筛内难以分离，使大量种子混于秸秆之内，造成产量损失。紫花苜蓿、红三叶、扁穗雀麦等牧草要求排水良好的土地，所以在低洼地进行这些牧草的种子生产时，应配置排水系统。对于豆科牧草或草坪草还需考虑种子田隔离要求和昆虫授粉条件，应布置于邻近防护林带、灌丛及水库近旁，以利于昆虫传粉。

属异花授粉的牧草或草坪草，容易杂交的不同种类、同一草种的不同品种如果在同一地区进行种子生产，在各种、品种之间为了防止串粉造成生物混杂，必须建立隔离带。

第三节　种子生产的田间管理

实践证明，适宜的环境条件加上合理的田间管理才能获得最高的牧草与草坪草种子产量。在世界上牧草与草坪草种子生产技术的发展过程中，包括播种时间、肥料种类、施肥量、施肥时间、杂草控制、病虫害防治、收获时间和方法等在内的技

术问题，历来是种子生产者所关注的。但在我国对于种子生产的特殊要求认识不足，牧草与草坪草种子生产技术相对落后，缺乏科学合理的管理措施，同国际专业化牧草与草坪草种子生产相比存在很大差距。

随着牧草与草坪草专业化种子生产区的出现，通过各项田间管理措施和技术成果的大面积推广和应用，使牧草与草坪草种子产量大幅度提高。如美国的牧草与草坪草种子平均产量从20世纪40年代的150～300 kg/hm^2，提高到现在的1 125 kg/hm^2。1977—1997年的20年间，美国俄勒冈州主要牧草与草坪草种子单位面积的平均产量均有不同程度的提高，其中匍匐翦股颖提高47%，草地早熟禾提高129%，细羊茅提高76%，高羊茅提高119%，多年生黑麦草提高59%（表6-7）。在丹麦，1987—1997年间多年生黑麦草的大田平均种子产量为1 200 kg/hm^2，草地早熟禾的大田平均种子产量为950 kg/hm^2。在荷兰，1987—1995年间多年生黑麦草大田平均种子产量为1 440 kg/hm^2。

我国虽然在20世纪50年代建立了20多个草种繁殖场，但由于受各种因素的影响目前保存下来的为数不多，进入80年代我国的草种业才有了较快发展。由于长期以来种子生产者采取“广种薄收、粗放管理”的经营模式，对于种子科学研究的基础投入少，导致牧草与草坪草种子生产方式和技术落后，种子产量较低，平均在300～400 kg/hm^2。另外，在种子生产中沿用传统的留种方式，种子收获采用人工收种、手工清选，缺乏科学合理的田间管理技术和先进的清选加工设备，造成种子质量低劣，严重影响了草地建设的质量和种子业的健康发展。因此，为了促进草种生产的国产化和草种生产基地建设，加强我国牧草种子生产的田间管理，提高管理技术水平是非常重要的。

表6-7　美国俄勒冈州冷季型禾草种子大田平均种子产量动态　kg/hm^2

草种	1977年	1997年
匍匐翦股颖	450	661
草地早熟禾	455	1 042
细羊茅	560	984
紫羊茅	625	849
高羊茅	730	1 599
多花黑麦草	1 910	2 081
多年生黑麦草	1 010	1 608
鸭茅	820	1 009

资料来源：韩建国等，2001。

一、播种

(一)播种方式和方法

1. 播种方式

以种子生产为目的的牧草或草坪草播种多采用无保护的单播方式，这是由于保护作物对多年生牧草或草坪草的生长具有一定的影响，会造成种子产量的下降。如垂穗披碱草以黍子为保护作物，紫花苜蓿以谷子为保护作物，种子产量均较无保护作物的播种方式减少 25%～34%。

2. 播种方法

牧草或草坪草种子田的播种可采用点播、条播和撒播的方法。植株高大或分蘖能力强的牧草或草坪草可采用点播的方法，一般点播的株行距采用 60 cm×60 cm、60 cm×80 cm，这种播种方法可使植株生长于阳光充沛、土壤营养供给面积大、通风良好的环境中，能促使牧草或草坪草形成大量的生殖枝。在海南柱花草的种植株行距为 50 cm×50 cm 至 100 cm×100 cm 不等。在广西热研 2 号柱花草种植密度为 1.0 m × 1.0 m 的种子产量最高。

在无法采用机械进行播种、具有较强根茎等营养繁殖能力、生长期内杂草非常严重等情况下，可考虑采用撒播，不受播种机械限制，有利于对杂草的抑制，撒播种子田土壤不易侵蚀，管理费用较低。

多年生牧草或草坪草的种子生产最好实行条播，实行条播的行距常为 15 cm；宽行条播视牧草或草坪草种类、栽培条件不同，有 30、45、60、90、120 cm 的行距。获得最高种子产量的行距因牧草或草坪草种类而异(表 6-8)，如草地早熟禾为 30 cm，紫羊茅、无芒雀麦和冰草为 60 cm，鸭茅为 90 cm。多花黑麦草的行距以 15～30 cm 为宜，无芒雀麦、虉草、高羊茅等的行距在 30～60 cm 可望获得最高种子产量。在我国西北地区紫花苜蓿的播种行距在 60～90 cm，平均种子产量最高。

在甘肃酒泉地区的研究结果表明(2003—2008 年)，获得最高种子产量的株行距处理随着建植年份的推移而发生变化(表 6-9)，行距 60 cm 株距 15 cm 组合在 2004 年获得了最高产量；行距 80 cm 株距 30 cm 组合在 2006 年和 2007 年获得了最高产量；行距 60 cm 株距 30 cm 组合在 2005 年和 2008 年获得了最高产量；行距 60 cm 株距 15 cm 组合获得了最高的 5 年平均产量。从实际种子产量的年际变化来看，60 cm 行距和 15 cm 株距在第 1 和第 2 个收获年具有高产的优势。而中等植株密度处理(80 cm 行距和 30 cm 株距)在收获种子的第 3 年，第 4 年和第 5 年表现出增产的优势。因此，在种子生产播种时采用 80 cm 的行距，适当加大行内植株密度，在第 2 年种子收获后进行行内疏枝，可以实现高产稳产。

表 6-8 播种行距对牧草或草坪草种子产量的影响

草种名称	行距/cm	种子产量/(kg/hm²)				
		第 1 年	第 2 年	第 3 年	第 4 年	第 5 年
草地早熟禾	30	603	814	689	569	499
	60	579	784	659	568	503
	90	429	611	541	486	436
紫羊茅	30	836	631	557	549	569
	60	924	696	580	547	578
	90	846	597	497	509	614
无芒雀麦	30	1 200	870	705	645	—
	60	1 305	968	792	741	—
	90	1 203	908	792	741	—
沙生冰草	30	889	651	602	328	—
	60	926	771	686	704	—
	90	805	689	643	637	—
鸭茅	30	173	154	248	226	—
	60	342	250	322	306	—
	90	406	336	415	373	—

资料来源：Canode，1980。

表 6-9 不同行距和株距组合处理对苜蓿(WL232HQ)种子产量的影响

行距/cm	株距/cm	年份					平均产量/(kg/hm²)
		2004	2005	2006	2007	2008	
60	15	1 850	822	637	802	629	948
	30	1 258	832	842	872	656	892
	45	1 109	695	817	761	407	758
	60	906	678	802	801	409	719
80	15	1 300	795	912	915	634	911
	30	1 070	779	942	1 064	580	887
	45	909	771	809	913	497	780
	60	689	768	762	737	429	677
100	15	1 227	705	817	875	371	799
	30	1 097	662	797	928	411	779
	45	828	679	708	688	412	663
	60	770	613	543	563	311	560

(二)播种时间及播种量

1.播种时间

播种时间因种而异,一年生牧草只能进行春播,越年生牧草或草坪草可秋播,次年形成种子。对于多年生牧草或草坪草必须考虑其对光周期和春化的反应。长日照植物可进行春季播种,如紫花苜蓿、红豆草春季播种到秋季可收获种子。那些要求短日照和低温条件的牧草或草坪草适合于夏末或初秋播种,以便在冷季到来之前形成足够的分蘖或分枝,随之而来的冷季和短日照刺激这些分蘖形成生殖枝。要求短日照和低温、之后需长日照诱导的植物也适于秋季播种,次年可进行种子生产,如多年生黑麦草等。此外白三叶、无芒雀麦、百脉根等既可春播也可秋播。

2.播种量

用于种子生产的播种量比用于牧草生产的播种量少,窄行播种时的播量只是牧草生产播量的一半,宽行播种量只是窄行播种量的1/2~2/3(表6-10)。参考理论播种量来确定种子的实际播种量,直接采用理论播种量进行播种往往会高估种子的质量状况,因此,种子生产者在确定实际播种量时可以利用种用价值(种子发芽率和净度的乘积)进行计算。在种子生产田内的禾本科牧草或草坪草应具有发育良好、一定数量的生殖枝,生殖枝数量过高和过低均不利于种子产量的提高。确定合理的播种量,将保证种子田内达到适宜的生殖枝数量。实践中,种子生产者常增加播量,虽然可以保证出苗率,使营养枝增加,但抑制生殖枝的生长发育。豆科牧草或草坪草在田间要求植株留有一定空间,以利于昆虫传粉。

表6-10 不同草种种子生产田的理论播种量 kg/hm^2

草种	窄行条播	宽行条播	草种	窄行条播	宽行条播
紫花苜蓿	7.5	6.0	鸭茅	12.0	9.0
白花草木樨	7.5	6.0	老芒麦	18.75	10.5
黄花草木樨	7.5	6.0	披碱草	18.75	10.5
白三叶	4.5	3.0	羊草	22.5	11.25
绛三叶	4.5	3.0	多年生黑麦草	12.0	9.0
百脉根	5.0	3.0	多花黑麦草	12.0	9.0
猫尾草	6.0	4.5	冰草	15.0	9.0
草地羊茅	12.0	9.0	无芒雀麦	15.0	10.5
紫羊茅	12.0	7.5	虉草	9.75	7.5
高燕麦草	15.0	9.75	草地早熟禾	9.0	7.5

资料来源:内蒙古农牧学院,1987;希斯等,1992;贾慎修,1995。

一年生牧草或草坪草田间的植株密度与播种量之间有着密切的关系，生产中常常用播种量来控制一年生牧草或草坪草的植株密度。一年生豆科牧草中，矮柱花草达到最高种子产量的密度为 850 株/m^2，密度在 250 株/m^2 以下，种子产量与密度的对数值呈正相关。超过 250 株/m^2，种子产量趋于稳定，超过 850 株/m^2，种子产量下降。要使播种当年种子产量最高，建植密度应达 250 株/m^2，其播种量为 25～40 kg/hm^2。

多年生牧草或草坪草的分蘖可补偿建植时密度的不足，因而建植密度低时不会影响种子产量。草地早熟禾和紫羊茅的播量与分蘖密度和种子产量关系的研究表明(表 6-11)，加大播种量可增加秋季分蘖数，但到了冬季不同播种量间的分蘖密度差异减小，种子收获时，每平方米可育分蘖枝数没有显著差异，但高播量的种子产量显著减少，原因是播种密度大，营养枝增加，抑制了生殖枝的发育。

表 6-11　播种量对草地早熟禾和紫羊茅种子产量的影响　kg/hm^2

草种	播种量	产量
草地早熟禾	3	1 658
	6	1 708
	12	1 696
	24	1 570
紫羊茅	4	1 311
	8	1 346
	16	1 319
	32	1 143

资料来源：Meijer，1984。

3. 播种深度

播种深度是建植成败的重要因素之一，影响播种深度的主要因素有种子大小、土壤含水量、土壤类型等。牧草或草坪草由于种子较小，以浅播为宜，豆科与禾本科牧草或草坪草相比应更浅一些。受出苗类型影响，部分豆科牧草或草坪草属子叶出土类型，出苗顶土比禾本科牧草或草坪草困难。一般在沙质壤土上，牧草或草坪草种子以 2 cm 播深为宜，大粒种子以 3～4 cm 为宜；黏壤土为 1.5～2 cm。小粒种子播深可更浅，如红三叶播深为 1～1.5 cm，白三叶播深为 0.5～1 cm，草地早熟禾、翦股颖等的种子可播于地表，播后镇压与土壤充分地接触，以利于种子吸水萌发。

二、施肥

根据土壤养分状况、气候条件、牧草或草坪草种子生产对营养物质的需求进行合理的施肥，可最大限度地提高其种子产量。

(一)禾本科牧草或草坪草种子生产中的施肥

在禾本科牧草与草坪草种子生产中，氮肥是影响种子产量的关键因素，氮素对于植株分蘖、干物质生产、花序形成、产量组分动态变化均具有影响。种子生产氮肥施用技术的研究中，大量集中于施氮量、施氮时间对种子产量的影响。

氮肥施入量对牧草或草坪草种子产量有着明显的影响，大多数草种随施氮量的增加种子产量提高。但一味追求大量施氮，却并非能够相应提高种子的产量，反而会导致种子产量的下降。如紫羊茅、鸭茅种子生产研究中，增施氮肥可以提高种子的产量，在施氮量最大时获得最高的种子产量。而在草地羊茅种子生产中施氮 135 kg/hm^2 所获得的种子产量却低于 90 kg/hm^2 的施氮处理(表 6-12)。研究与实践表明，获得最高种子产量的适宜施肥量因种而异，如鸭茅为 160～200 kg/hm^2，草地早熟禾为 60～80 kg/hm^2，紫羊茅为 180 kg/hm^2，多年生黑麦草为 120 kg/hm^2。热带禾草种子生产中，施氮可增加分蘖可育率、穗数、每穗的种子数，如棕籽雀稗施氮量分别为 0 kg/hm^2、100 kg/hm^2 和 400 kg/hm^2，种子产量则分别为 60 kg/hm^2、301 kg/hm^2 和 361 kg/hm^2。纤毛蒺藜草、无芒虎尾草、莫桑比克尾稃草、伏生臂形草要取得最高种子产量，需施氮 100～200 kg/hm^2。但土壤中可利用氮素受土壤养分状况、种植史、土壤温度、降水等因素的影响，将引起适宜施氮量的波动，因此，种子生产者需要根据种子田土壤养分状况、温度、降水等影响因素，确定合理的施氮量，保证种子的高产。

虽然增施氮肥可增加禾草的种子产量，但施肥时间也是改善种子产量的重要因素。一般可以在春季、秋季进行施肥，促进生殖枝条的形成和发育，避免营养生长过盛，改善种子产量组分，达到种子增产的目的。在春、秋季施氮水平的试验研究表明，对于许多禾草春季最佳施氮量有赖于上年秋季所施氮的数量，秋季施氮之所以重要是与增加禾草潜在生殖枝数目以及相应地提高种子产量有关。春季施氮的数量和时间是禾草种子生产当中的关键因素。秋季施氮的主要目的是在冬季低温期之前促进大量形成分蘖，而春季施氮的目的是为每个分蘖的继续发育提供更多的营养，使其完全成熟并最终形成发育良好的花序。研究表明，植株开始进行生长分化以及花序的形成和发育时需要足够的氮素供应，此时禾草能够获得氮素的多少将决定分蘖中生殖枝的比例，当氮素受到限制时，生殖枝的比例下降，而且小花数也相应减少。然而，高施氮量造成叶片生长过多，并像禾谷类作物一样，易于早期倒状并出现病害，从而影响种子的结实和发育。

表 6-12 不同施氮水平对牧草与草坪草种子产量的影响 kg/hm²

草种	施氮水平	种子产量
紫羊茅(17 个试验平均值)	30	960
	60	1 000
	90	1 020
草地羊茅(15 个试验平均值)	45	1 130
	90	1 160
	135	1 110
鸭茅(17 个试验平均值)	45	890
	90	1 020
	135	1 090
多年生黑麦草(11 个试验平均值)	45	1 240
	90	1 440
	135	1 500
猫尾草(13 个试验平均值)	45	380
	90	410
	135	410

资料来源：Norderstgaard，1980。

春季施氮为了增加可育分蘖数，在春季小穗开始分化和茎节伸长期间施氮是禾本科牧草或草坪草种子田施肥的最佳时间。多年生黑麦草(品种为 S24)春季施氮 120 kg/hm²，如果在幼穗分化期施入所得到的可育分蘖数为 100，而在抽穗期施入得到的可育分蘖数为 92(30％抽穗时施入)和 74(70％～80％抽穗时施入)。在河北坝上地区的无芒雀麦种子生产中，春季施氮 200 kg/hm² 可以达到最高种子产量(表 6-13)。还有在新麦草种子田间管理中，在春季施氮总量为 200 kg/hm² 的条件下，返青期和抽穗初期分两次施肥(1∶1)可显著促进新麦草生殖生长，种子产量达到 2 761.8 kg/hm²，较对照增产 117％，返青期一次施肥种子产量为 2 712.7 kg/hm²，增产 113％，抽穗初期一次施肥的增产幅度最低，为 2 049.7 kg/hm²，增产 61％。

在生长季较短的地区，秋季施肥对于保持土壤养分平衡具有重要作用。秋季施氮肥可以增加分蘖数，提高冬季分蘖的存活率，增加可育分蘖数。但秋季施氮肥不能过量，以防刺激过度的营养生长。因此，确定适宜的施肥比例，在秋季和春季分次施肥对于保持土壤养分平衡，尤其是沙性土壤，提高种子产量效果明显。草地早熟禾、紫羊茅秋季施肥占总施肥量的50%为宜，鸭茅、草地羊茅和猫尾草秋季施肥占33%为宜。通常在秋季施用氮肥总量的1/3，然后在下一年的春季施用氮肥总量的2/3，可以获得较高的种子产量。无芒雀麦虽然秋季施氮效果不如春季，但增施氮肥也提高种子产量。而秋季与春季分施处理却明显提高种子产量，同样是施氮100 kg/hm²，春季一次性施入增产效果最差，秋季一次性施入有一定增产效果，而在秋季、春季分两次施入可以提高种子产量，其中秋季施氮70 kg/hm²、春季施氮30 kg/hm² 组合增产效果最佳，比春季一次性施氮处理增加种子产量85%（表6-13）。其中施氮对于单位面积的生殖枝数、每生殖枝小穗数的影响较大，有利于种子的形成和发育。

表6-13 施氮对无芒雀麦种子产量组分及产量的影响

施氮处理	生殖枝数/m²	小穗数/生殖枝	小花数/小穗	可育小花数/小穗	千粒重 g	实际种子产量/(kg/hm²)
对照	455.8	29.8	7.5	4.2	3.68	968.4
S50	436.7	27.5	7.0	4.0	3.70	715.4
S100	563.3	32.9	7.4	4.0	3.66	867.4
S150	404.2	34.5	7.0	4.2	3.55	905.3
S200	586.7	30.6	7.0	4.2	3.80	1 205.0
A50	390.8	31.6	7.0	4.0	3.64	742.5
A100	475.8	34.1	7.2	4.4	3.74	1 170.8
A150	500.0	32.0	7.3	4.5	3.68	736.3
A200	550.0	30.3	7.6	4.4	3.46	1 139.3
A30S70	512.5	33.4	7.3	4.8	3.50	1 237.6
A70S30	524.3	32.9	7.0	4.3	3.54	1 607.2

资料来源：毛培胜等，2000；S代表春季；A代表秋季。

然而，分次施氮的比例也受土壤和气候条件影响。在高羊茅种子生产施肥试验表明，大连地区秋季施氮30 kg/hm²、春季施氮90 kg/hm² 可以获得2 473 kg/hm² 的种子产量，比对照提高1.9倍。在银川地区秋季施氮45 kg/hm²、春季施氮45 kg/hm² 可以获得3 533 kg/hm² 的种子产量，比对照增加56%。

磷肥对禾本科牧草或草坪草种子产量也有一定的促进作用，尤其是对于含磷量低的土壤，改善磷肥的供应状况，可以增加禾草的种子产量。钾是流动养分，需要经常补充。种子收获后大量的秸秆从田间运走，造成钾的大量损失，易从土壤中流失。禾本科牧草或草坪草种子生产中，如果施用了大量的氮肥，那么保证磷、钾的平衡供应是非常重要的。

(二)豆科牧草与草坪草种子生产中的施肥

豆科牧草或草坪草可有效地利用其共生的根瘤菌固定空气中的氮来增加对氮的吸收,对于土壤氮素的依赖较小,因此,豆科牧草或草坪草种子形成发育对土壤中氮素的需要较少,而对土壤中磷、钾元素的需要量较高。尽管如此,在播种当年、根瘤尚未形成或老化时期,根瘤菌固氮作用无法提供足够的氮素,植株和种子生长发育所需氮素仍然依靠土壤中的氮素供应。此时,采取适量的施氮措施对于满足豆科牧草或草坪草的养分需求也是十分必要的。

在花期或开花之前追施磷、钾肥最有利于种子生产。研究表明,在新疆百脉根种子生产试验中,百脉根由于固氮能力强,苗期施少量氮肥对生长发育有利,结合灌水施尿素 30 kg/hm^2,播前施过磷酸钙 225 kg/hm^2,3 年内可不施肥。紫花苜蓿的种子产量随着施肥水平的提高而增加,直到施磷肥达到 140 kg/hm^2 产量达最高峰;增加黄红灰化土的磷肥施用量,使银叶山蚂蝗的花数增加,种子产量增加 35%;增施磷肥使矮柱花草种子产量增加 20%。增施磷肥可使红豆草种子产量增加 100%(表 6-14)。

表 6-14 磷肥施量对红豆草种子产量的影响 kg/hm^2

施肥量(过磷酸钙,含 P_2O_5 12%～18%)	第一年收获	第二年收获	第三年收获
0	154	950	875
225	188	1 250	1 250
450	207	1 440	1 425
1 125	218	1 700	1 625
1 500	282	1 851	1 750
1 875	219	1 900	1 800

资料来源:陈宝书,1992。

许多豆科牧草或草坪草从孕蕾期到种子成熟对氮的需要量增加,此时根瘤老化,根瘤菌的活动能力降低,因而显示出氮的供应不足。往往在蕾期追施氮肥可增加种子的产量。紫花苜蓿蕾期施入氮肥可使种子产量增 20%～30%;银叶山蚂蝗施氮,花序分化前施入,种子增产 31%,花序分化起施入,种子增产 26%。于不同时间对白三叶追施氮、磷、钾肥,抽茎期施入的种子增产 25.4%,始花期施入的增产 35.6%,盛花期施入增产 49.7%。

磷对苜蓿单株花序数和单株粒重有显著增加作用,而对单株生殖枝数、每花序荚果数、每荚果种子数、千粒重影响不大。在新疆呼图壁的试验表明,随着施磷量的增加，苜蓿种子产量也在增加，其中施 P 135 kg/hm^2 的处理种子产量为最高，达 564.8 kg/hm^2；其次为施用 P 90 kg/hm^2，种子产量为 482.1 kg/hm^2；对照不施肥的种子产量最低，为 322.8 kg/hm^2。在甘肃酒泉地区，土壤有效磷含量 12.47 mg/kg 的情况下，2001 年春季施磷肥处理，当年和次年的种子产量之间差异不显著。春季 P_2O_5 120 kg/hm^2 处理两年的种子产量均表现出最高，为 794.1 kg/hm^2 和 822.1 kg/hm^2，分别比对照不施磷肥提高 3.6% 和 22.6%。土壤有效磷为 22.10 mg/kg 的条件下，施磷量为 P_2O_5 360 kg/hm^2，前一年秋季施 1/3，生产当年春季施 2/3，种子产量最高，达 1 523.2 kg/hm^2，与对照不施磷肥 1 152.8 kg/hm^2 的产量相比，增产 32.1%。

硫是蛋白质的组成元素，豆科牧草与草坪草的生长中需要大量的硫，种子生产中保证足够的硫肥才能达到稳定和高产。紫花苜蓿、绿叶山蚂蝗种子生产中都需要施硫肥。在土壤硫酸根含量为 2 mg/kg 的白三叶种子田，施入 20 kg/hm^2 硫酸钙可使种子产量从 356 kg/hm^2 增加到 512 kg/hm^2。

（三）种子生产中的特殊养分

硼对牧草与草坪草种子生产具有特殊的作用，在土壤含硼量足以满足营养生长的情况下，施硼仍可增加牧草或草坪草种子产量。施硼可增加白三叶的授粉率、结实率，促进紫花苜蓿的开花，增加红三叶花朵蜜量、小花数和每朵的结实数。硼有利于非洲狗尾草授粉过程中花粉萌发的细胞代谢和花粉管的伸长，促进授粉和增加结实率。一般牧草或草坪草种子生产中土壤含硼量的临界值是 0.5 mg/kg，施肥量应为硼砂（硼化钠）10～20 kg/hm^2，或用 0.5%的硼砂溶液叶面喷施。

在苜蓿现蕾、初花、盛花期分别喷施 0.4%、0.6%、0.8%硼砂和 0.05%、0.07%、0.09%钼酸铵，以喷清水为对照，结果显示，硼、钼对苜蓿种子增产效果明显。喷施硼、钼微量元素后，苜蓿种子产量及分枝数、每花序结荚数、荚果内种子粒数均高于对照。以 0.05%钼酸铵处理增产效果最明显。产量比对照增加 35%，分枝数、每花序结荚数、荚果内种子粒数分别比对照增加 10.96%、54.37% 和 35.68%。硼砂处理中 0.8%处理效果最好，产量增加 15.56%，分枝数、每花序结荚数、荚果内种子粒数也明显高于对照。

钙可提高地三叶的结实率，钙还可刺激南非狗尾草花粉粒的萌发。此外，铜、镁、锌都有促进牧草花粉粒萌发的作用。增施铜和铜肥可增加豆科牧草种子的产量。

另外，在苜蓿的返青、分枝、现蕾、盛花期进行了叶面喷施稀土，结果表明，在苜蓿种子生产中，科学使用稀土能够有效提高种子产量。以叶面喷施 0.03%浓度的稀土处理效果最佳，其分枝数、结荚花序数、荚果数、种子粒数分别比对照增加了

43.81%、23.0%、18.62%和30.5%，种子产量增加17.75%，生产中有推广应用价值。

三、灌溉

种子生产最理想的气候区是在牧草或草坪草的开花期、种子成熟期环境干燥，太阳辐射量高，光合作用强烈，利于种子的成熟和营养物质的积累，且不易受病虫的危害，种子收获期间尽可能干燥少雨，不易受灾害气候的影响，从而实现种子的高产和稳产。因此，选择夏季干燥少雨的气候条件是专业化种子生产田建设的前提和需要，但在这种情况下，并非不需要灌溉措施。雨量较少的地区进行灌溉对牧草或草坪草的成功建植、植株营养生长及种子成熟都是必要的。运用灌溉措施控制水分供应使植株形成尽可能多的花芽，并促进开花和种子的形成，保证种子发育的水分供应，可为高产提供有利条件。科学研究与实践证明，在我国北方地区春季返青、冬季上冻时需要进行充分灌溉，在植株生长和种子发育期间的灌溉次数和灌溉量需视土壤水分和植株生殖生长状况来确定。

种子生产中常用的灌溉方式有漫灌(图6-1)、沟灌(图6-2)和喷灌(图6-3)等方式。漫灌对水的浪费很大且灌溉量不好控制。在我国西北干旱地区，依靠黄河等河流、夏季高山融雪进行漫灌；沟灌可以避免漫灌对水的浪费，但要求种子田地形具有一定的坡度，以利于水在地表的流动；喷灌是农业生产技术发达国家普遍采用的灌溉方式，在节水和灌溉效果等方面具有一定的优势，但一些喷灌设备需要较高的投资成本，适合于规模化生产。喷灌对于沙土和沙壤土类型的灌溉效率最高，能满足大部分深层壤土类型的灌溉需要。但也有研究认为，喷灌方式可以推迟生长季中紫花苜蓿的开花时期，开花期喷灌影响昆虫的传粉活动，种子产量降低约15%，这可能是由于高湿以及其他因素造成落花或结荚率降低所致。

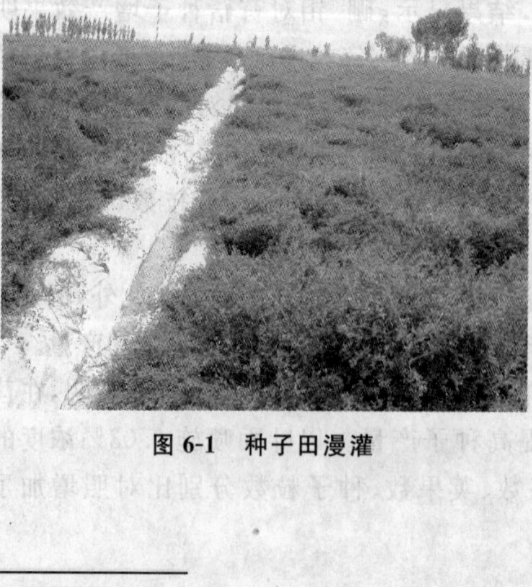

图6-1　种子田漫灌

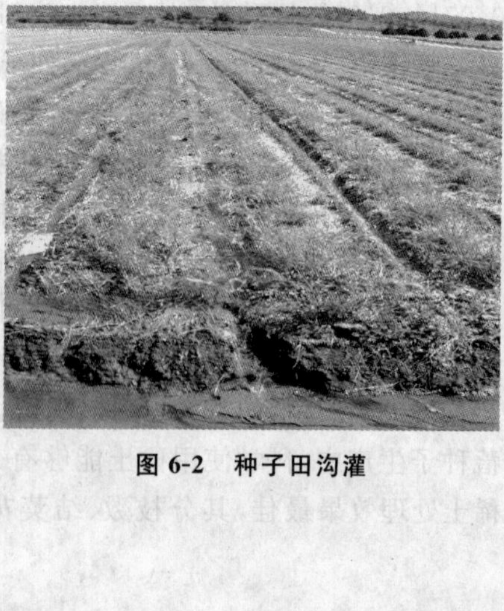

图6-2　种子田沟灌

灌溉技术是获得种子高产的关键因素，掌握适宜的灌溉量和灌溉时间，将是促进牧草或草坪草的开花结实，保证种子高产的必要条件。作为我国生产量最大的紫花苜蓿种子，适宜在有灌溉条件的干旱或半干旱地区进行生产，可以选择土壤水分、植株生长状况和蒸散量等指标作为灌溉依据，但紫花苜蓿种子高产的灌溉管理需要考虑以下因素。首先，合理的灌溉制度中，要求具有适度的干旱条件，抑制营养体的徒长，促进开花和授粉，有利于种子成熟和收获；其次，对于具有深根系的紫花苜蓿，由于可以利用土壤深层贮存的水分，在不同土层厚度和土壤质地条件下所采用的灌溉制度不同。在土层深厚、保墒好的土壤，种子收获后到返青之前充分灌溉，返青到种子收获期减少灌溉量和灌溉次数，通过利用深层土壤贮存的水分，种子可以获得高产。在土层浅、保墒差的土壤中，由于无法贮存充足的水分，并且根系利用水分的土层范围有限，可以采用定期少量多次地灌溉方式，即在盛花期之前适时灌溉，盛花期至结荚期延长灌溉间隔时间，适当控制灌溉量，产生适度干旱条件以利于授粉、种子成熟和收获，并抑制新的营养体生长。

图 6-3　种子田喷灌

在实际灌溉过程中，如果灌溉量过多，也并非有利于种子产量的提高。灌溉频繁或灌溉量大常常导致紫花苜蓿种子产量降低，这主要是由于促进了紫花苜蓿植株的营养生长，开花期和结荚期延迟，种子产量降低；虽然增加灌溉次数将提高开花的数量，但昆虫授粉的小花比例降低，结荚数降低，种子产量相应地降低；另外，在结荚期和种子成熟期水分充足的种子田内，植株容易倒伏，倒伏后将产生新的营养枝，影响种子的成熟和收获。

生长在黑钙土上的紫花苜蓿，灌溉可提高种子产量。如果秋季灌溉 1 次，营养生长期灌溉 3 次，土壤含水量可维持在田间持水量的 65%，开花后则降至 31%～40%，可获得最高种子产量。种子生产证明苜蓿是较难灌溉的牧草之一，要获得苜蓿种子高产的关键因素是适时的灌溉时间而不是灌水总量的多少。苜蓿分枝期是营养物质快速积累时期，控制灌水可减少苜蓿徒长倒伏。在苜蓿现蕾至初花期灌水，可有效促进营养生长向生殖生长转化。苜蓿的各个生育期持续时间较长，应时常对苜蓿的生长情况进行观察，结合气候条件、土壤性质和大气降水量确定灌溉时间和灌溉量，才能收到良好的灌溉效果。新疆地区的研究表明，在现蕾至初花期和结荚期灌两次水(480 mm)的处理，苜蓿种子产量最高，为 773.41 kg/hm^2，同时其种子饱满程度也最好，说明在结荚期适当补充种子成熟所需水分，有利于提高苜蓿种子的产量和质量。在各时期均灌溉 3 次的对照处理(720 mm)中，整个苜蓿生长期保持充足水分状态，苜蓿倒伏植株较多，达 40%，影响了苜蓿的授粉和结实，造成种子产量降低。只在分枝期灌水 1 次的处理(240 mm)，苜蓿在生长后期受到严重水分胁迫，各产量组分均受到影响，导致苜蓿的种子产量最低。另外，凡是在现蕾至初花期灌水的各处理均可形成较高苜蓿种子产量，说明现蕾至初花期灌水有利于苜蓿花芽分化，促进苜蓿开花、结实集中完成。并且明显提高单株花序数、每花序荚果数、单株粒重等指标，说明在现蕾至初花期及结荚期灌水有利于苜蓿生殖生长和提高结实率。

在白三叶种子生产中，水分调控技术已经在世界不同种子生产地域进行研究与实践。通过正确的灌溉时间控制土壤水分含量能促进花的形成，提高种子产量。白三叶种子产量最高时的需水量要少于最大营养生长的需水量。与足量灌水相比，中度水分亏缺一般可获得最大种子产量。在新西兰的研究表明，从盛花期开始当植物接近萎蔫时，使土壤水分保持在有效水分的 50%，维持平均可利用水分在总有效水分的 25%时，与不灌溉相比，种子产量提高 53%。但是，灌溉也不总是能提高种子产量，夏季灌溉会降低生殖枝的扩展，减少种子产量。在云南的试验表明，适度灌溉可以提高白三叶种子产量。试验中两次灌水即土壤可利用水分亏缺至 80%时灌水，实际种子产量最高，比不灌水提高 7%，比充足灌水(无水分胁迫区)提高了 9.8%。冬春季灌溉可促进白三叶的营养生长和生殖生长，并在盛花期保有较高的土壤含水量，满足白三叶开花授粉对水分的需求，提高种子产量。春季灌溉尤其重要，单一的冬季灌溉对白三叶生长及种子产量提高不显著。

通常，灌溉可以延长禾本科牧草或草坪草的生殖发育，在雨量较少的地区，返青期、拔节期、抽穗期和灌浆期 4 次灌水才能满足高羊茅种子生产的需求。在甘肃酒泉地区的气候土壤条件下，返青期、拔节期、抽穗期和灌浆期灌水对新麦草种子产量的形成有利，灌水量以每次 600 m^3/hm^2 为宜。这样既能满足种子生产的水分需求，又能减少渗漏和蒸发等造成的水资源浪费。但在实践当中，具体的灌水时间和次数并非固定不变，应根据实际气候干旱情况、土壤条件状况和植物生长对水分敏感时期做出科学的决策。

牧草或草坪草种子产量的基础是在建植阶段和花序分化这两个阶段奠定的，因而在这两个阶段之前应进行灌溉。在营养生长后期或开花初期适当缺水对增加种子产量有一定好处。然后在整个开花期保持灌水，使种子产量提高。大量的试验证明干湿交替有利于种子生产。

四、杂草防治

在种子生产田播种某一牧草或草坪草种或品种建植后，田间生长的其他植物均称为杂草。在种子生产田内生长的各种杂草在不同地域种类变化较大，而且在种子田内无法避免，杂草的大量滋生将严重影响所生产牧草或草坪草植株的正常生长，进而抑制种子的形成发育和增加种子清选加工的难度，导致种子产量的下降。因此，控制杂草的危害发生，是种子田管理的重要内容之一，也是提高种子产量和质量的重要措施。

(一)杂草的危害

在种子生产过程中，杂草的危害主要体现在以下方面。首先，杂草的大量生长同种植牧草或草坪草竞争，在播种当年，杂草通过截获阳光、消耗土壤水分和养分等方面妨碍牧草或草坪草的成功建植。有研究表明，在播种当年杂草覆盖每增加1%，鸭茅第一年种子产量平均降低0.9%。其次，杂草的田间管理措施也对正常植株的生长发育造成伤害，降低种子的产量。受杂草在田间分布的数量和均匀程度影响，种子生产者采取的各种防治措施，将会对正常植株造成一定的伤害，包括化学除草剂的药物作用、机械作业的损伤等，在杂草控制的同时，也对正常植株带来不利影响。第三，杂草也会造成遗传污染，降低种子的质量，使其难以销售。在种子生产田内如果出现与生产牧草或草坪草相同种的不同品种或容易杂交的不同种时，需要将这些杂草在开花授粉前除掉，否则会出现杂交或品种混杂的现象，改变品种的遗传稳定性和特异性，降低种子的遗传品质。还有，收获过程中混有杂草种子，给种子清选带来很大困难，只能提高清选成本，反复清选还会引起牧草或草坪草种子的机械伤害和产量损失。在禾草种子田内许多杂草种子常常具有芒，如一年生黑麦草、披碱草、赖草等，虽然芒有利于种子的传播，但是芒的存在不利于种子的清选，常常堵塞筛板，频繁清理影响清选工作效率。如果杂草种子与收获种子大小相近，当杂草种子较大时，在清选过程中将造成较小的收获种子损失，反之也会导致较大收获种子的损失。在相关的种子法律和法规中，禁止含有有害杂草的种子进行销售，混有严格限制的检疫对象难以清除则将会导致种子的大量损失，如混有杂草菟丝子的种子。

(二)杂草的防治

在种子生产田田间管理过程中，杂草的及时控制和清除是确保播种牧草或草坪草幼苗正常生长、减少种子清选加工损失的重要措施。一方面，在种植当年，多年生草种在播种后苗期生长比较缓慢，而杂草幼苗生长迅速，侵占性和竞争性强，若不及时控制杂草的生长，杂草的大范围生长不仅对播种草种幼苗形成遮荫，影响植株的正常光合和生理代谢，而且杂草对水分、养分的竞争导致牧草或草坪草植株生长缓慢，甚至抑制植株的生长，难以达到正常的植株密度，影响种子产量的形成。另一方面，在成熟植株的田间管理期间，尤其是开花传粉期间，需要根据生长杂草的种类、数量以及杂草种子与收获种子的相似程度等情况采取相应的清除措施，避免杂草防治过度，对收获种子造成不利影响，而且增加管理成本。

在种子生产过程中，科学有效地防治杂草危害，不仅有利于保持种子的产量水平，而且可以避免种子质量的下降。在实践当中常用的杂草防治技术有机械除杂、化学除杂和生物除杂等方法。

1. 机械除杂法

机械除杂是利用手工或机械设备将杂草铲除的方法，该方法主要针对种子田内出现与播种牧草或草坪草为同一属或种的杂草情况。

在种子田种植当年，苗期杂草通过利用中耕机械去除行间的杂草，可以达到控制杂草生长的目的，但要注意避免机械扰动对幼苗的伤害。在植株生长后期，与播种牧草或草坪草在同一行内的杂草，可以选择适宜的时机通过割草机进行全部刈割，利用牧草或草坪草可再生生长特性来控制杂草。

在种植第二年后的种子田内，行间杂草可以通过中耕机械去除(图 6-4)，而行内杂草则只能通过手工方式去除。尤其是对于那些与收获种子大小相近或容易造成遗传污染的杂草，在开花之前就应采用手工去杂的方式，以免造成种子品质的下降。

图 6-4　种子田中耕除草

手工去杂方式需花费大量劳动力，而且也要求工作人员掌握适宜的时间和对杂草具有一定程度的了解，否则将影响杂草控制的效果。

2. 化学除杂法

化学除杂是喷洒化学除草剂对杂草植株正常生理代谢的破坏，导致植株生长异常或死亡，实现控制杂草的方法。该方法主要针对种子田内出现与播种牧草或草坪草为不同属或种的杂草情况，化学除杂技术不受地形的限制，如在崎岖山地与斜坡上也能进行，也不受播种方式的限制，无论条播或撒播，都可以进行。在种子生产田间杂草管理当中，化学除杂比利用机械除杂更为经济和节省劳力。

(1)常用的除草剂种类。目前广泛使用的除草剂种类很多，根据它们对植物的杀伤程度不同，分为选择性除草剂和灭生性除草剂两类。前者是对某一类杂草有害，而对另一类植物无害；后者能杀死一切植物。

2,4-D类除草剂(化学名称是2,4-二氯苯乙酸)是内吸型选择性除草剂，对多种一年生或多年生双子叶植物杀伤作用强，对单子叶植物较差。

2-甲-4氯(化学名称是2-甲基-4氯苯氧乙酸)除草剂对双子叶植物具有较强的杀伤力。

2,4,5-涕(2,4,5-T，化学名称是2,4,5-三氯苯氧基醋酸)是白色固体，除草性能与2,4-D相似。对一年生及多年生阔叶杂草、深根木本植物、灌木等具有杀伤力。在杂草出芽前后喷洒，可与2,4-D混用。

草甘膦[化学名称是N-(磷酰甲基)甘氨酸]是白色固体，为灭生性、内吸、传导型除草剂，它对防治多年生禾本科杂草有突出效果，并对防治某些阔叶多年生杂草、一年生禾本科杂草和阔叶杂草也有效，基本上是属非选择性除草剂。

茅草枯(达拉朋，化学名称是2,2-二氯丙酸钠)是内吸型选择性除草剂，可以防治一年生或多年生禾本科杂草。

除草醚(化学名称是2,4-二氯苯基-4′-硝基苯基醚)是一种触杀型除草剂，有一定的选择性。可以防除多种一年生或多年生杂草，如狗尾草、萹蓄、蓼、藜、鬼针草等。

(2)化学防治方法。在利用化学除草剂进行杂草防治过程中，可以针对种子田的面积大小采用相应的方式，如飞机喷洒、机引喷雾(图6-5)、背负式喷雾等。用飞机作为喷洒工具，具有效率高，节省劳力，喷洒均匀和耗药量少等优点。当种子生产田面积不大，或杂草分散成片生长时，可以用拖拉机牵引的喷雾器喷雾，工作效率高，也是种子田杂草防控的主要措施。背负式喷雾主要依靠工作人员来背负喷雾器进行手工喷洒，工作效率较低，适合于小面积种子田或杂草生长分散情况下采用。

图 6-5 种子田机引喷雾进行化学除杂

播种前用对土壤无残毒的触杀性除草剂杀死土壤表层中的杂草幼苗。一般施用 1～2 L/hm² 的非可湿性双吡啶类除草剂敌快特(Diquat)和百草枯(Paraquat)商品药剂(20%的有效成分)较为合适。在苜蓿种子田中,草不隆(Neburon)是最广泛的播种前施用除草剂。播种前 20 d 施入氟乐灵(Trifluralin),并将除草剂施入土壤表层,杂草种子萌发时便被杀死。也可于播种前对土壤进行适当灌溉促进杂草种子萌发,再用无残毒的灭生性除草剂喷施杀灭杂草的幼苗。

牧草或草坪草出苗之后要根据田间杂草的种类选择除草剂。一般禾本科牧草或草坪草可用三氯乙酸(TCA)杀死禾本科杂草野燕麦等,可用 2-甲-4-氯(MCPC)、2,4-D、麦草畏、嗪草平、溴苯腈等杀灭阔叶杂草。豆科牧草或草坪草在苗后控制阔叶杂草可用 2-甲-4-氯丙酸(用于红三叶草地)、2,4-D-丁酯、碘苯腈、溴苯腈和嗪草平(不能用于百脉根)。对于禾本科杂草可用拿草特、对草快、敌草隆、去莠津(适于红三叶、紫花苜蓿、百脉根和红豆草种子田)等。

施用除草剂防除杂草不仅可提高种子质量,而且可提高种子的产量。鸭茅施用灭草呋喃乳剂 15 kg/hm² 防除一年生早熟禾可使种子生产量提高七成。紫羊茅种子田施用麦草畏和 2,4-D((0.28+0.58) kg/hm²)可使种子产量提高 25%。紫花苜蓿连续 4 年在生长季开始施用 1.6 kg/hm² 的塞克津,种子产量提高 60%。红三叶草地中施用氟草胺或氟草胺与 2,4-DB 混施,种子产量提高 10%～39%。

在生产实践当中,由于缺乏专门针对牧草或草坪草的化学除草剂,尤其是对于遗传相近的种类,难以选择适宜的除草剂进行控制。因此,在化学除杂过程中,为达到化学防治目的,避免使用不当造成的各种损失,在使用除草剂时应注意以下问题:在大面积喷药前,必须进行小区试验,以便确定种植牧草或草坪草对药液的敏感性，用药量和用药浓度等；)喷洒时，要选择好的天气，即要在温度较高(以20℃左右为好)，阳光充足的晴朗天气进行。在干旱地区，空气湿度低，最好在清晨湿度高时进行喷药，或加入浸润剂，使药液干得慢些。喷后24 h应无雨，否则应重喷；喷洒应在杂草生长最快时的幼苗期效果最好；要严格遵守操作规程，保证工作人员的安全，以免中毒。喷药区内或附近如有作物、农田等，不应用飞机喷药。地面喷药时，也要注意风向，防止作物受药害，带来损失。

3. 生物除杂法

生物除杂是利用生物学的措施进行杂草控制的方式，如杂草的天敌、家畜放牧采食以及抑制杂草生长的各种管理措施。

利用一些具有专门抑制特定种类杂草生长的细菌或微生物，来控制杂草的生长，达到杂草控制的目的。在秋季对种子田进行家畜放牧利用，通过家畜的采食，以控制杂草生长。

在种子田建植阶段防治杂草比建植后防治更为有利，可利用杂草和所播种牧草或草坪草对环境条件的要求不同，选择适合的播种期，避开杂草的侵害。如在温带秋季播种，这时杂草种子的萌发受到了温度的限制，而适合于多年生牧草或草坪草种子的萌发；或春季在杂草种子大量萌发之前播种牧草或草坪草，使牧草或草坪草先于杂草建植成功。

利用田间管理措施造成有利于牧草或草坪草的竞争环境抑制杂草的发育，如提高施肥水平，加速牧草或草坪草的建植速度，使其尽早形成一定密度的草层结构，从而抑制杂草的侵入。

五、病虫害防治

在种子生产田内多年生牧草或草坪草种植后，在生育期内经历由幼苗生长或返青到成熟植株的较长时间，同时受环境光照、温度、湿度以及植物种类的影响，为一些病害、虫害的发生提供了有利的生长环境，不仅影响植株的正常生长，而且影响植株的开花和种子的形成发育，导致种子产量和质量的下降。因此，种子田的病虫害防治对于保持和提高种子产量尤为重要。尤其是在种子贸易当中，严格禁止出现属于国内外检疫控制的对象，如菟丝子、麦角病等，一旦在种子批内出现这类严格控制的病虫害将会带来巨大的经济损失，也将成为国际种子贸易的主要障碍。

(一)种子生产中的病虫害

直接危害禾本科牧草或草坪草种子的病害有麦角病(*Claviceps paspali*，*C. purpurea*)、瞎籽病(*Gloeotinia granigena*)和黑穗病(*Ustilago bullata*)。麦角病

发生时，常可以看到种子变成一个紫黑色、大而硬的麦角，通过携带真菌进行传播。受麦角病严重危害的牧草或草坪草有棕籽雀稗、毛花雀稗、巴哈雀稗、大黍、纤毛蒺藜草、多年生黑麦草、草地早熟禾和雀麦等，其中草地早熟禾、虉股颖比其他禾草更易感染。在开花期病菌孢子侵入子房后发育代替了胚珠，造成结实不良。瞎籽病是由种带真菌侵染许多禾草种子胚，并将其致死的一种病害，尤其是黑麦草和高羊茅更易感染。瞎籽病的周期性流行与开花期潮湿的气候有关，病原菌常常危害多年生黑麦草的花器，降低种子的产量和质量。初次感染出现在当子囊孢子散落到未受精或未成熟种子上时，萌发、分支通过胚乳和子房，进而使种子死亡。在美国俄勒冈州采用田间火烧的办法可以控制瞎籽病害。增加尿素的施用量可以减少黑麦草中瞎籽病的发生，但在流行年份并不能够完全控制病害。黑穗病危害多种禾本科草，病菌主要破坏花器，感病植株小穗内小花的子房和小穗的颖片基部被病菌破坏，形成泡状孢子堆而代替了子粒，从而造成种子减产。秆锈病（*Puccinia graminis*）的发生，可以减少营养物质向穗部的转运，对于黑麦草、高羊茅、鸭茅种子产量造成不利影响。在孕穗和开花期，通过田间喷施三氮唑类杀菌剂可以控制秆锈病的发生。

豆科牧草或草坪草的病害大多由真菌引起，如红三叶与白三叶的颈腐病（*Sclerotinia trifoliorum*）、根腐病（*Fusarium oxysporum*，*F. solani*，*F. roceum*）、三叶草北方炭疽病（*Kabatiella caulivora*）、苜蓿锈病（*Uromyces striatus*）、苜蓿白粉病（*Leviellula taurica*）、苜蓿叶斑病（*Pseudopeziza medicaginis*）、柱花草炭疽病（*Colletotrichum gloesporioides*）、大翼豆锈病（*Uromyces appendiculatus*）等。受病侵染后的牧草表现为子房发育不全，落花落荚使种子产量、质量下降。

除了由真菌、细菌和病毒等引起的各种病害对种子生产的影响之外，虫害在豆科牧草或草坪草中的危害更加严重。苜蓿种子田是许多害虫集中出现的地方，在美国，有超过 500 种害虫出现在苜蓿种子田内，但大多数害虫对种子生产没有直接影响。在欧洲有 60 余种有害种类，但主要集中于虫害对苜蓿的影响。在牧草或草坪草种子生产出现的害虫有蚜虫、蓟马、盲蝽、籽象甲、苜蓿籽蜂等，这些害虫常常取食花蕾、幼花、子房或吸食花器的汁液，或蛀食种子，造成种子产量下降。

（二）种子生产中的病虫害防治

1. 选用抗病虫品种

不同的牧草或草坪草品种对于病虫的抗性显然不同，选择抗病虫品种是防治病虫害的重要措施之一。紫花苜蓿中的 Cherokee 和 Teton 两个品种对于苜蓿锈病抗性高，红三叶中的 Daliak 品种是三叶草北方炭疽病的高抗品种，圭亚那柱花草中库克(Cook)品种极易感炭疽病,而来自哥伦比亚的品种 184 和 136 抗性较强;距瓣豆栽培品种 Belalto 对叶斑病和红螨的抗性比普通距瓣豆强。

2.播种无病虫害的种子

从外地引入的种子或其他播种材料必须进行植物检疫,防止病虫随种子一起引入,特别是那些可传染同属其他种或其他品种,甚至可传染其他属植物的病害。还可通过种子处理达到消灭病虫的目的。如禾本科牧草或草坪草的黑穗病可用温水浸种、用萎锈灵和福美双等化学药剂处理种子杀死病原菌的冬孢子;用菲醌(种子重量的 0.3%)或福美双拌种可消灭苜蓿叶斑病夹杂在种子残体上的越冬子囊孢子;可用干热法(70℃温度下 6 h)消灭三叶草种子上所带炭疽病病菌。

3.施用化学药剂

使用杀菌剂、杀线虫剂或杀虫剂消灭危害牧草的病菌和害虫,又称化学防治。化学防治可明显地提高牧草或草坪草种子的产量,于土表施入唑菌酮(18 kg/hm^2)和叠氮钠(125 kg/hm^2)可控制麦角病。用苯菌灵(28~56 kg/hm^2)表土施药可清除土壤中瞎籽病的初侵染源。通过施用溴硫磷(500 g/hm^2 乳剂)防治马铃薯盲蝽,可提高湿地百脉根种子产量 40%。在进行化学防治时应注意不伤害益虫,包括传粉媒介昆虫和捕食性有益昆虫。施用砜吸磷或三溴磷可以有效地防治紫花苜蓿种子生产中的害虫,但对苜蓿的传粉者切叶蜂没有影响。

甘肃酒泉地区田间调查结果表明,苜蓿种子田的主要害虫包括牛角花齿蓟马、豌豆蚜和红苜蓿蚜。利用杀虫剂控制苜蓿虫害可以显著影响种子产量(图 6-6)。其中现蕾期喷施 90%敌百虫和结荚期喷施 40%氧化乐果乳油,种子产量最高,达 992 kg/hm^2,仅在现蕾期喷施 90%敌百虫产量次之,为 861 kg/hm^2,分别较对照不防治虫害处理增产 134%和 103%。现蕾期防治处理不仅明显降低了处理 1 周内害虫的田间数量水平,而且使后期的害虫虫口密度得到了明显抑制。可见,在现蕾期务必进行一次喷药防治,抑制后期的害虫虫口密度,避免在花期发生严重的虫害。另外,结荚期喷药防治对于控制害虫虫口密度也有重要作用。

4.轮作和消灭残茬

轮作具有自然土壤消毒的作用,对牧草或草坪草种子田进行轮作以免田间菌虫量逐年累加,造成病虫害的流行。如多年留种羊茅,瘿蚊逐渐增多,经 5~6 年将使其种子颗粒无收;连续留种紫花苜蓿其黄斑病病发率第二年为 40.8%,第三年为 92.3%,造成叶子脱落,严重影响了种子的产量。合理的轮作倒茬既有利于牧草的生长,又使某些病虫失去了寄主,达到了消灭或减少病虫数量的目的。种子收获后田间留下的残茬及田埂上的野生寄主植物,是下一生长季中重要的初侵染源,

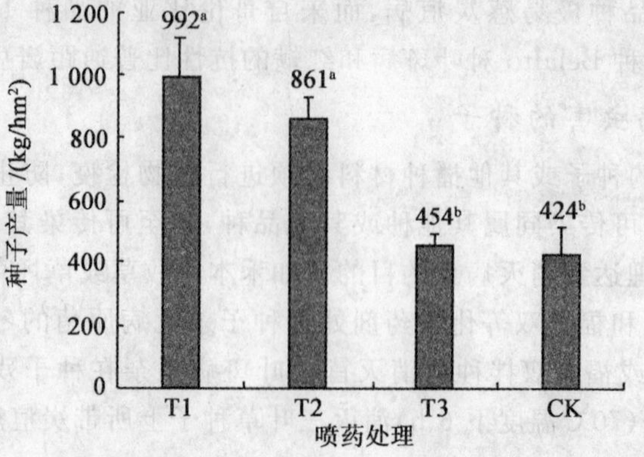

图 6-6 喷药处理对苜蓿种子产量的影响(标有不同小写字母的平均值间有显著差异,P＜0.05,张铁军等,2009)

因而刈后清除残茬、杂草和野生寄主可以收到防治病虫的效果。

六、人工辅助授粉

多年生牧草或草坪草大多数属于异花授粉的植物,授粉情况对种子产量和质量关系极大,生产上常采用人工辅助授粉提高小花的授粉率来增加牧草或草坪草种子的产量。

(一)禾本科牧草或草坪草的人工辅助授粉

禾本科牧草或草坪草为风媒花植物,借助于风力传播花粉。在自然情况下,结实率并不很高,视禾草种类的不同分别为 20%～90%,多在 30%～70%的范围内。人工辅助授粉可以显著地提高种子产量。对猫尾草、无芒雀麦、草地羊茅、鸭茅等种子田进行一次人工辅助授粉,使种子增产 11.0%～28.3%,进行两次人工辅助授粉可使种子增产 23.5%～37.7%。

对禾本科牧草或草坪草进行人工辅助授粉,必须在大量开花期间及一日中大量开花的时间进行。人工辅助授粉的方法很简便,授粉时用人工或机具于田地两侧,拉张一绳索或线网于植株开花时从草丛上掠过,空摇农药喷粉器或小型直升飞机低空飞行都可使植株摇动,起到辅助授粉的功效。

(二)豆科牧草或草坪草的辅助授粉

大多数豆科牧草或草坪草是自交不亲和的,所以生产种子所必需的异花授粉都要借助于昆虫。蜜蜂(*Apis mellifera*)、蝗蜂(*Bombus* spp.)、碱蜂(*Nomia melanderi*)和切叶蜂(*Megachile rotundata* 图 6-7)等是豆科牧草或草坪草的主要授粉者。为了促进豆科牧草或草坪草的授粉，提高其种子产量，在种子田中配置一定数量的蜂巢或蜂箱(图 6-8)。切叶蜂或碱蜂对紫花苜蓿有性花柱的打开和传粉起着非常重要的作用，几乎每一次采花都能引起花的张开和异花授粉。有研究表明，在紫花苜蓿种子生产田的不同位置每公顷放养 50 000 只切叶蜂，可获得 665～920 kg 的种子产量，而当地平均产量为 200～400 kg/hm^2。但在我国苜蓿种子生产中，由于切叶蜂孵化饲养技术不过关，无法通过放养切叶蜂来提高种子产量。而通过放养蜜蜂来提高小花的传粉效果不明显，有时蜜蜂无法打开苜蓿的花瓣。在杂三叶种子田中，以每公顷 50 000 只放养切叶蜂，可使种子产量从 228 kg/hm^2 提高到 345 kg/hm^2。蜜蜂对百脉根、蝗蜂对红三叶的授粉有特别效果。故在不同的牧草或草坪草种子田中应配置相应的蜂类，一般每公顷配置 3～10 箱蜂用于传粉。在黑龙江省切叶蜂的研究表明，苜蓿切叶蜂对提高紫花苜蓿种子产量方面效果显著，按每亩放蜂 2 000 只，蜂箱间距离 100 m 的放养方式，每公顷可增产种子 156 kg。

图 6-7 切叶蜂

图 6-8 切叶蜂在种子田的蜂箱配置

在新疆阿拉尔市、阿克苏市等地区调查传粉的野生蜂情况，苜蓿传粉野蜂种类多，其中以棒角拟地蜂，灰无沟隧蜂数量大，传粉效率高，具有一定的经济价值。而且调查发现传粉昆虫数量太少，苜蓿传粉昆虫数量每公顷不到 1 500 头，因此，保证苜蓿在大量开花期间有足够的传粉昆虫数量，是提高种子产量重要技术措施。

七、植物生长调节剂的运用

在种子生产过程中，植株倒伏被认为是降低种子产量的重要因素之一，由于倒伏导致种子损失估计高达 60%。植株倒伏后由于增强了枝条间对光照和养分的竞争，促进生殖枝的死亡，并且光合合成作用效率下降，合成物质供应难以保障，造成发育过程中的种子败育或难以发育完全。大量研究与实践表明，通过施用植物生长调节剂可抑制茎节的伸长、减少倒伏，明显增加牧草或草坪草种子的产量。生长调节剂还可使植株成熟期趋于一致，减少因种子成熟不一致，随成熟随脱落的损失。

在禾本科牧草与草坪草种子生产中，植株的倒伏情况比较严重，往往造成大量受精合子败育。赤霉素生物合成抑制剂，包括氯丁唑（也称多效唑，PP333）、矮壮素（CCC）等常用于禾草种子生产中。无芒雀麦、鸭茅、猫尾草等施用矮壮素，可缩短节间长度，增加抗倒伏，从而提高种子产量。高羊茅、紫羊茅、多年生黑麦草施用生长延缓剂氯丁唑可抑制节间伸长，增加抗倒伏能力，减少种子败育，增加花序上的结实数，使种子产量显著提高（表 6-15）。

表 6-15　生长调节剂对多年生黑麦草种子产量及产量组成成分的影响

处理/(kg/hm^2)	种子产量/(kg/hm^2)	收获指数	生殖枝数/(枝/m^2)	小穗数/生殖枝	种子数/小穗	千粒重/g	种子数/m^2 (×10^4)
1982 年							
对照	111.3	0.13	2 468	20.7	1.19	1.85	6.04
EL500 1.0	186.3	0.21	3 228	20.3	1.67	1.73	10.76
EL500 2.0	213.8	0.25	3 048	20.9	1.59	1.78	12.00
PP333 1.0	222.8	0.24	3 096	20.6	1.89	1.77	12.63
PP333 2.0	256.3	0.30	3 285	20.3	2.21	1.76	14.59
1983 年							
对照	148.4	0.13	3 146	19.9	1.25	1.89	7.85
EL500 2.0	225.2	0.22	3 735	19.9	1.76	1.72	13.09
PP333 1.0	229.6	0.25	4 147	17.2	1.89	1.70	13.57

资料来源：Hampton 和 Hebblethwaite，1985；EL500 为生长调节剂调嘧啶。

在豆科牧草与草坪草种子生产中，由于施肥、灌溉等因素导致枝条高度和密度增加，不利于植株的小花传粉和种子发育，限制种子产量的提高。白三叶种子生产田采用氯丁唑、矮壮素处理，均降低了白三叶的冠层高度，增加了花梗长度。氯丁唑主要降低冠层高度，而矮壮素则主要是增加花梗的长度。使用氯丁唑可增加单位面积花序数、每花序小花数和单粒种子重。使用矮壮素可增加每花序小花数、每花序荚果数及单粒种子重。生长调节剂处理增加了白三叶的潜在和实际的种子产量。在云南地区，氯丁唑有效浓度为 1.0 kg/hm^2 的处理获得最大实际种子产量，为 691.9 kg/hm^2，产量提高 29.4%。矮壮素有效浓度为 0.15 kg/hm^2 的处理实际种子产量最大，为 650.3 kg/hm^2，产量提高 21.6%。生长调节剂可减少白三叶的营养生长，但花梗长度不缩短，从而减少了叶的遮荫，为传粉创造了良好条件。而且有利于种子成熟和收获。

在苜蓿种子生产中，氯丁唑处理对苜蓿种子产量及其产量组分均有影响，可增加有效分枝数、有效花序数和结荚数。在新疆的试验研究中，以浓度 0.05%氯丁唑控制效果最好，产量比对照增加 16.04%，结荚花序数增加 28.17%，而且有利于苜蓿茎秆基部加粗、增强抗倒伏性，透气透光性增加，满足苜蓿开花授粉结荚时光合作用需求，利于昆虫授粉与座果，对提高苜蓿种子产量有一定效果。

但在不同年份之间和不同土壤状况下，植物生长调节剂的处理效果也并不完全相同，这在一定程度上影响了植物生长调节剂的推广应用。

八、种子收获后的田间管理

牧草或草坪草当年种子收获后到第二年开花期的田间管理对种子产量具有重要影响，尤其是在果后营养生长期较长的地区，种子收获后针对秸秆和残茬的田间管理往往易于忽视，对于新的枝条形成、越冬返青以及植被的利用年限均造成不利影响。禾本科牧草种子收获后的田间管理对于次年的种子产量非常重要，其中对残茬进行科学的处理，可以改善植株基部的光照条件，有利于植株的分蘖形成和枝条感受低温春化，从而促进生殖枝的形成和种子生产潜力的发挥，提高下一年的种子产量。例如，刈割和火烧残茬能够显著提高草地紫羊茅的种子产量，火烧残茬能够显著提高多年生黑麦草、高羊茅、巴哈雀稗等多年生禾草的种子产量。

(一)残茬清理

在多年生牧草或草坪草种子生产当中，种子收获后及时清除秸秆和残茬，可以解除对分蘖节的遮荫，进行科学的残茬处理，可以改善植株基部的光照条件，有利于植株的分蘖形成和枝条感受低温春化，从而促进生殖枝的形成和种子生产潜力的发挥，提高下一年的种子产量。

在夏秋干旱季节种子收获后进入休眠期的地区，牧草或草坪草种子收获后马上焚烧残茬，通常能提高多数禾草下一年的种子产量(表 6-16)。但焚烧残茬的时间，一定在秋季分蘖开始前进行，以免焚烧造成植株分蘖的高温伤害。种子收获后及时焚烧残茬可提高草地早熟禾、细羊茅、高羊茅、多年生黑麦草、鸭茅、冰草、臂形草、标志雀稗等牧草或草坪草的种子产量，焚烧可防治麦角病、叶锈病、瞎籽病、线虫等病虫害，抑制种子落地后产生的自生苗、杂草。

表 6-16 种子收获后不同残茬清理方法对下一年种子产量的影响

清理方法	种子产量/(kg/hm²)					
	细羊茅	紫羊茅	多年生黑麦草	细弱翦股颖	草地早熟禾	鸭茅
不清理残茬	282	409	908	434	—	967
刈割留茬 7 cm,运走秸秆	362	747	1 035	402	1 119	1 178
种子收获后马上焚烧	1 035	1 243	1 278	596	1 303	1 263

资料来源:Chilcote et al,1980。

夏秋降水多的地区,牧草或草坪草种子收获后残茬枝叶还处于青绿状态(图 6-9),可用割草机低茬刈割运走秸秆或采用家畜放牧的方式清除残茬(图 6-10),以利于新分蘖或枝条处于光线充足的条件下,同时减少覆盖物有利于枝条感受低温的刺激。有些牧草或草坪草如硬羊茅、匍匐翦股颖,采取焚烧处理不利于种子生长,而在种子收获后应马上刈割残茬并将秸秆运走。草地早熟禾留茬 2.5 cm 刈割并运走秸秆可得到与焚烧残茬种子增产相似的效果。高羊茅、紫羊茅种子生产田在种子收获后放牧绵羊可起到与焚烧和低茬刈割相同的效果。

图 6-9 新麦草种子收获后残茬

图 6-10 新麦草种子田残茬刈割处理

在甘肃酒泉地区,从新麦草种子收获到入冬植株完全停止生长,还有 3～4 个月的生长期,可形成一定的地上部分生长量。利用冬季放牧和春季火烧来清除残茬可以显著提高新麦草的种子产量。冬季放牧利用这部分生物量,不但有利于次年的种子产量,而且可以为家畜提供冬季饲草,可作为新麦草种子田收获后管理的必要环节加以采用。冬季放牧和春季火烧处理均可提高单位面积的生殖枝数,从而显著提高单位面积的潜在种子产量、表现种子产量和实际种子产量,其中均以冬季放牧处理的最高,实际种子产量可达 2 303.9 kg/hm^2,较春季火烧

(1 384.8 kg/hm^2)和对照(928.4 kg/hm^2)分别增产66%和148%,冬季放牧既可提高新麦草种子产量,又可充分利用种子田的饲草贮存,可作为重要的种子增产手段加以推广利用。

(二)疏枝

多年生牧草或草坪草随着种植年限的增加,枝条密度不断增加,导致枝条间对营养物质和光照条件的竞争加剧,进而影响种子产量的提高。通过采用种子收获后疏枝措施,降低种子田内枝条密度,可增加来年或以后几年的种子产量。疏枝可以采用圆盘耙或旋耕机来减少枝条的密度。

用耙地或行内疏枝的方法可减少多年生牧草或草坪草的枝条密度,进而增加来年的种子产量。播种行距小于 60 cm 条播的禾草行内疏枝种子增产的效果较好,如播种行距为 30 cm 或 60 cm 的鸭茅,行内每隔 30 cm 用旋耕机耕除 30 cm 的植株可增产 33%。豆科牧草白三叶,采取行间中耕和行内疏枝相结合的措施可使产量从 275 kg/hm^2 提高到 338 kg/hm^2,紫花苜蓿 91 cm 行宽,行内每隔 15 cm 的距离耕除 30 cm 植株,可使种子产量从 1 166 kg/hm^2 提高到 1 305 kg/hm^2。同样,在甘肃酒泉地区,采用疏枝处理可以对提高紫花苜蓿种子产量具有明显作用(图 6-11)。紫花苜蓿行间中耕或行内疏枝可抑制枝条的向上生长,减少倒状,有利于昆虫的传粉,增加每一枝条上的果荚数和每荚的种子数。

图 6-11　苜蓿种子田疏枝处理

(三)施肥

在种子收获后,为促进植株分蘖和枝条的生长,满足土壤养分的供给,常在种子收获后进行秋季的施肥。尤其是在具有沙性的土壤中,多年生禾草种子田常在秋季施用一定比例的氮肥,一方面有利于分蘖枝条的营养供应,贮备足够的养分进行越冬，另一方面也有助于春季返青和幼苗的生长。

施肥常结合灌溉进行。

(四)灌溉

在种子收获后和冬季上冻之前，根据土壤水分状况及时灌溉(图 6-12)，避免土壤水分胁迫对于植株的分蘖和枝条的营养生长的影响，可以促进生殖枝的形成和发育，对于种子产量的持续稳定具有关键作用。

另外，上冻前充分灌溉保持土壤水分，防止冬季严寒低温造成根系冻害，有助于根系活性保持和安全越冬。而且土壤水分的保持也有利于根系萌动返青，保证返青幼苗的数量和幼苗的正常生长，为高产种子的收获奠定基础。

图 6-12　种子田秋季灌溉

第七章

牧草与草坪草种子的收获与加工技术

第一节 种子收获与加工的特点

一、技术要求高

牧草与草坪草种子生产的田间管理技术措施，包括播种、施肥和灌溉方式、病虫草害防治措施等都影响牧草与草坪草种子成熟的一致性和收获难易程度。收获机械的选择和收获技术措施直接关系到种子收获损失率，以及影响种子产量和质量。

二、时间性强

牧草与草坪草种子的收获在种子生产中是一项时间性很强的工作，必须给予极大的重视，并事先做好一切准备及有关组织工作。适时收获可避免种子的损失，收获太早会降低种子活力，收获太晚会造成种子的脱落损失。种子收获后应及时进行干燥及清选工作，这对于提高种子的质量，保证种子的种用价值、种子的安全贮藏具有重要的意义。

三、收获与加工工艺和设备特殊

牧草与草坪草种子的收获和加工与粮食种子的收获和加工有很大不同，虽然所用机械设备有很多相似之处，但由于种子的生长特性和外形参数差异很大，这就决定了草种的收获和加工要采用相应的特殊工艺和设备。

从收获方面看，由于牧草与草坪草生长特性复杂，很多草籽不成穗状，在植株上的位置很分散，而且同一植株上种子成熟期又不同，这样就必须采用特殊的工艺才能作业。还有一些牧草或草坪草种子物理机械特性也比较复杂，有些种子几何尺寸很小，重量又很轻，如种子的千粒重，沙打旺 1.33 g，羊草 1.75 g，猫尾草 0.272 g，冷蒿 0.009 7 g，而与小麦接近的燕麦种子千粒重为 32.2 g，千粒重相差 20～100 倍。有些种子形状特殊，籽小颖壳大；有些种子带毛、带芒；有些种子产量低，籽草比特别小。这些特点给脱粒和清选带来很多困难，同时这也决定了对于绝大多数牧草种子不能直接使用粮食联合收割机收获，对不同类型的牧草或草坪草采用不同的工艺和不同的设备来完成。

四、种子成熟不一致性

由于牧草或草坪草开花习性的不同，具有无限花序的豆科牧草或草坪草开花时花期延续长达几个星期，开放的小花与成熟的种子会同时在植株上出现，种子的发育成熟非常不一致。同样在禾草中，花序上不同部位小花呈先后顺序开放，其所形成的种子成熟也不一致。在种子生产过程中，由于种子成熟的不一致性，将导致成熟种子很难被全部收获，种子产量的提高受到限制。另外，在收获种子中不同成熟度的种子混杂其中，不仅增加了种子清选工作的难度，而且发育差的种子存在也影响种子批的质量。

五、种子的落粒性

有些牧草或草坪草种子在成熟后具有从植株上自然脱落或荚果开裂的特性，导致种子生产过程中收获的难度增加。由于在育种过程中，品种培育的主要目标是牧草产量的提高，而并不是种子生产能力的增加，所以提高种子成熟后在植株上的持留性也不是育种家关注的选育特性。不同的牧草与草坪草种或品种间种子落粒性的强弱也不一样，如多年生黑麦草、草地羊茅、新麦草、老芒麦在种子成熟后易于脱落，百脉根、苜蓿种子成熟时荚果开裂，而无芒雀麦、草地早熟禾、紫羊茅种子成熟时落粒较少。

除了牧草种或品种本身具有的落粒性外，从植株开花到种子成熟期间的环境条件也对种子的落粒性存在影响，如在干燥温暖的气候、强风等条件下均会增加种子的落粒损失。

六、种子水分的变化

种子含水量是贯穿于种子收获、加工、贮藏的重要技术指标之一。种子含水量是目前牧草与草坪草种子确定收获时间较为可靠的技术指标，也是牧草与草坪草种子加工处理之前必须掌握的技术指标，要求种子含水量必须在一定范围内才可以进行加工处理；同时种子贮存期间含水量的控制直接影响种子的寿命。

第二节　种子的收获

一、收获前准备

由于多数牧草与草坪草种子成熟度不一致和落粒性等原因，为了提高收获效率和减少收获损失，牧草与草坪草种子在收获前要进行一些收获前田间技术处理措施，如对豆科牧草种子田的碾压、使用植物生长调节剂等。

1. 碾压

枝叶丰富的豆科牧草，往往有许多老枝枯茎。许多豆科牧草品种具有分枝稀疏的特点。因此，收割机收割时，必须处理大量茎叶，脱粒时也存在同样问题。对缠绕性豆科作物进行碾压，可以解决这个问题。碾压常用沉重的平铁碾。牧草被铁碾碾实后，分枝芽点限于一窄层，提高以后结荚的位置，减少收获的茎叶数量。一年生的高秆杂草如万寿菊（*Tagetes* spp.）被碾碎，不能恢复生长。例如，在澳大利亚昆士兰北部，对一些大翼豆种子田进行碾压以防治杂草，对大结豆和新诺顿豆进行碾压，既能防治杂草，又可以控制枝叶的生长。对牧草碾压，一般在收获前 3 个月碾压。为了使碾压的牧草植株整齐一致，碾压器应宽一些。如果采用放牧代替对豆科牧草的碾压，由于牲畜有选择性取食牧草，留下杂草，牧草损伤严重，表面不整齐，效果不好。

2. 使用生长调节剂

通常牧草与草坪草种子收获率很低，成为种子生产中必须解决的一个关键问题。对此，有研究显示，用生长调节剂可降低倒伏率并改进其种子成熟度的一致性，从而提高牧草与草坪草种子的收获率。一些多年生禾草结籽量很高，可以超过1 000 kg/hm²，但能被收获成为商品种子的比例却很低。牧草与草坪草种子收获率低有多种原因。开花一致性差，致使某一时期内可供收获的成熟种子比例很少，每花序或每穗种子成熟不一致，以及种子成熟即落，加重了收获率低的问题。植株倒伏，特别是禾草施氮量过高造成倒伏，以及豆科草种子占植株茎秆的比例太低，影响机械收获，并可能严重降低其种子产量和质量。

对即将成熟的球茎草芦穗部喷施一种透塑溶液使小穗粘合，防止脱落。由于大黍属和虎尾草属禾草的离层在颖片之下，这一技术不能在这两个属的种类中应用。无芒虎尾草种子壳大、质轻；狗尾草南非鸽草变种的穗密实多毛，针对这两种禾草喷施黏结剂，结果无芒虎尾草的种子脱落期延迟了2周，对狗尾草南非鸽草变种没有作用。使用添加剂(如可湿剂)可以改善透塑枯结剂的覆盖性能和渗透性能。

3.使用脱水剂、豆科牧草落叶剂

为了促进牧草或草坪草种子成熟期一致，减少收割机割入的叶量，避免种子脱粒中裹上叶汁降低光泽度，可以施用一些化学调节剂。特别是对茎叶丰富的豆科牧草种子生产田，一般在收获前5～10 d施用，可以降低收获叶量。天气炎热时，用药后很快就可以进行收获。

二、收获时间

在生产实践当中，及时准确确定牧草与草坪草种子适宜的收获时间非常困难，所收获的种子产量可能低于表现种子产量。确定种子的收获时间，需要考虑两方面因素，既能获得品质优良的种子，也要注意尽可能地减少因收获不当造成的损失。种子生产者还必须处理牧草或草坪草植株开花一致性差、种子落粒性强的问题。由于种子落粒性一般在乳熟期最差，但此时收获种子又易受机械损伤，影响贮存寿命。因此，不能完全根据种子落粒性来估计种子产量最高的时间。同时，种子生产者把成熟种子置留田间，等于把种子放在温暖、潮湿的条件下贮存，对种子寿命极为不利。收获时间的确定关键在于如何决定新穗上成熟种子增长量和老穗上优质种子损失量相等的时间。种子收获中，采用手工收获的劳力情况或采用机械收获时的设备收获能力以及工作时间，决定了收获期的长短。种子生产者技巧熟练，气候有利时，收获期可以缩短。另外，利用种子田土壤类型及所处地理环境对种子成熟期的影响，通过放牧、施肥、灌水等措施，可以使各种牧草或草坪草的最佳种子收获时间错开。由于气候条件对牧草或草坪草开花和成熟过程的影响很大，不同种类和品种牧草或草坪草、同一种牧草或草坪草在不同年限种子收获时间都有一定的差异。

由于牧草或草坪草开花期较长且不一致，造成种子成熟也很不一致，很多牧草或草坪草在种子成熟时很容易落粒，收获不及时或收获方法不当会造成很大损失。例如，多年生黑麦草、草地羊茅、多花黑麦草、鸭茅草种子成熟时因种子落粒可损失种子 100～290 kg/hm^2。因此，为了防止落粒，减少损失，必须及时收获。

将从种子生理成熟到联合收割机收获种子期间种子损失分为四个阶段：

(1)环境造成的损失，如风、雨、倒伏和品种种子的持留性；

(2)刈割损失，在刈割、割晒过程中受风或雨的影响种子从花序中掉落；

(3)捡拾损失，在将晾晒草条捡拾至收获机收获平台过程中种子从花序中掉落；

(4)分离损失，由于脱粒效率不佳导致种子损失，吸入风速过高直接将种子吹过逐稿器和从分离室背部吹出，使种子落在地上。

适宜收获时间的确定一直是广大种子生产者关注的问题，但是由于多年生牧草种子成熟的不一致性，以及不同种类牧草种子形成发育规律的差异导致牧草种子收获指标难以确定。生产当中大家经常以种子含水量、种皮颜色、种子成熟度、开花天数等指标作为判断种子成熟收获的依据。

三、收获时间的确定依据

依据每花序(穗)种子成熟的特点，例如从种型、种子含水量、胚乳硬度、种子落粒性、种子生化变化、离层等，还有从穗群体发育的特点方面，对牧草与草坪草种子进行收获时间的判定。确定种子收获时间也需要种子生产者必须经常到种子生产田观察种子发育过程中出现的变化。检查时，有些颖果可用手掌搓出(如非洲画眉草)，有些则用镊子夹住小穗基部挤出(如无芒虎尾草)，有些需要把刚毛和颖片剥掉才暴露出种子(如纤毛疾黎草)，有些需要用刀把颖果切开后观察种子结构(如毛花雀稗)，还有些品种可用刀把小穗压住看种子是否饱满(如标志雀稗)。

种子成熟可分为乳熟期、蜡熟期和完熟期。当用康拜因收获时，一般可在蜡熟期或完熟期进行，而用割草机、人工收获或收割后需在草条上晾晒时，可在蜡熟期进行。多数牧草或草坪草从盛花期到获得最大种子干重(收获期)的时间约为 30 d，气候条件的变化会影响这一时间的判断。

(一)种子含水量

目前，以种子含水量来确定收获时间是较为可靠的方法之一。已建立一套禾本科牧草与草坪草种子成熟度与含水量关系的标准。例如，黑麦草种子成熟的标准含水量为 43%。种子含水量的测定应在开花结束 10 d 之后开始，每隔 2 d 取一次样，一般在下午 3～5 时，田间采集样品，烘干直到样品恒重，计算种子含水量。

也可以用红外水分测定仪于田间直接测定，或者使用快速水分测定仪有助于种子生产者确定收获时间。种子成熟时水分含量下降很快，一般下降率为每天 2%～4%，毛花雀稗分别在抽穗高峰后 14 d、21 d、28 d 收获种子，种子含水量分别为 35.5%、7.1%和 5.3%。收获较早，一些种子的胚尚未成熟，种子较难分离。

对于大多数牧草，当种子含水量达到 35%～45%时便可收获（表 7-1）。具柄百脉根开始收获的最佳时间是种子成熟后的 2～4 d（图 7-1），这时种子含水量为 35%，荚果呈浅褐色，并已有 3%～4%的荚果开裂；多年生黑麦草种子收获的最适时期是种子含水量为 43%（图 7-2），种子含水量低于 43%，落粒损失增加。种子含水量的测定应在开花结束 10 d 之后每隔 2 d 取一次样进行测定或用红外水分测定仪于田间直接测定。

表 7-1　牧草与草坪草种子收获的适宜时间

种名	割倒后草垄上干燥	联合收割机直接收获
鸭茅	形态成熟等级 3.4～3.6 种子含水量 35%～40%	盛花期后 26～30 d
紫羊茅	形态成熟等级 4.0～4.5 种子含水量 35%～40%	盛花期后 24～38 d 形态成熟等级 4.5～5.0 种子含水量 20%～30%
高羊茅	含水量 43%	盛花期后 29～30 d
草地早熟禾	形态成熟等级 3.3 种子含水量 38%	初花期后 23 d 种子含水量 35%
多花黑麦草	形态成熟等级 3.0 种子含水量 40%～45%	盛花期后 28～30 d 形态成熟等级 3.3～3.4 种子含水量 37%～40%
多年生黑麦草	形态成熟等级 2.5～3.5 种子含水量 40%～47%	盛花期后 28～30 d 形态成熟等级 3.0～4.5 种子含水量 25%～35%
猫尾草	形态成熟等级 3.6 种子含水量 37%～40%	盛花期后 33～38 d 种子含水量 23%～31%
红三叶	盛花期后 42 d	盛花期后 42（人工干燥）
白三叶	盛花期后 21～26 d	—
紫花苜蓿	果荚 2/3～3/4 变为黑褐色	干燥剂处理后 3～10 d 内收获，这时果荚和叶的含水量为 15%～20%
百脉根	大部分果荚变为浅褐或褐色	—

形态成熟等级：花序完全绿色为 1；不完全绿色或黄色为 3；完全黄色为 5。资料来源：Fairey 和 Hampton，1997。

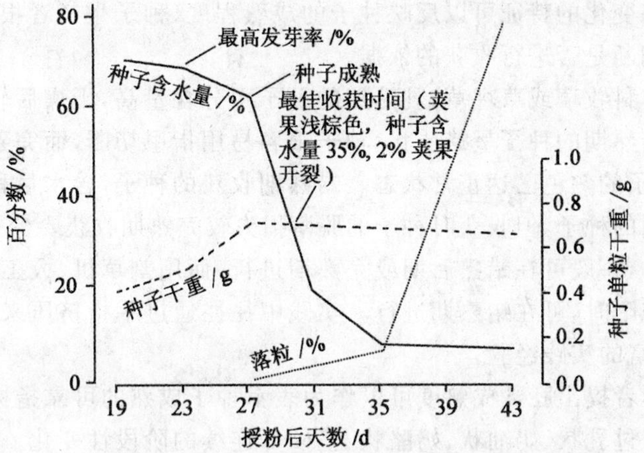

图 7-1 具柄百脉根根据种子含水量、果荚炸裂和种子重量综合决定的最佳收获时间(Hare 和 Lucas,1984)

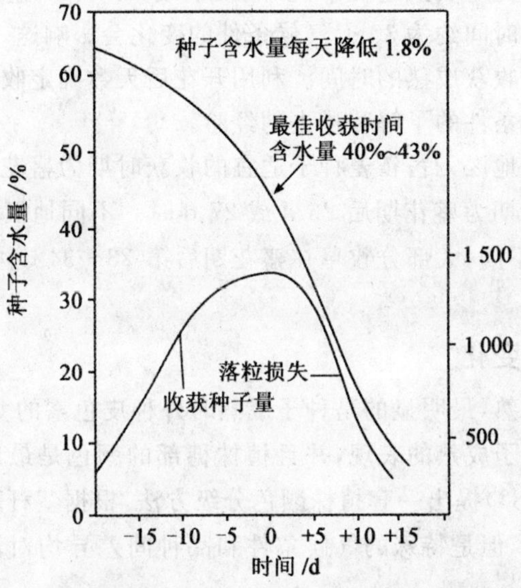

图 7-2 多年生黑麦草由种子含水量和种子落粒决定的种子最佳收获时间(Hill 和 Watkins,1975)

(二)种子成熟度

牧草或草坪草种子在发育成熟过程中,种子不断吸收贮备营养物质变得饱满而坚硬,完全成熟的种子干物质重量不再增加、含水量降低、硬度增加、发芽率较高。种子形态变化的特征可以反映种子的成熟程度，种子生产者根据种子成熟度的差异作为判断是否进行收获的依据。

对于禾本科牧草或草坪草，乳熟期的种子水分含量高，干燥后轻而不饱满，种子产量低。蜡熟期的种子呈蜡质状，种子很容易用指甲切断，而完熟期的种子，已全部变干，种子的颜色已达正常状态。蜡熟期收获的种子，含水量稍高，千粒重也稍低于完熟期的种子，但收获时种子的脱落损失较完熟期收获要少一些，当用康拜因收获种子时，一般可在蜡熟后期或完熟期进行，而用割草机、人工收获或收割后需在草条上晾晒时，可在蜡熟期进行。实践中往往通过手指挤压来判断种子的成熟度，需要丰富的实践经验。

由国外学者提出胚乳成熟度可以作为表示种子成熟的可靠指标，认为禾草胚乳成熟需要经过乳状、奶油状、奶酪状、坚硬等连续的阶段性变化。而从奶酪状到坚硬阶段的变化是种子收获的适宜阶段。

(三)开花后天数

在种子生产的研究与实践过程中，多数牧草或草坪草从盛花期到获得最大种子干重(收获成熟)的时间约为30 d，气候条件的变化会影响这一时间的判断，如高温会缩短从盛花期到收获成熟的时间。利用开花后天数确定收获时间主要根据种子生产者对当地环境条件的了解和过去的经验。

在我国河北坝上地区无芒雀麦种子适宜的收获时期为盛花期后29 d时，老芒麦种子的适宜收获时期为盛花期后26 d或27 d时。不同地区不同种类禾本科牧草，种子适宜收获期不同，大部分牧草在盛花期后第23～34 d可以收获；施氮肥可适当延迟1～6 d。

(四)生物化学变化

随着种子发育成熟，最明显的是种子成熟时外种皮色素的变化，大部分的果实变成黄色或褐色是种子成熟的表现，并且植株穗部的颜色是最广泛使用的判断成熟的标准。Steen(1983)提出一套植株颜色分级方法，根据茎秆和穗部颜色从绿到黄变化分成5个等级，但是特殊的气候条件和品种间差异均对该方法的可靠性带来影响。

苜蓿荚果从绿色变为褐色，种子为黄色时，表明种子已经成熟。由于苜蓿开花期长，种子成熟不一致，应在70%以上的豆荚变褐色时收获，以免因拖延收获而使早熟荚果掉落。收获方法也对种子的适宜收获时间有影响，在90%～95%的荚果变成褐色时可用康拜因收获种子，当70%～80%的荚果变成褐色时可用简单机具收获。多年生黑麦草种子在有65%穗部变成褐色时收获最佳，而猫尾草、扁穗雀麦则分别于70%～80%的穗变成褐色时收获最佳，此时仍有部分穗呈现绿色，但在种子发育过程中由于每年气候的变化将使得利用穗颜色的改变作为收获成熟的可靠指标存在一定困难。另外，种皮、果荚、颖片等的颜色变化可以作为判断种子成熟的指标。

胚乳成熟度与稳定的最高淀粉含量和最低游离糖含量相关。游离糖含量是各种温带禾本科种子生理成熟的标志。成熟度增加与游离糖降低量的变化并非完全一致。但是，每种植物关系曲线，都有一个明显的内弯曲点或速变期限，可以用作最佳收获时间的标准。同时游离氨基酸含量下降至极低的水平，表明了向蛋白质的转化已相对完成。

种子产量构成因素的关系与种子产量变化均与天气密切相关。种子生产者花大量时间观察牧草或草坪草的发育，在不同时期随机计数称数，了解其成熟状况，在选择最佳收获时间中极为重要。操作者熟练的技巧，对种子成熟情况和天气预报的掌握，有助于最大限度地提高种子收获产量。

(五)直接观察

有经验的生产者亦可采用更为直观的方法来确定适宜的收获期：当用一把穗子轻敲手掌，有种子落下时，应立即开始收获；当用手攥住穗头，有种子粗糙地刺手感觉时，应开始收获；如果用拇指和其他一个手指来拨下一粒种子时，导致该穗上有5%～10%的种子落下，应当开始收获；当有75%的种子成熟时，应开始收获。

四、收获技术

由于牧草与草坪草生长特性复杂，花序形态各异，许多牧草或草坪草结实种子排列不成穗状，在植株上的位置很分散，而且同一植株上种子成熟期又不同，这样就必须采用特殊的收获方法。另外一些牧草或草坪草种子物理机械特性也比较复杂，有些种子几何尺寸很小，重量又很轻，千粒重相差20～100倍。这也决定了对于绝大多数牧草种子不能直接使用粮食联合收割机收获，对不同类型的牧草与草坪草要采用不同的工艺和不同的设备来完成。

根据收获牧草的生长习性、气候条件以及所具备的收获加工机械，确定牧草与草坪草种子收获的适宜方法。目前，除了采用手工或简单机械进行收获的传统方法外，种子生产水平先进国家采用的收获方法概括起来有4种，即直接收获法、采集收获法、分段收获法、落地收获法。

这些收获方法都有一定的适应范围，也都存在各自的优缺点。种子收获率方面的研究表明，在收割的植株茎秆多、潮湿、种子小时，常用收割机因设计不周造成收获率低的问题十分突出，用来收获禾草种子的收获率仅为1%～9%。在收割机内的输运中损失大约20%的种子，筛选时损失大约4%的种子。收获率、收割损失率、筛选损失率之积，等于收割机的收获效率，约为50%。

(一)直接收获法

此方法是指在牧草与草坪草种子成熟后直接用联合收割机收获种子，对于种子的及时收获，保证种子产量和质量具有良好的效果。收获速度快，种子收获工作能在短期内完成，同时也可以省去普通方法收获时所必须的工作程序，如捆束、运输、晒干、脱粒等，既节省劳动力，也较少损失种子。用联合收割机收获时，刈割后的留茬高度较高，为20～40 cm，这样可以较少地割下绿色的茎、叶及杂草，减少收获时的困难，降低种子湿度和减少杂草的混入。刈后的残茬还可供放牧或刈割做青、干草。

用联合收割机直接收获法适应于种子较大、或生殖枝高而整齐的禾本科牧草，如燕麦、新麦草等。在豆科牧草中，此方法仅适用于株型直立并且经干燥剂处理的种类，如红三叶、紫花苜蓿等牧草。豆科牧草种子成熟时，植株还未停止生长，茎叶处于青绿状态，给种子收获带来很大困难。因此，在种子收获之前要进行干燥处理，常用飞机或地面喷雾器对田间生长的植株施化学干燥剂，在喷后3～5 d，直接用联合收割机进行收割。干燥剂为一些接触性除莠剂，如敌草快，用量为1～2 kg/hm^2，敌草隆用量为3～4 L/hm^2，利谷隆用量为3.2 kg/hm^2。

此外，对于收获季节多雨地区来说采用联合收割机直接收获将是最佳选择。

通用型收割机一般有4个操作过程：割下穗子；割下的穗子送到脱粒机；种子从穗子上脱粒，与秸秆分离；种子清选后送入桶内。目前的收获机械中，收获牧草或草坪草种子的效率不高。尽管对收割机进行仔细调整，收获的效率一般只有40%～60%。而且收割机行走速度极为重要，在最佳行驶速度基础上每增加10%，收获损失率可增加20%。收割种子轻的禾草时，收割机的风量一般不必很大。例如，收割种子极轻的无芒虎尾草种子，可把风扇完全关闭。应该随时阻塞机械缝隙，防止种子逸出。

(二)分段收获法

大部分多年生牧草或草坪草由于受种子成熟期不一致、生殖枝非直立性生长以及脱粒前要求干燥等因素影响，利用联合收割机直接收获或采集收获均难以获得较高的种子产量和质量，可以采用分段收获的方法。

分段收获法不仅具有应用范围广的特点，而且在风干期间利用种子在植株上的后熟作用，使种子成熟趋于一致，对保证种子的质量大有益处；风干后牧草种子含水量较低，有利于种子脱粒，降低损失，也减少了烘干的时间和能耗。但是分段收获方法不适应雨季作业，有气候风险；收割高度以下，仍在生长的杂草混杂机会增加；种子落地损失大，特别是荚果炸裂的品种损失更大。

分段收获的具体操作过程是先将牧草或草坪草割倒，放在田间晾晒一段时间，然后捡拾脱粒进行种子收获。刈割使用割晒机或割草机，田间晾晒时间的长短根据种子生产地区气候条件来确定。目前在我国牧草或草坪草种子生产水平较低，很少使用割晒机。用割草机刈割时，留茬高度为 15 cm，可将割下的牧草晾晒在残茬上，放成草条，2～7 d 后在田间用脱粒机械进行脱粒。也可刈割后直接运输到干燥晾晒场地，干燥后进行脱粒，具体方法视草种类而定。主要以手工操作为主，费时费力而且种子损失较大。在种子生产机械化水平较高地区，可以用联合收割机对晾晒种子进行捡拾脱粒。捡拾脱粒机具可用谷物联合收割机改装，如拆去拔禾轮，换上作物导向器；拆去割刀换上捡拾器；捡拾采用橡胶带弹齿效果最佳，它可以减少落粒损失；除此之外脱粒部分转速要降低，凹板通过面积要减小。进行上述改装后的联合收割机效果大大优于一般联合收割机效果。

豆科牧草或草坪草种子成熟时，植株还未停止生长，茎叶处于青绿状态，给种子收获带来很大困难。因此，在种子收获之前要进行干燥处理，常用飞机或地面喷雾器对田间生长的植株施化学干燥剂，在喷后 3～5 d，直接用联合收割机进行收割，匍匐型草用割草机割成草条，晾晒之后用脱粒机脱粒。干燥剂为一些接触性除莠剂。如敌草快，用量为 1～2 kg/hm^2；敌草隆用量为 3～4 L/hm^2；利谷隆用量为 3.2 kg/hm^2。

(三)采集收获法

采集收获法一般是针对禾本科牧草或草坪草，通过专用的种子采集收获机，无需刈割牧草而直接收获种子，也称作立秆式不切割牧草收获法。此方法是在不切割牧草的情况下，用采集器将种子从穗上直接脱粒，以风或输送带等形式将种子集中在特定的容器内。主要适合穗头高低整齐、种子主要生长在植株顶部、种子成熟期不一致而且落粒性强的禾本科牧草或草坪草。用草籽采集机收获草种，最大的特点是不切割牧草、可以分期多次收获提高种子产量、草地上可利用牧草产量较高，该方法的缺点是多次收获消耗较多动力、只适应于收获种子生长在植株顶端的牧草，如羊草、苇状看麦娘等。

种子采集收获机是从植株上直接脱粒成熟种子，一般用气流或输送带输送、集中种子的机具，采集形式有旋转刷式（单刷、双刷）、旋转梳齿式、击秆梳刷式、帆布带夹持式、真空采摘式。

（四）落地收获法

落地收获法主要是针对一些豆科牧草或草坪草种子在植株上分散不成穗状、成熟期不一致且容易落粒的特点而采取的特殊方法。该方法是等种子成熟落地后，用一些专用气吸式设备将在地表的种子拾起而收获。目前，在地三叶、柱花草等种子收获过程中应用具有良好效果，但这种方法需要将种植土壤平整压实。

矮柱花草、圭亚那柱花草和大翼豆种子的落粒性非常强，常常随成熟落地，加之种子的成熟期不一致，用收割机收割的植株地上部分持留种子量仅占总产量的1/3～1/2，给种子生产带来巨大困难。目前国内外常采取收割后将带种子的牧草堆积于原地，等种子完全脱落后再用吸种机将散落于地面上的种子吸起或用人工扫起的方法。

在澳大利亚昆士兰北部大翼豆灌溉生产中，在7月和10～11月两次收割植株地上部分，由于种子积累在地面上，这两次收获的种子仅占产量的一小部分。种子积累高峰70 d内，脱落的种子每天消失1%左右，70 d后种子积累量相当稳定。用吸种机收获时，在最大脱落种子量900 kg/hm^2的地块上，有200～350 kg/hm^2附带杂质（图7-3）。采用吸种机收获，要求苗床整理平整一致，沙质土比石块或土块多的土壤更适于采用这种方式。杂草防治也极为重要。

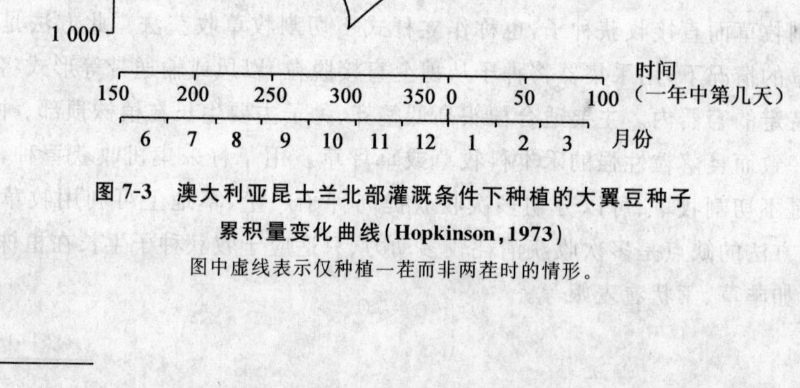

图7-3　澳大利亚昆士兰北部灌溉条件下种植的大翼豆种子累积量变化曲线（Hopkinson，1973）

图中虚线表示仅种植一茬而非两茬时的情形。

第三节　种子的加工

一、种子的干燥

(一)种子干燥的目的和必要性

牧草或草坪草种子的含水量是影响种子质量和贮藏寿命的重要因素之一,大多数牧草或草坪草种子在含水量为8%～12%时被认为是可以安全贮藏的。但采用各种方法收获的牧草或草坪草种子含水量仍然较高,如联合收割机直接收获禾草种子含水量为40%～45%,采用干燥剂后收获红三叶种子含水量为14%～20%,不利于保藏。因此,刚收获后的种子必须立即进行干燥,使其含水量降至规定的标准,以达到减弱种子内部生理生化作用对营养物质的消耗、杀死或抑制有害微生物、加速种子的成熟,提高种子质量的目的。

(二)种子干燥原理和方法

种子干燥是通过干燥介质给种子加热,利用种子内部水分不断向表面扩散和表面水分不断蒸发来实现的。种子内部水分的移动现象,称为内扩散,内扩散又分为湿扩散和热扩散。湿扩散即为种子干燥过程中表面水分蒸发,破坏了种子水分平衡,使其表面含水率小于内部含水率形成湿度梯度,而引起水分向含水率低的方向移动的现象;热扩散为种子受热后表面温度高于内部温度形成温度梯度,水分随热源方向由高温处移向低温处的现象。温度梯度与湿度梯度方向一致时,种子中水分热扩散与湿扩散方向一致,加速种子干燥而不影响干燥效果和质量。如温度梯度与湿度梯度方向相反,使种子中水分热扩散和湿扩散也以相反方向移动时,影响干燥速度。由于加热温度较低,种子体积较小,对水分向外移动影响不大,如果温度较高,热扩散比湿扩散进行得强烈时,往往种子内部水分向外移动的速度低于种子表面水分蒸发的速度,从而影响干燥质量。

种子的干燥方法有自然干燥和人工干燥。

(三)种子的自然干燥

种子的自然干燥是利用日光曝晒、通风、摊晾等方法降低种子的含水量,达到或接近种子安全贮藏的水分标准。自然干燥可以降低能源消耗,防止种子未烘干前受冻而降低发芽率;可以促进种子早日收贮入库,同时也会降低种子的加工成本。

在日光下晾晒种子内的水分向两个方向移动，一方面受热水分蒸发到空气中，另一方面由于在晾晒种子层内表层种子受热较多，温度较高，而底层受热较少，温度较低，在种子层间产生温度陡差。根据湿热扩散定律，水分在干燥物体中沿着热流的方向移动，因此在日晒干燥时，种子内的水分也由表层向底层移动，因而造成表层与底层种子含水量在同一时间内可差3%～5%。为了防止上层干、底层湿的现象，在晾晒时种子层摊开的厚度不可过厚，一般可摊成5～20 cm厚。种子干燥速度与空气温度、空气相对湿度、种子形态结构和铺垫物有关，大粒种子可摊铺15～20 cm厚，中粒种子可摊铺10～15 cm厚，小粒种子可摊铺5～10 cm厚。种子晾晒时将其摊成波浪形比平摊失水快，而且需经常翻动，使上下层干燥均匀。

脱粒前的种子干燥可以在田间进行，也可在场院、晾晒棚、晒架等处进行，利用日光暴晒或自然风干等办法降低种子的含水量。在牧草或草坪草种子分段收获时，刈割后的种子在草条上自然干燥，在干燥期间翻动1～2次。另外，有些牧草刈割后常捆成草束，将种子留于植株上自然干燥。捆成草束干燥的牧草或草坪草，为了加速干燥防止产生霉烂，一般应将草束成行码成人字形，架晒于晾晒场上，也可将草束打开摊晒于场上，厚度为5～10 cm，在日光下干燥。在晾晒过程中，每日翻动数次，加速其均匀干燥。

脱粒后的自然干燥是利用太阳照射将堆放在晒场上的种子含水量晾晒至安全贮藏含水量范围内。种子脱粒后的含水量仍较高时，应进行暴晒或摊晾，以达到贮藏所要求的含水量。常见的晒场有土晒场和水泥晒场，水泥晒场由于场面较干燥和场面温度易于升高，晒种的速度快，容易清理，晾晒效果优于土晒场。但水泥晒场修建成本高。

(四)种子的人工干燥

在现代牧草或草坪草种子生产中，特别是在气候潮湿的地区，也采用人工干燥的方法来降低种子的含水量。通常牧草种子的人工干燥包括常温鼓风干燥、低温慢速干燥和高温快速干燥等方法。

常温鼓风干燥法是利用外界的空气作为干燥介质，种子水分散失速度受外界空气相对湿度的影响。一般只有当外界空气相对湿度低于70%时，采用鼓风干燥是一种比较经济有效的方法。而且这种干燥方法较为简便，只要有一个鼓风机就能进行通风干燥工作。

低温慢速干燥和高温快速干燥法均是利用加热空气作为干燥介质直接通过种子层，使种子水分汽化来实现干燥种子的目的。在加热干燥时对介质进行加温，以降低介质的相对湿度，提高介质的持水力，并使介质作为载热体向种子提供蒸发水分所需的热量。低温慢速干燥法所用的气流温度一般仅高于大气温度8℃以下，采用较低的气流流量，干燥时间较长，多用于仓内干燥。高温快速干燥法是用较高的温度和较大的气流量对种子进行干燥。常用的干燥设备有火力滚动烘干机、烘干塔及蒸气干燥机。在干燥过程中根据干燥机类型、种子原始水分和不同干燥季节，温度一般可高于大气温度 11～25℃，但加热气流最高温度不宜超过 43℃（表 7-2）。在高温快速干燥时，干燥时间为 30～60 min，种子出机温度应保持 30～40℃，如果种子含水量较高时，最好进行两次干燥，温度采取先低后高，使种子不致因干燥而降低其质量。

表 7-2　在不同含水量下种子安全干燥的最高温度

种子含水量/%	最高干燥温度/℃
>20	32
18～20	34
14～17	37
11～13	40
9～10	42
<9	43

资料来源：Fairey 等，1997。

在我国四川省、贵州省牧草种子生产基地建设中，引进人工干燥设备，进行了种子人工干燥的实践。但由于人工干燥成本较高，许多地方无法接受而只能采用自然干燥的方法。

二、种子的清选和精选

种子清选主要是清除混入种子中的茎、叶和损伤种子的碎片、杂草种子、泥沙、石块等掺杂物，而精选主要是剔除混入的其他植物或品种种子、不饱满的或虫蛀的种子。种子清选和精选均可利用种子与混杂物物理特性的差异，如种子尺寸大小、外形、密度、表面结构、极限速度和回弹等特性，通过专门的机械设备来完成。为了提高清选和精选的效果和生产率，在清选或精选前、中、后必须了解其目的、被选种子组成成分和分离特性，正确选用分离机械，合理调整机器运转并及时检查分离效果等情况。

(一)种子分离方法

种子清选、精选可根据种子尺寸大小、种子比重、空气动力学、种子表面特性、种子颜色和种子静电特性的差异进行分离，以清除掺杂物和其他植物种子，提高种子的净度。

1. 利用种子外观尺寸特性的分离方法

不同种类牧草或草坪草种子的外形大小各异，有扁长形、圆柱形、扁圆形、球形等，可以选用不同形状和大小规格的筛孔进行分离。目前，种子清选筛按其制造方法不同，可分为冲孔筛、编织筛和鱼鳞筛等种类，常用冲孔筛面的筛孔有圆孔、长孔和三角形孔等形状。

在清选过程中可以选用不同形状和大小规格的筛孔进行分离，把种子与夹杂物分开。根据种子的形状，需确定具有合适筛孔的筛面，如按种子的宽度分离选择圆孔筛，按种子的厚度分离应选用长孔筛，按种子的长度进行分离可以选用窝眼筒或窝眼盘。此外，筛孔尺寸选择的正确与否，对大杂、小杂的除净率和种子的获选率有着极大的影响，实践当中应根据种子和杂质的尺寸分布，成品净度要求及获选率要求进行选择。通常底筛让小杂质通过，用于除去小杂，而让种子留在筛面上。底筛筛孔尺寸大，小杂除去量多，有利于质量的提高，但小种子的淘汰量也相应增加。中筛主要用于除去大杂，让种子通过筛孔，而大杂留在筛面上到尾部排出。中筛孔越小，大杂除净率越高，有利于成品种子质量的提高，但获选率会相应下降。上筛主要用于除去特大杂质，便于种子流动和筛面分布均匀。种子尺寸越接近筛孔尺寸，其通过的机会越少，二者尺寸相等时，实际上不能通过。因此，确定筛孔尺寸时，应比被筛物分界尺寸稍大些才可以。

2.利用种子空气动力学特性的分离方法

任何一个处在气流中的种子或杂物，除受本身的重力外，还承受气流的作用力，重力大而迎风面小的，对气流产生的阻力就小，反之就大。因此，按种子和杂物对气流产生的阻力大小可以进行分离。

利用垂直气流进行种子分离，一般配合使用筛子进行。当种子沿筛面下滑时，受到气流作用，轻种子和轻杂物随气流一起上升运动，到气道上端，此时断面扩大气流速度变小，轻种子和轻杂物落入沉积室内，而重量较大的种子则沿筛面下滑，起到分离作用。

利用平行气流进行种子分离，一般只能用作清理轻杂物和瘪谷，不能起到种子分级作用。

利用倾斜气流进行种子分离，在同一气流压力作用下，轻种子和轻杂物被吹得远些，重的种子就近落下。

通过将种子抛扔进行种子分离，借助惯性将种子向前抛出，轻质种子或迎风面大的杂物，所受气流阻力较大落在近处；重质和迎风面小的，则受气流阻力较小落在远处。

利用种子比重的差异进行分离，这种分离的关键部分是具多气孔的平板、风扇以及使平板振动或倾斜的装置。分离机械运转时，低压空气通过平板后，使种子堆形成浅薄的流动层。低密度的颗粒浮起来形成顶层，而高密度的颗粒沉入与平板相接触的底层，中等密度的颗粒就处于中间层的位置。平板的振动使高密度的颗粒顺着斜面向上运动，同时悬浮着的低密度颗粒在自身重力影响下向下运动，这样即可将不同密度的颗粒分开，低密度颗粒在平板的较低处，高密度的颗粒在平板的较高处。

空气筛是利用种子空气动力学特性和种子尺寸特性，将空气流和筛子组合一起的种子清选装置，也是目前使用最广泛的清选机。空气清选机有多种构造、尺寸和式样，从小型的、一个风扇、单筛的机子，到大型的、多个风扇、6 个或 8 个筛子并有几个气室的机子。

3. 利用种子表面特性的分离方法

根据种子表面形状及表面粗糙等不同情况和对摩擦系数的差异进行种子的分离，目前常用的种子表面特性分离机具是帆布滚筒。将种子混合物倾倒在一张向上移动的布上，随着布的向上移动，表面粗糙种子被带向上，而光滑种子向倾斜方向滚落到底部，从而实现种子的分离。根据分离的要求和被分离物质状况采用不同性质的斜面，对形状不同的种子，可选择光滑的斜面，对表面状况不同的种子，可采用粗糙不同的斜面。

另外，也可利用磁力分离机进行分离。一般表面粗糙种子可吸附磁粉，当用磁性分离机清选时，磁粉和种子混合物一起经过磁性滚筒，光滑的种子不粘或少粘磁粉而自由落下，杂质或粗糙种子粘有磁粉则被吸附在滚筒表面，随滚筒转到下方时被刷子刷落。

4. 利用种子色泽差异的分离方法

根据种子颜色明亮或灰暗的特征来进行颜色的分离，要分离的种子在通过一段照明的光亮区域，在那时每粒种子的反射光与事先在背景上选择好的标准光色进行比较，当种子的反射光不同于标准光色时，即产生信号，这些种子就从混合群体中被排斥落入另一个管道而分离。

目前光电色泽分离机已在实践中应用，种子均是被一个或多个光电管的光束单独鉴别，不至于直接影响邻近的种子。在输送种子进入光照区域过程中可以由真空管带入或用引力流导入种子，也可以使种子在平面槽中鱼贯地移动，经过光照区域时若有不同颜色种子即被快速气流吹出。

5. 利用种子弹性特性的分离方法

根据种子间的弹力和表面形状的差异进行分离，球形饱满的种子弹力大，跳跃能力强，弹跳的较远，而扁长形种子弹力较小，跳跃距离也小，当这些种子混合物沿着弹力螺旋分离器滑道下滑时，饱满球形种子跳跃到外面滑道，进入弹力大的种子盛接盘，而扁长形或不饱满球形种子跳跃入内滑道，滑入弹力小的种子盛接盘，最终将不同种子分离。

6. 利用种子负电性特性的分离方法

一般情况下种子不带负电，当种子劣变后，种子负电性增加，因此带负电性高的种子活力低，而不带负电或带负电低的种子活力高。当种子混合样品通过静电分离器的电场时，凡是带负电的种子被正极吸引到一边而落下，得以剔出低活力种子，达到选出高活力种子的目的。

(二)种子清选方法与设备

1. 风筛清选

这种机械的种子清选元件是风流和筛选两部分，利用种子形状和重量方面的差异使其分离。种子材料由进料斗加入，然后通过 2～8 个筛面，上层筛面对加入的材料进行筛选，其他筛面进行分级，较轻的物质由风力清除。风扇鼓、风量、筛面倾斜度、筛面摇振度(由与驱动轴连接的偏心轴一速度决定)、筛孔等，都可以进行调整。有 200 多种筛面可供选用，上述调整的组合数也相当多。详细记录清选各类种子的调整情况，有助于进行新的调整。

风筛清选是根据种子与混杂物在大小、外形和密度上的不同而进行清选的，常用气流筛选机(图 7-4)进行。

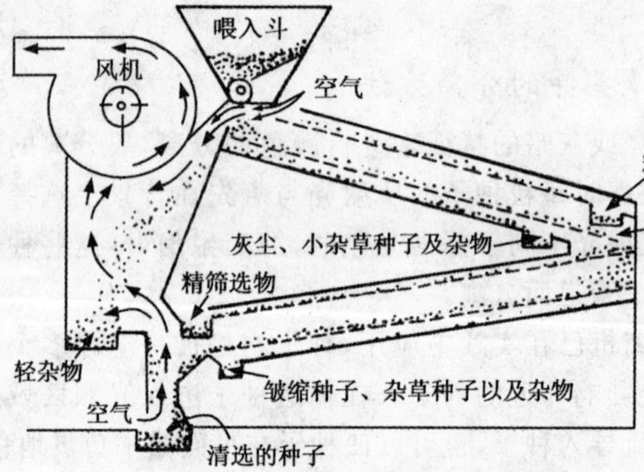

图 7-4　气流筛选机剖面图(韩建国，2000)

种子由进料口加入，靠重力流入送料器，送料器定量地把种子送入气流中，气流首先除掉轻的杂物，如茎叶碎片、脱落的颖片等，其余种子撒布在最上面的筛面上，通过此筛将大混杂物除去，落下的种子进入第二筛面，在第二筛按种子大小进行粗清选，接着转到第三筛进行精筛选，种子落到第四筛进行最后一次清选，种子在流出第四筛时，将轻的种子和杂物除去。可根据所清选种子的大小选择不同大小形状的筛面。

风筛清选法只有在混杂物的大小与种子的体积相差较大时，才能取得较好的效果。如果差异很小，种子与杂物不易用筛子分离时，需要选用其他清选方法。

市场上可以买到完全以气流原理清选种子的机械。以种子宽度和厚度清选种子的设备，由圆孔筛和开槽筛组成。圆孔筛选择宽度，开槽筛选择厚度。这种清选机多用于清选大粒种子，如玉米或稻谷。有时用于清选豆科种子，效果良好。清选机的结构较为简单，由进料斗、动筛、清筛机构组成。其罗纹水平筛需选宽度和厚度，竖筛仅选择宽度。

长度清选器（圆盘式或圆筒式的），把较短的种子从混合材料中提升起来，送到分离槽中。圆盘清选器由一个带轮毂和辐条的轮形圆盘组成。其外表带切底贮器，当圆盘从种子中转过时，长度小于贮器宽的种子被选出。圆筒清选器的工作原理与圆盘清选器相同，有一个带齿的圆筒和贮种槽，较短的种子由圆筒贮种槽提升起，较长的种子落到圆筒底部。

2. 特殊重力原理清选

大小、形状、表面特征相似的种子，其重力各不相同，可用特殊重力清选桌将它们分离。破损、发霉、虫蛀、皱缩的种子，大小与优质种子相似，但比重较小，利用重力清选设备，清选这类种子的效果特别好。同样，大小与种子相同的砂粒、土块也可被清选除去。

将种子放到倾斜、多孔、往复振动的桌面上，由下向上的气流通过桌上的小孔使种子分离成密度不同的层。桌面的振动使较重的成分向上跑，气流使较轻的成分向下跑，排积槽按序分别排出石块、优质种子、次级种子和碎屑杂物。需要大量实践和丰富的经验，才能对清选桌的工作状态作出满意的调整。这种设备多用于牧草与草坪草种子的分级。

将种子置于比重较大的溶液中，可将种子与土粒分离。目前，在昆士兰北部，已把它用于清选用吸种机收获的大翼豆种子。可根据分选种子的特殊重力，使用四氯乙烯（比重 1.63）、三氯乙烯（比重 1.46）、三氯乙烷（比重 1.31）。这 3 种化合物对人体有害，三氯乙烷的毒性较大，操作时应戴防护面具。将圭亚那柱花草种子放在四氯乙烯、三氯乙烯溶液中，对发芽率无影响；这两种化合物也不影响大翼豆的发芽率。

比重清选法是按种子与混杂物的密度和比重差异来清选种子。大小、形状、表面特征相似的种子，其重量不同可用比重清选法分离；破损、发霉、虫蛀、皱缩的种子，大小与优质种子相似，但比重较小，利用比重清选设备，清选的效果特别好。同样，大小与种子相同的砂粒、土块也可被清选除去。比重清选法常常用比重清选机进行，比重清选机的主要工作部件是风机和分级台面(图 7-5)。种子从进料口喂入，清选机开始工作，倾斜网状分级台面沿纵向振动，风机的气流由台面底部气室穿过网状台面吹向种子层，使种子处于悬浮状态，进而使种子与混杂物形成若干密度不同的层，低密度成分浮起在顶层，高密度的在底层，中等密度的处于中间位置。台面的振动作用使高密度成分顺着台面斜面向上做侧向移动，同时悬浮着的轻质成分在本身重量的作用下向下做侧向运动，排料口按序分别排出石块、优质种子、次级种子和碎屑杂物。比重清选机的使用，需要大量的实践和经验积累，才能对清选机分级台面的工作状态做出令人满意的调整。

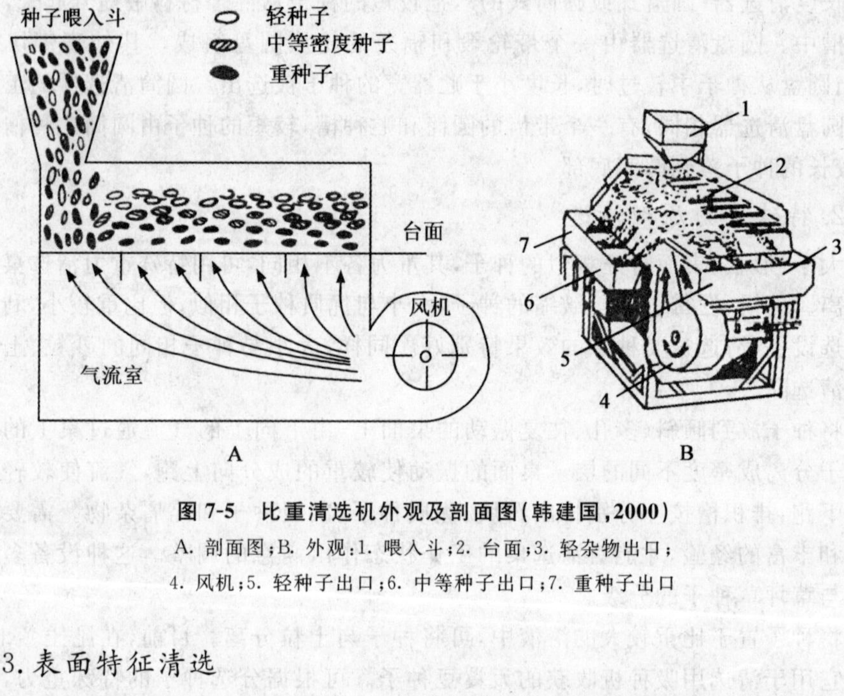

图 7-5　比重清选机外观及剖面图(韩建国,2000)

A. 剖面图；B. 外观：1. 喂入斗；2. 台面；3. 轻杂物出口；
4. 风机；5. 轻种子出口；6. 中等种子出口；7. 重种子出口

3. 表面特征清选

依种子和混杂物表面特征的差异进行种子清选。表面特征清选法常用的设备有螺旋分离机和倾斜布面清选机。种子经过形状、重量和特殊重力原理清选后，进一步用表面特征差异清选提高质量。清选设备是一整套碾辊装置，种子通过成对倾斜、包有立绒、向外反向旋转的碾辊上，光滑的种子从中间落下，外壳粗糙或表面不规则的种子被碾辊上半弧带向外侧，落入收集槽内。

用磁力清选机清选时，水或土粒、磁粉与种子混合，在通过磁化辊时，依靠种子外壳粘附磁粉能力的差异，把种子清选出来。混入的磁粉粘到磁鼓表面上，得到干净种子。

矮柱花草种子的荚壳还有一个顶钩，是一个可被利用的特征。未经碾磨的荚果放在一个倾斜的滚筒清选，上面包有带钩金属纱网，矮柱花草种子从滚筒旁经过时，滚筒旋转，金属钩挂住荚果的钩，把荚果带起，被刷入一个收集槽内；无钩的种子和杂物顺滚筒而下。

螺旋形清选机由于离心力较大，较重的种子沿螺旋槽外沿滚落到底部的速度比其他种子快。螺旋分离机的主要工作部件是固定在垂直轴上的螺旋槽（图 7-6），待清选的种子由上部加入，沿螺旋槽滚滑下落，并绕轴回转，球形光滑种子滚落的速度较快，故具有较大的离心力，就飞出螺旋槽，落入挡槽内排出。非球形或粗糙种子及其杂质，由于滑落速度较慢，就会沿螺旋槽下落，从另一口排出。

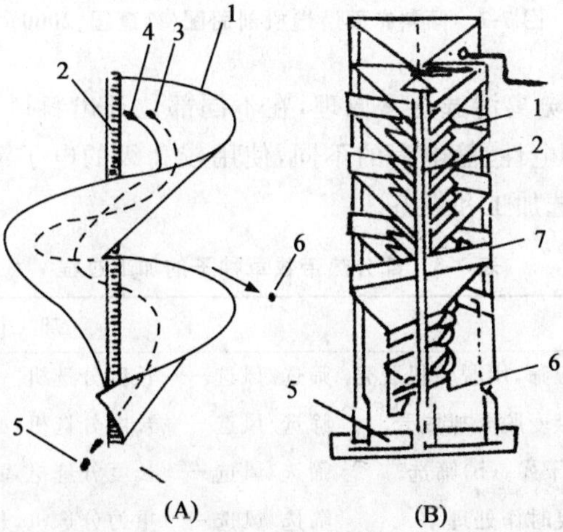

图 7-6 螺旋分离机（韩建国，2000）

A. 摩擦作用原理；B. 外貌；1. 螺旋槽；2. 轴；3，6 球形种子；4. 非球形种子；5. 非球形种子出口；7 挡槽

另一种清选设备是倾斜布面清选机。一条向上运行的斜输送带，种子放到表面特征不同的输送带上后，阻力小的种子顺带滚下，表面粗糙的种子则被输送带带走。倾斜布面清选机靠一倾斜布面的向上运动将种子和杂质分离（图 7-7）。待清选的种子及混杂物从设在倾斜布面中央的进料口喂入，圆形或表面光滑的种子，可从布面滑下或滚下，表面粗糙或外形不规则的种子及杂物，因摩擦阻力大于其重力在布面上的分量，所以会随布面上升，从而达到分离的目的。布面清选机的布面常用粗帆布、亚麻布、绒布或橡胶塑料等制成。分离强度可通过喂入量、布面转动速度和倾斜角来调节，这些需要通过特定种子来确定。

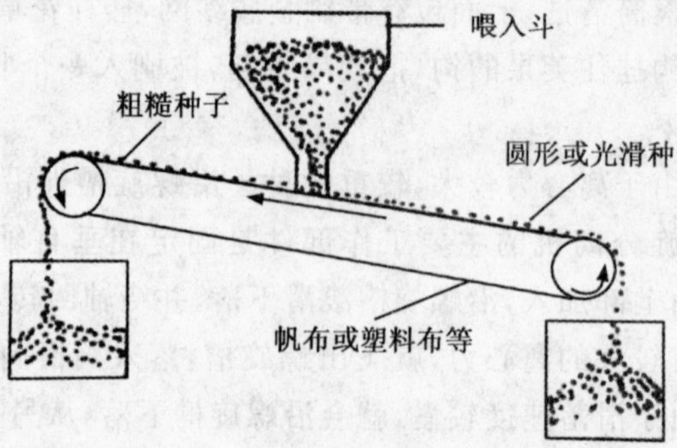

图 7-7 倾斜布面清选机剖面图(韩建国,2000)

基于表面特征分离清选这一原理,在不同部位开出料口使种子分离。此外,还可以利用颜色、导电性、静电荷的不同,使用较高级的电子清选机。表 7-3 列举一些牧草种子的清选加工和设备。

表 7-3 部分热带牧草种子的加工过程

牧草种子	处理	加工过程
加勒比海柱花草	离心筛,用脱壳机脱壳	筛选/风选——长度分选机
矮柱花草	用燕麦脱壳机脱壳	筛选/风选——长度分选机,必要时使用重力分选机
无芒虎尾草	(a)干燥;(b)筛选	筛选/风选——长度分选机,真空处理
高粱属	必要时作处理	筛选/风选——重力分选机,长度分选机
臂形草属		筛选/风选——长度分选机
大翼豆		筛选/风选——长度分选机,必要时使用重力或浮力分选机
绿叶山蚂蝗	轻轻锤打	筛选/风选——重力分选机
其他热带牧草	必要时筛选	筛选/风选——长度分选机,重力分选机

资料来源:Linnett,1977。

在种子清选加工过程中,种子的运入、干燥、清选、处理、贮藏、包装各工序需要有效配合,保持均衡的加工量,避免时多时少,要制定一个完整的计划。运输设备应易于清洁,便于操作和修理。加工中如果种子碰到硬处,会造成机械损伤。种子应尽可能用桶提升或以气流量“流体”输送,平稳流动,避免掉落。

三、种子处理

(一)种子清选前的处理

通常大多数牧草与草坪草收获种子经过粗筛后可以直接进行清选,但是有些牧草或草坪草种子经粗筛后种子批内仍有完整荚果、花序、小穗等存在,而且某些牧草或草坪草种子具有特殊结构如豆科草种的果荚、禾草种子颖壳、芒或毛等,为了减少种子的损失,那些未脱粒单位必须破碎成单粒种子,颖壳、芒等均需要进一步的处理才能进行正常的清选。常用的处理机械有除芒机、脱壳机、锤片式清选机等。

1.除芒机

除芒机由装置在钢筒内的一组水平旋转击轮组成,击轮是由带有突出臂的轴构成,突出臂具有移动种子通过滚筒的作用。另外,在滚筒内壁上具有一组可以调节的固定杆,用以防止种子随着击轮旋转。除芒机利用击轮和突出臂以及相互间的作用对种子、果荚、花序、双粒种子等进行强力摩擦来完成作业。通过工作时间、击轮速度和突出臂与固定杆间隙大小来控制处理程度。国内有 9CM-300 型、5TCM-100 型种子除芒机,适用于禾本科牧草种子的脱芒处理。

2.锤片式清选机

锤片式清选机用于去除种子上的芒或柔毛,它利用许多指状锤片在部分具孔的金属筒内旋转来处理种子(图 7-8)。通过锤片和筛板间用力击打或碾轧将种子附属结构除去并用力将种子挤过筛孔,处理效果有赖于锤片速度、筛孔大小、喂料速度和种子状况,筛孔太大将会造成杂质过多和大量芒未能被去掉,而筛孔太小将会大量伤害种子、降低工作效率并增加处理时间。

3.脱壳机

一般在粗筛或去芒后使用脱壳机,只是某些豆科和禾本科牧草与草坪草需要进行脱壳。脱壳处理时将种子外壳或果荚去掉,提高种子清选特性或种植质量。脱壳机通常利用两块相对橡胶或像砂纸、金刚砂之类的表面粗糙物体来摩擦种子,以达到剥去种壳的目的。国内生产的 5LB-1.3 型剥壳机可以用于草木樨、苜蓿种子的剥壳。

(二)种子包衣

种子包衣是指在种子收获清选后,利用黏着剂或成膜剂,将杀菌剂、杀虫剂、微肥、植物生长调节剂、着色剂或填充剂等材料包裹在种子外面,以使种子成球形或

图 7-8 锤片式清选机内锤片外观

基本保持原有形状的一种新技术，实现抗逆性、抗病性提高，促进发芽、增加产量和提高质量的目的。种子包衣常常是在种子清选后进行的一项加工处理技术。

1. 种子包衣方法

目前种子包衣方法主要分为种子丸化和种子包膜。

种子丸化是指利用黏着剂将杀菌剂、杀虫剂、染料、填充剂等物质黏附在种子表面，做成大小和形状相似的单粒种子单位。这种方法主要适用于小粒种子和种子表面具有特殊结构流动性差的种子，有利于精确播种和牧草的飞播。

种子包膜是指利用成膜剂将杀菌剂、杀虫剂、微肥、染料等物质包裹在种子外面形成一层薄膜，做成与原来种子形状相近的单粒种子单位。这种方法主要适用于大粒和中粒种子。

种子包衣技术在我国虽然研究起步较晚，但由于种子包衣对于提高种子抗性、促进萌发所具有的特殊作用，而受到广泛的关注。1981 年中国农业科学院土肥所研制成功适用于我国牧草种子飞播的种子包衣技术。随着田间种植、管理和收获的机械化，促进了种衣剂的商业化发展，种衣剂也逐渐由过去的农药型、药肥型，发展到现在的生物型和特异型，而且天然无毒种子包衣剂是未来种子包衣技术的发展方向。

2. 种子包衣前准备

种子包衣是以种子为载体、种衣剂为原料、包衣机为手段，集生物、化工、机械等技术于一体的综合技术。种子包衣过程属于批量连续生产，种子被定量地计量，药液也被定时计量，然后使种子和药液同时下落，药液被雾化后喷洒在下落的种子上，实现种子的丸化或包膜，最后搅拌排出。在进行种子包衣前需要完成各项准备工作。

首先是包衣机的选择，根据种子类别和包衣方式选择适合的包衣机。

其次是机具的准备，检查包衣机的技术状态是否良好；检查电机旋转是否正常；观察供粉装置和供液装置是否工作；观察试运行工作状况；确认机具技术状态良好后即可进行包衣作业。

然后是药剂的准备，根据种子的要求和加工数量选择相应的种衣剂和准备足够量的药物。

最后是种子的准备，进行包衣的种子必须是经过精选加工的种子，并对种子净度、发芽率、含水量等质量状况进行确认。

3. 种子包衣机械

包衣机由药筒和供药系统、喂料斗和计量药箱、雾化装置、搅拌和传动装置、机架等部分组成。根据种子包衣方法的不同，可将种子包衣机械分为种子丸化包衣机、种子包膜包衣机和多用途包衣机等。目前用于牧草或草坪草种子包衣的机械有 5ZW-1000 型制丸机、5BY-500 型小型包衣机、5SHB-5A 型包衣机等。

第八章

牧草与草坪草种子的贮藏技术

第一节　种子的寿命

一、牧草与草坪草种子寿命的概念及类型

种子寿命是通过遗传基因所表现的植物种性，在科、属、种间存在明显差异，但又受到贮藏条件的影响。种子在适宜条件下，寿命可达数年，甚至数千年。对种子寿命的研究已有近百年的历史，种子寿命一直是人们关注的种子生理生化研究课题。

（一）概念

种子寿命是从种子完全成熟到丧失生活力为止所经历的时间。实际上，一批种子中的每粒种子都有它的生命生存期限，并且由于植株的个体差异及种子所处

环境条件的差异，种子个体间生活力长短差异也显著。因此，一批种子的寿命系指一个种子群体的发芽率从种子收获后降低到50%所经历的实际时间，又称种子的“半活期”，即种子群体的平均寿命。

(二)种子寿命的类型

种子寿命是一个相当复杂的问题，寿命的长短不仅受遗传特征的影响，还受多种外界条件的影响。只要改善种子本身的质量和贮藏条件，其寿命都可以相对延长。但在自然条件下贮藏或在相同条件下贮藏，不同牧草或草坪草种子寿命的长短差异会明显地表现出来，寿命长的种子能存活十几年乃至上百年，而寿命短的种子仅存活几个月，甚至更短。优若藜和地肤种子若在相对湿度64%，温度20℃以上的环境中，仅1个月就失去生活力(表8-1)。

表8-1 土壤中部分牧草与草坪草种子存活时间

科 名	属及种名	种子寿命/年
禾本科 Gramineae	虉草 *Phalaris arundinacea*	30
禾本科 Gramineae	猫尾草 *Phleum pratense*	21
禾本科 Gramineae	草地早熟禾 *Poa pratensis*	39
禾本科 Gramineae	狗尾草 *Setaria viridis*	39
豆科 Leguminosae	白三叶 *Trifolium repens*	600
豆科 Leguminosae	红三叶 *T. pratense*	>41
豆科 Leguminosae	白香草木樨 *Melilotus alba*	81
豆科 Leguminosae	草木樨 *M. lutea*	58
豆科 Leguminosae	中型胡枝子 *Lespeteza intermedia*	>39
藜科 Chenopodiaceae	藜 *Chenopodium album*	1 700
豆科 Leguminosae	紫花苜蓿 *Medicago sativa*	40
菊科 Compositae	蒲公英 *Taraxacum vulgare*	600
蓼科 Polygonaceae	萹蓄 *Polygonum aviculare*	400

资料来源：郑光华，2004。

早在2 000多年前，我国古代对种子发芽、贮藏已有记载，20世纪初西方一些学者开始了这方面的实验研究。1906年法国植物学家Becquerel对巴黎自然博物馆中贮藏的30科500种植物种子进行了寿命的测定；1908年澳大利亚人Ewart根据1400种植物种子在最适条件下贮藏的结果，将种子分为三类：短命种子(microbiotic，寿命不超过3年)，中命种子(mesobiotic，寿命在3～15年内)，长命种子(macrobiotic，寿命在15年以上)。

一般情况下，豆科牧草或草坪草种子较禾草种子寿命长，贮藏 10 年后的苏丹草种子发芽率仍达 80%，说明苏丹草种子耐贮性高，种子寿命至少在 10 年以上。在豆科牧草或草坪草中，具小粒种子特征和硬实率高的种类，种子的寿命较长。一年生牧草或草坪草的种子寿命较多年生牧草或草坪草的种子寿命长（表 8-2）。

表 8-2　自然条件下(呼和浩特)牧草和草坪草种子贮藏年限与生活力的关系　%

牧草名称	贮藏年限	具活力种子	其中硬实率
冰草	9	0.0	
无芒雀麦	9	45.0	
披碱草	9	43.0	
高羊茅	5	19.5	
一年生黑麦草	5	93.5	
多年生黑麦草	6	85.0	
紫花苜蓿	18	83.4	0.4
白花草木樨	14	99.0	53.0
红豆草	10	9.0	—
苏丹草	18	70.0	
绛三叶	13	88.5	8.0
红三叶	15	52.5	2.5

资料来源：彭启乾等，1980。

二、影响种子寿命的因素

(一)影响种子寿命的内因

种子寿命的长短与其个体发育的生理状态有密切关系。营养物质缺乏、水分、盐分、病虫害都会造成种子生理状态不良，导致种子寿命缩短；未充分成熟的种子比充分成熟的种子寿命短；小粒种子呼吸强度比大粒种子强。另外，胚所占的比例增大，促进了胚部呼吸强度，造成贮藏物质大量消耗而缩短了种子寿命，如大麦胚的呼吸强度为715 $mm^3/(g \cdot h)$(以 CO_2 计)，而胚乳(主要是糊粉层)的呼吸强度为 76 $mm^3/(g \cdot h)$(以 CO_2 计)，胚的呼吸强度是胚乳的 10 倍。胚部结构疏松柔软，水分高，很容易遭受仓虫和微生物的侵袭。

种子的化学成分决定了种子固有寿命长短，与寿命长短有密切关系的主要是胚部化学成分。一般来说，凡含油量较高的种子，寿命往往比较短促，这是因为脂肪较糖类、蛋白质更容易水解和氧化,油脂的酸败会产生许多有毒物质,如丙二醛、游离脂肪酸等,对种子生活力造成很大的威胁。

种皮细胞结构的疏松与致密、坚硬与脆薄程度,与种子本身新陈代谢作用和抵抗外界环境条件有密切关系。凡寿命较长的种子都伴有透水性、透气性不良的种皮,如豆科牧草中苜蓿属、三叶草属、草木樨属及百脉根属种子的寿命很长。禾本科牧草有无稃壳(外稃和内稃)影响着种子的寿命,将去稃和未去稃的猫尾草种子贮藏11年,未去稃的种子发芽率从98%降至52%,而去稃种子从97%降至16%。去稃种子生活力的迅速下降,和脱稃时的机械损伤有关。

种子的形状不同,在收获、清选、贮藏过程中所受的机械损伤不同,一般小粒种子不易受损,寿命较长;球形种子比其他形状的种子对损伤的保护性更好。

(二)影响种子寿命的外因

影响种子寿命的外因主要是贮藏条件和贮藏方法。种子含水量、湿度和贮藏温度是种子在贮藏期间影响生活力和活力的关键因素。根据 Harrington 提出的"哈林顿法则":①在0~50℃范围内,种子贮藏环境温度每降低5℃,种子寿命就加倍;②在种子含水量为5%~14%的范围内,每减少1%的含水量,种子寿命就加倍(后经 Robers 等人修正为每下降2.5%水分,寿命就加倍)。

当油质种子含水量在10%以上,淀粉种子在13%~18%时,贮藏中真菌的生长往往使胚受到损害。种子贮藏寿命与种子含水量和贮藏温度密切相关,适当降低种子含水量和贮藏温度,可有效延长种子的寿命。但种子含水量不是越低越好,当种子含水量低于4%~5%时,与含水量5%~6%的种子相比劣变加快,这与脂质自动氧化所引起的伤害有关。大量的研究指出,在种子的长期贮藏中,维持种子生命的最适含水量是与15%的空气相对湿度达到平衡的含水量,禾谷类作物和牧草种子为6%~7%,当种子的水分在8%~9%时,昆虫开始活动、繁殖;水分在12%~14%以上,种子表面和内部的真菌开始生长,而用熏蒸剂杀虫时亦会损害种子,影响发芽率;水分在18%~20%以上,贮藏种子产生大量热量。

经典理论认为5%~7%的含水量是种子安全含水量的下限。联合国粮农组织(FAO)和国际植物遗产资源委员会(IBPGR)制定的长期保存种子种质的条件是5%~7%的含水量和-18~25℃的贮藏温度,当今世界各国普遍采用此标准。

哈林顿法则已被科学家们普遍认同,但也有人提出质疑。英国雷丁大学、皇家植物园、荷兰等研究单位合作研究水分、温度对种子寿命的影响,并得出以下两点结论:①温度和水分含量间,对寿命没有相互作用。因此在低温下水分含量的影响关系与高温下的影响应该是一致的。这一发现在种子贮藏研究上意义重大,因为在低含水量下，种子的存活曲线只能在高温下研究得到；②对不同植物种子贮藏温度降低 10℃的影响应该是一致的。这一发现有力支持了对种子超干保存的利用。

目前，国内外关于正常种子高效低耗能贮藏技术的研究方兴未艾，尤其是种子超干贮藏的提出，即种子含水量低于 5%的贮藏，以郑光华先生在 1998 年第 393 卷的《Nature》上论文发表为标志，我国在种子保存新技术的研究领域获得了突破性进展。

液氮低温保存是目前国际上正在探索的种质保存新技术，这一研究将大大延长种子贮藏寿命。另外，光、O_2、CO_2、微生物、仓虫及为了杀死害虫和微生物所用的杀菌剂等化学物质，都会对种子寿命有影响。

(三)决定种子寿命的生理机制

由于各种种子的寿命是有一定长度的，彼此之间存在固有差别，所以种子寿命是由遗传基因决定的。

1. 种子耐脱水性与寿命

脱水对细胞的伤害是多方面的，如蛋白质的变性、细胞膜破坏、细胞区域化消失、离子强度 pH 值改变、代谢紊乱、膜脂过氧化等。一般认为，伴随种子成熟，耐水性增加，活力提高，并在生理成熟一段时间后达到最大。近年来，关于糖与耐脱水性的研究认为糖对耐脱水性的获得有三个方面的作用：①增加细胞膜抗脱水能力，阻止溶质渗漏；②在脱水过程中糖能形成一种凝胶，其黏度很高，能使所有需要分子扩散的化学反应停止，并保持组织结构完整。已表明，凡是耐脱水性组织就形成这种状态；③与蛋白质稳定和脱水过程中酶活性保持有关。一般认为，糖的绝对含量与种子寿命无关，相关的是糖的组分比。低的单糖/寡糖比与寿命呈正相关。顽拗性种子缺乏成熟脱水，成熟时含水量仍然较高，种子对脱水高度敏感，组织中明显缺乏蔗糖和棉籽糖或苏水糖。在脱水耐性种子中，LEA 蛋白(胚胎后期富集蛋白)在脱水耐性种子中起重要作用，在干燥过程中保护分子自然构型，减少细胞质离子强度增加的有害作用。然而，LEA 蛋白或者其转录物的单独表达是不够的，因为脱水耐性是一种定量的性质，LEA 蛋白的量可以决定耐性水平，或者 LEA 蛋白和其他保护剂的配合可能是脱水耐性所需要的。ABA 也可影响种子脱水耐性的调节。ABA 水平本身不决定种子的脱水耐性，脱水耐性可能与 ABA 的敏感性有关。ABA 含量较高时，LEA 蛋白积累，LEA 蛋白具有脱水保护剂的作用。

2. 脂质过氧化对种子寿命的作用

自由基形成及脂质过氧化是劣变的重要因素。脂氧合酶(LOX)是催化 cis, sis-1,4-戊二烯结构的不饱和脂肪酸与氧产生反应,生成脂肪酸氢过氧化物的酶。LOX 是自由基产生和脂质过氧化的主要贡献者。研究表明,LOX 与种子劣变有关,氢过氧化脂肪酸含量与种子活力呈负相关。LOX 活性增加,种子劣变加速,寿命缩短。脂质过氧化对膜的损伤已有较多论述,但它会损伤 DNA 是近年提出的新观点。现在认为,DNA 受脂质过氧化损伤的主要部位是 G(鸟嘌呤),由于四种碱基中 G 被占据的分子轨道是最高的,最易被氧化。种子活力丧失、DNA 代谢系统的损伤会导致错误的 DNA 修复,致使有缺陷的各种 RNAs 的遗传信息进行无效传递,从而使得种子萌发必需的各种活动不相关联。所以,当种子老化到一定程度,核酸损伤到一临界值时将变成无活力种子。莲胚发育后期能积累大量核酸,可能是其长寿的生理原因之一。

3. 种子蛋白成熟加工酶和蛋白修复酶的作用

在种子发育过程中,贮藏蛋白不断合成,它们主要在转录水平受到调控,这可能是通过阻遏蛋白结合到贮藏蛋白基因某一区段来实现的。然而,新合成的种子蛋白大都以前体形式存在,无疑前体蛋白的加工对种子寿命及其他功能的体现都有一定的作用。1955 年,在大豆和蓖麻种子中分离出了一种负责种子蛋白成熟的液泡加工酶(VPE),VPE 可使种子前体蛋白在 C 端 Asn 残基处的肽键断裂,从而形成成熟种子蛋白。另外一种蛋白修复酶(IAMT)广泛存在于各种生物中,它能将不正常 L-异常 Asn 残基转化为正常 L-Asn,从而使得劣变蛋白结构和功能恢复正常。在植物种子中 IAMT 活性一般高于营养组织,它参与衰老损伤蛋白的修复,阻止贮藏中受损蛋白的积累。Shen-Miller 等报道,寿命 332～1288 年的印度古莲子与新莲子 IAMT 活性一样高,其 Asn 消旋化程度极低,98%Asn 是正常 L-型。这可能也是莲子长寿的原因。另外,与寿命有关的蛋白质还有 Ubi(遍在蛋白质)、ASPs(热激蛋白)、Chaperones(分子伴侣)等,无论从结构上的同源性还是功能上的相似性,都说明它们存在密切的内在联系。从某种意义上讲,它们都是维持细胞正常功能和生存所必需的一类功能蛋白,并发挥重要保护作用。

三、种子贮藏寿命的预测

最早试图预测种子寿命是基于一种假设,即生活力的丧失是蛋白质凝固的结果,蛋白质凝固是持续加热和水的作用,也就是蛋白质对温度的反应。1913 年,Lepeschkin 通过研究首先提出种子寿命公式 $T=a-b\log z$,其中 T 是温度(℃),z

是时间(寿命),a,b 是常数(随作物而不同)。

1972 年,Roberts 认为引起种子丧失生命力有两种情况,即外在的和内部的。外在因素是热和微生物引起的种子生活力的退化,内在因素是高分子化合物变性和新陈代谢活动受阻。并提出了一个比较严密的种子寿命方程式 $\log P = k_v - c_1 m - c_2 t$,其中 P 为种子平均寿命;m 为种子含水量;t 为温度(℃);k_v,c_1,c_2 是常数。1980 年,Roberts 经过长期不懈的研究,观察到以下几点事实:①种子死亡在时间上呈正态分布;②这些分布的标准差,对一个种在给定的贮藏环境下是一常数;③在两个不同的贮藏环境中,寿命是不同的,在一个种内所有种子批是一样的;④种子寿命是随温度降低而增加的;⑤在种子寿命和种子含水量之间存在着负对数关系。基于上述观察,Ellis 和 Roberts 提出了新的种子寿命方程式:$v = K_i - P / 10^{K_E - C_W \log m - C_H t - C_Q t^2}$。其中 v 为种子贮藏 P 天后发芽率;K_i 为种子最初发芽率(%);C_W、C_H、C_Q 是常数;m 为种子含水量(以鲜重为单位);t 为贮藏温度(℃);K_E 为截距常数。

到目前为止,此方程式似乎可应用在任何作物或物种,但需测定牧草、作物的 4 个常数,只要知道它们的贮藏条件,就能算出种子贮藏寿命。

第二节 种子的劣变

一、种子劣变的概念

种子的劣变可定义为“降低种子生存能力,导致种子丧失活力及发芽力的不可逆变化”。它伴随着种子贮藏时间的增加而发生和发展,是一个自然的、不可避免的过程。一般认为,种子的劣变开始于种子生理成熟时(甚至在发育期间遇到不良条件活力就会降低),劣变发生时,种子的各功能、结构受到损害,而且对这些功能的损害随时间的延长而逐渐增大。劣变过程要一直持续到种子死亡或种子被使用(播种)。种子劣变表现为生产性能降低,最终和最大的危害是种子失去发芽能力,从种子检验角度看,种子失去了长成正常幼苗的能力。

在关于种子衰老的文献中,种子劣变(deterioration)和老化(ageing)的术语在普遍使用,两者是近义词。种子老化一般指种子的自然衰老,而人工加速老化则有别于自然老化。种子劣变是指生理机能的恶化,包括化学成分的变质及细胞结构的受损。有老化就有劣变,二者不可分割,事实上,有时种子劣变和种子老化已变成同义词。但劣变的范围较广，因为劣变不一定由老化而引起，例如，突然性的高温或者结冰，可能会导致蛋白质变性，冰冻使细胞受损，也会引起种子的劣变。

二、种子劣变的原因

种子劣变导致了种子活力、生活力下降甚至生活力丧失，其机制是相当复杂的。对劣变的机理，很多人已经对此作过探讨。研究表明，种子劣变的原因是多方面的，关于劣变的最初起因有多种假设，如：① 种子生活力的丧失是由于呼吸基质丧失殆尽的结果；② 有毒有害物质（如甲酸、乙酸、乳酸、酚类物质、丙酮、游离脂肪酸等）及过量的正常代谢中间产物在种子中积累；③ 种子丧失生活力是由于其失去了 GA 类促进生长性物质，而 ABA 类抑制生长性物质相对过剩所致；④ 干藏种子的膜系统损伤或生物大分子（如蛋白质和核酸）的自然变性；⑤细胞的衰老和损伤；⑥蛋白质的变性；⑦营养物质的损耗；⑧激素的变化。此外，在生产实践中引起种子劣变的往往是各种因素的综合作用。随着现代研究技术和手段的不断进步，相信种子劣变的实质将被逐渐探明。

McDonald(1999)总结了最近 15 年种子劣变研究的结果，认为种子劣变是由于种子内部自动氧化或由于氧化酶的催化作用而产生的自由基攻击脂类物质，造成脂类物质过氧化的结果（图 8-1）。这一劣变过程最早发生于胚根根尖部分。

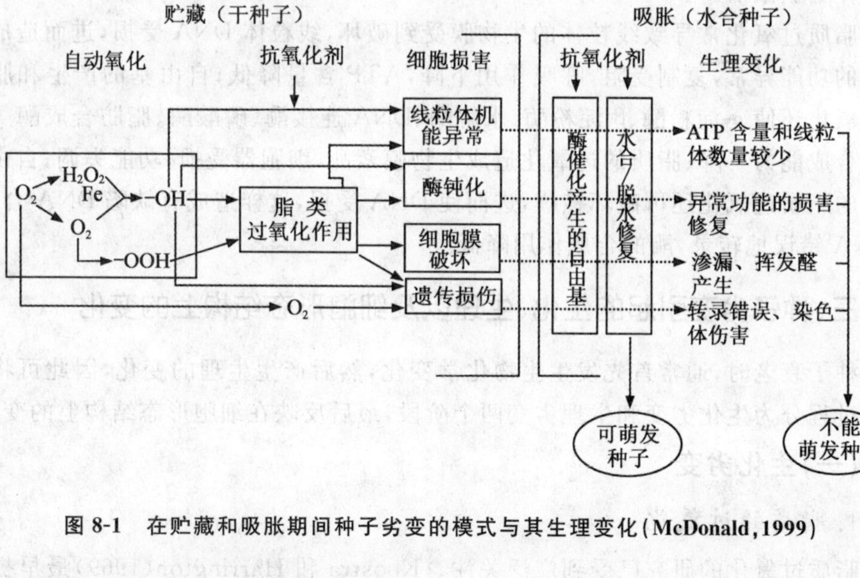

图 8-1 在贮藏和吸胀期间种子劣变的模式与其生理变化（McDonald,1999）

种子中自动氧化产生的自由基主要有超氧离子(O_2^-)、过氧化氢(H_2O_2)和氢氧根(—OH)。超氧离子是种子细胞内氢醌、无色核黄素、硫醇等物质自动氧化或在黄素蛋白脱氢酶催化作用下产生的,过氧化氢是超氧离子自动与氢结合,或在超氧离子歧化酶作用下与氢结合,或由失去两个电子的 O_2 与氢结合形成,氢氧根是在铁存在的情况下超氧离子和过氧化氢经酶的催化作用形成的。

自由基对脂质的攻击导致脂质过氧化,常开始于含油酸、亚油酸、亚麻酸等不饱和脂肪酸的膜上,自由基攻击的结果常使不饱和脂质紧靠双键的亚甲基上产生一个自由基——氢基(—H),氢基可以和羧基(ROOH)所带的超氧自由基(ROO—)结合。这些自由基的形成,将对膜系统造成进一步的攻击,并诱导产生更多的新自由基,加快自由基结合的速度,最终导致膜功能的丧失。

脂质过氧化尽管发生于所有的细胞内,但与种子含水量有密切的关系。一般种子含水量低于6%时,水分子在自由基与生物膜系统之间形成的水膜是不连续的,阻隔作用丧失,自由基与膜的直接接触机会增加,脂质过氧化过程加速。随着细胞水分含量的增加,水在氧化产生的自由基与生物膜之间形成了阻隔作用,脂质过氧化的速度减慢,当种子含水量超过14%时,脂质的过氧化可能被脂肪氧化酶等水解氧化酶类再次激活,随着水分含量的增加,脂质过氧化作用增强。种子水分含量在6%~14%,脂质过氧化作用最小,这是由于水可作为缓冲物质在生物膜和氧化产生的自由基间起阻隔作用,同时该水分含量范围还不足以使脂肪氧化酶的催化作用被激活。

脂质过氧化常导致线粒体的生物膜受到破坏,线粒体DNA受损,进而造成线粒体的功能异常,复制受阻,呼吸作用下降,ATP含量降低;自由基的产生和脂质的过氧化还使α-淀粉酶、β-淀粉酶、水解酶、DNA连接酶、磷酸酶、脂肪合成酶等酶类的合成能力下降;脂质的过氧化造成生物膜紊乱,细胞器受损,功能失调;自由基导致的脂质过氧化还可破坏核膜,进而使DNA受损,这样造成有缺陷DNA合成,mRNA错误地转录,酶的合成作用降低。

三、种子劣变引起的生化、生理以及细胞形态结构上的变化

种子衰老时,通常首先发生生物化学变化,然后产生生理的变化,因此可将劣变的过程分为生化劣变和生理劣变两个阶段,最后反映在细胞形态结构上的变化。

(一)生化劣变

1.脂质的过氧化

脂质过氧化的研究已受到广泛关注。Koostra 和 Harrington(1969)最早提出

膜的氧化是种子劣变的主要原因。他们认为，氧化攻击可能始于定位于脂膜中的某些多元不饱和脂肪酸，种子中许多多元不饱和脂肪酸对氧化降解高度敏感。结果，不仅脂类本身被破坏，而且通过一系列的复杂反应，产生多种潜在的有毒物质。在贮藏过程中，过氧化作用可以通过大气自动化或者脂氧合酶的作用发生。种子劣变过程中膜的功能和结构受到损伤，膜透性增加，其主要原因可能是脂质的过氧化。

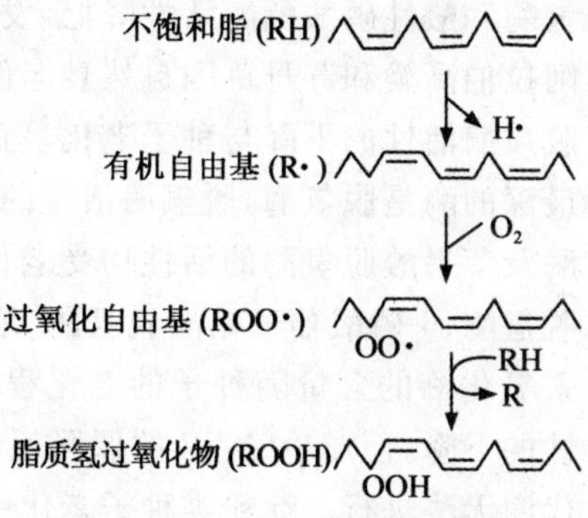

图 8-2 多元不饱和脂肪酸的过氧化作用(Priestley，1986)

图 8-2 描述了不饱和脂肪酸的过氧化作用。反应起始于氢(H—)脱离邻近双键的亚甲基(—CH_2—)，在氢脱离、二烯共轭和与 O_2 结合后，形成过氧自由基(ROO—)。ROO—与另一分子不饱和脂肪酸(RH)反应，产生脂质氢过氧化物(ROOH)，在金属离子存在时，脂质过氧化物分解，产生新的自由基分子，最后生成烯烃、烷烃、醇和羰基化合物的复杂混合物。

2. 劣变产物的积累

种子在贮藏过程中，随着种子劣变的进程，细胞及胚乳的内含物可能受氧化及自由基攻击而分解，部分分解产物，如脂质氢过氧化物(ROOH)和丙二醛(MDA)等对某些生理过程是有毒的。有毒物质的积累使正常生理活动受到抑制，导致种子劣变的逐渐加深和最终死亡。ROOH 和 MDA 分别是膜脂过氧化的中间产物和终产物，其中 ROOH 是不稳定的，能自发地或在过渡金属离子催化下生成非常活泼的自由基 ROO—和 RO—，一方面能够连锁地引发脂质过氧化作用，破坏膜系统的结构和功能；另一方面又能使蛋白质分子脱氢形成蛋白质自由基(P—)，P—又与另一蛋白质分子加成，生成二聚蛋白质自由基(PP—)，继续与其他蛋白质分子进行加成，生成蛋白质分子聚合物[P(P)nP—]。丙二醛能降低过超氧化物歧化酶、氧化氢酶和过氧化物酶的活性，加剧膜脂的过氧化作用，还可以和蛋白质结合，使蛋白质(酶)的结构发生变化，催化功能丧失，降低膜脂的不饱和度和膜的流动性，使膜的透性增大。因此，丙二醛对植物细胞也有很大的危害。

3. 酶活性

种子劣变过程中酶的活性将发生变化，通常分解酶的活性增强，其他酶的活性下降。研究表明，在人工老化过程中，锦鸡儿属植物种子酸性磷酸酯酶，过氧化物酶的活性随老化时间的延长而逐渐降低。新麦草种子在自然老化和人工老化过程中的生理生化变化结果表明，在自然和人工老化过程中，种子发芽率、发芽指数、脱氢酶和酸性磷酸酯酶活性降低，发芽指数和酸性磷酸酯酶活性的变化先于发芽率。阿拉伯高粱和苏丹草因自然衰老而失去活力时，过氧化氢酶的活性下降。谷氨酸脱羧酶活性的下降与种子老化呈正相关。在代谢作用中起主要作用而受老化影响最深的酶是脱氢酶，脱氢酶活性的下降，几乎与种子生命力的下降平行。乙醇脱氢酶及苹果酸脱氢酶的活性均受老化的影响，人工老化后高羊茅种子葡萄糖-6-磷酸脱氢酶、6-磷酸葡萄糖酸脱氢酶、苹果酸脱氢酶活性明显降低。绛三叶种子细胞色素氧化酶的含量随种子的老化程度增加而明显降低（表 8-3），细胞色素氧化酶活性的下降，使产生 ATP 的偶联反应无法进行；ATP 合成量下降，又使大量的合成代谢无法进行。淀粉类种子老化中，淀粉酶活性下降。DNA 聚合酶活性对种子活力起着重要的影响，种子发芽生成种苗的过程中，细胞分裂形成新细胞，细胞核生成需要大量的 DNA，DNA 聚合酶直接参与 DNA 的合成，如果种子老化 DNA 聚合酶活力下降，对种子活力会有明显的影响。

表 8-3　绛三叶(品种 Dixie)的新陈种子各种活力指标

	收获年份及贮藏温度			
	1970(贮藏 6 个月)		1955(贮藏 15 年)	
	22℃	30℃	10～20℃	22℃
萌发时期				
0 h				
ATP(pmol/seed)	38	12	9	8
细胞色素氧化酶(nmol/min/seed)	2.70	1.90	1.92	1.52
酸性磷酸酶(μmol/min/seed)	21.8	14.5	11.2	15.1
DNA(μg/seed)	3.67	3.80	3.20	3.33
3 h				
ATP(pmol/seed)	1 710	1 620	1 079	698
呼吸强度(μL O_2/100seed/h)	236	174	162	120
20 h				
ATP(pmol/seed)	3 100	3 070	2 135	1 810
呼吸强度(μL O_2/100seed/h)	250	202	174	115
蛋白质合成(cpm/10seed/2 h)	2 855	1 760	1 225	930
酸性磷酸酶(μmol/min/seed)	26.8	20.4	13.2	11.3

续表 8-3

	收获年份及贮藏温度			
	1970(贮藏 6 个月)		1955(贮藏 15 年)	
	22℃	30℃	10～20℃	22℃
40 h				
ATP(pmol/seeding)	2 900	2 892	3 185	1 935
种苗大小(cm)	1.57	1.25	0.52	0.16
蛋白质合成(cpm/100seed/2 h)	17 306	11 046	9 830	3 382
RNA 合成(cpm/100seed/2 h)	59 106	41 208	31 298	18 246
DNA 合成(cpm/10seed)	3 554	2 786	1 951	1 378
总发芽率(%)	76	78	60	12
96 h				
ATP(pmol/seeding)	2 360	2 208	3 066	2 036
种苗大小(cm)(S)	4.38	2.96	1.45	0.89
总发芽率(%)(G)	98	96	98	69
活力指数(G×S)	430	204	151	61

资料来源:Ching,1972。

当种子衰老时,有些酶的活性反而增高,如蛋白酶和脱氧核酸酶。前者活性的增强可引起其他酶的分解,后者可使 DNA 断裂并分解,从而影响 DNA 合成新的 DNA 或 mRNA。

4. 遗传物质的降解及蛋白质合成能力降低

随着种子老化程度的增加,活力降低,种子发芽过程中对 DNA、RNA 和蛋白质前体的吸收以及合成这些大分子的能力都明显下降(表 8-3)。高活力高羊茅种子吸胀开始时,贮存的 RNA 活化很快,并在吸胀 4 h 开始合成新的 RNA(图 8-3),而老化种子不仅干种子胚中 RNA 含量少(表 8-4),而且 RNA 在吸胀时活化很慢,吸胀后期的合成量也少。Roberts 等(1973)发现,发芽率在 95%以上的黑麦种子,胚中 DNA 含量为 10.2 mg/g,对应的低活力种子只有 3.1 mg/g,而且 DNA 所含的碱基数也不同,前者有 300 对,后者只有 200 对,说明衰老的种子 DNA 已解体。

种子老化时,DNA 分子常常断裂,其断裂的严重性往往与老化成正比。老化种子吸胀时,对 DNA 的修补能力下降,断裂的低分子 DNA 会导致合成不适用的 mRNA。蛋白体是蛋白质合成的场所,蛋白体由蛋白质和 rRNA 组成,老化种子胚合成 rRNA 的速率减慢。当种子内合成蛋白质时,mRNA 与蛋白体聚合成多蛋白体,多蛋白体的多寡可说明蛋白合成能力的高低,活力低的种子,其胚内的多蛋白体含量均较活力高的种子低。绛三叶种子蛋白质的合成能力随种子老化程度的增加而降低(表 8-3)。

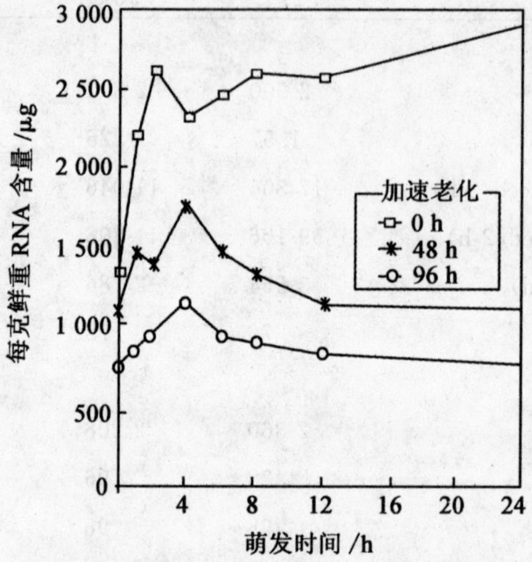

图 8-3　高羊茅不同老化程度(加速老化)种子发芽过程中整粒种子 RNA 含量变化(浦心春等,1996)

表 8-4　不同老化时间高羊茅种子胚中 RNA 含量(μg/g 鲜重)

加速老化时间	发芽率/%	RNA 总量	多聚腺苷 RNA	多聚腺苷 RNA 占 RNA 总量/%
0	97.75	1 321.1	45.87	3.47
48	86.75	1 087.0	30.43	2.80
96	18.75	710.1	14.20	2.00

资料来源:浦心春等,1996。

(二)生理劣变

1. 呼吸代谢

在种子劣变过程中,其呼吸代谢发生失调,此现象出现在发芽速度减缓之前。高活力种子吸水后呼吸强度大,耗氧量较低活力种子高。种子吸胀后呼吸商(RQ)较高,常为 1.4 或更高,这主要是由于进行无氧呼吸及糖酵解代谢,呼吸效率不高所致。种子的吸胀后期,有氧呼吸逐渐增加,呼吸商随之下降,但老化及低活力的种子,由于线粒体受损,其呼吸商往往居高不下,具有特别高的呼吸商。由于种子的老化，线粒体损伤及效能的衰退，使三羧酸循环及细胞色素氧化酶的代谢途径不能畅通而引起代谢途径的变化，ATP的合成能力也下降(表8-4)。老化的高羊茅种子在发芽过程中，ATP含量明显降低，严重老化的种子虽在发芽前期因ATP利用受到限制，ATP含量较高，但随着发芽时间的延长，其含量则大幅度降低。

当种子老化、劣变时，伴随产生不同的挥发性化合物，包括膜的脂肪过氧化作用产生的乙醇、乙醛、戊烷、戊醛及呼吸代谢所产生的乙醇和乙醛。当老化的种子放出大量的挥发性物质，特别是醛类，往往能进一步招致因微生物感染而引起的损伤。因这种物质能促进真菌孢子的萌发，并吸引真菌向发芽种子一方生长，从而使种子受到感染，种子的发芽率会大幅度降低。挥发性醛类在种子发芽过程中生成量的多少，不仅与种子活力成反比，也与田间出苗率的多少呈极显著的负相关。

2.激素变化

激素既是种子新陈代谢的产物，又是其生命活动的调节者。植物内源激素对种子的发育和萌发起着极大的作用，每一种激素都有其独特的作用，一种激素的作用往往不能为另一种激素所替代。种子老化时，内源激素常发生量的变化，而老化后的细胞及生理系统也会丧失对激素的反应能力。影响种子萌发及生长的各种内源激素(赤霉素、细胞分裂素及乙烯)生成能力的下降及丧失是种子老化的基本过程。

3.贮藏物质的变化

劣变种子的子叶和胚乳中养分无法动员起来，供胚分生组织之用，造成了这些细胞的饥饿。Barton(1961)指出，在种子发芽力丧失时，组织中仍有大量养分。Harrington(1967)则认为即使在子叶或胚乳中仍有大量养分，如果种子胚的分生组织或胚轴中的养分缺乏，也可能引起劣变。与种子劣变有关的另一变化是酸度的增加，特别是油质种子。Ching等指出随着劣变进程种子的脂肪酸含量增加，总脂肪含量减少。贮藏脂质的下降可能是在相对潮湿的贮藏条件下，种子(或种子微生物)代谢缓慢的结果。Priestley(1986)认为，老化种子中磷脂的下降是由脂质过氧化或者脂解酶作用的结果。种子的脂酶使脂肪水解为脂肪酸；肌醇六磷酸酶催化水解生成磷酸；蛋白酶使蛋白质水解成氨基酸。这三种酸中变化最早最大的是脂肪酸的量。

4.合成能力的变化

种子萌发的时候，要利用贮藏物质合成新的大分子化合物，如蛋白质、核酸和碳水化合物等，在合成过程中需要能量供应，而新合成的大分子物质则具有生物活性与功能。研究表明，种子吸水初期就开始合成新的大分子，该过程早于根芽的生长，可见种子萌发时合成能力与种子质量劣变有关，当种子发生劣变时，合成能力下降。

种子劣变时往往表现为蛋白质合成能力降低。利用^{3}H-亮氨酸作为蛋白质合成的前体，发现高活力种子蛋白质合成能力高于低活力种子。Bewley 和 Blanck (1982)认为，蛋白质合成也在转译水平上减少。种子劣变时核酸含量及合成能力下降，在高羊茅种子研究中发现，高羊茅种子丧失生活力时，RNA 总量与多聚(A)$^+$ RNA 含量降低。研究表明，在种子劣变后碳水化合物的合成能力也明显下降。

(三)细胞结构的变化

1.膜系统的结构和功能的变化

膜系统在细胞的各种生理及生化作用上，起着非常重要的作用。细胞膜的半透性，可以控制无机盐、糖类、氨基酸及养分的通过；某些酶、光敏色素、激素的作用点多在细胞膜上；细胞膜还参与酶、蛋白质和多糖的合成。

细胞膜主要由磷脂和球蛋白组成，磷脂常排列成二层。磷脂分子的疏水基(尾部)彼此衔接，亲水键(头部)与水分子结合。种子成熟时或种子吸胀后，膜分子排列是有序的，二层磷脂分子中间嵌插以球蛋白，球蛋白的极性端向外。但当种子干燥脱水时，失去水膜的保护，磷脂分子变为无序，膜的完整性丧失(图 8-4)。再吸胀，膜又可恢复原来的排列而获得完整性。高活力种子恢复迅速，低活力种子恢复慢，活力太低的种子可能根本不能恢复。

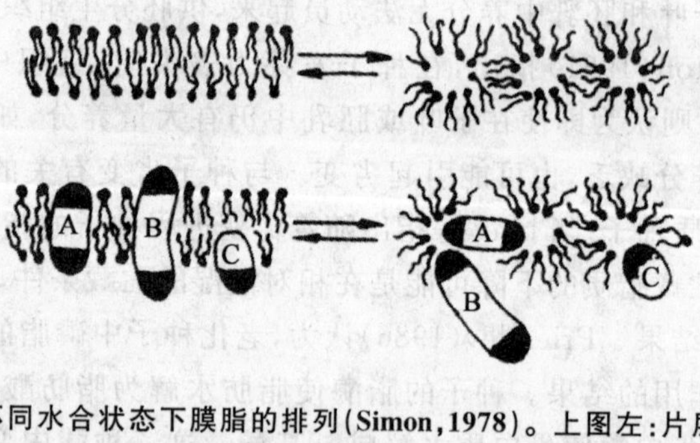

图 8-4　在不同水合状态下膜脂的排列(Simon,1978)。上图左：片层结构，极性头部排列外侧与水连接，构成双层；右：当水分低于 20%时，极性头部向内，亲脂尾部向外，呈放射状排列；下图：模式同上，只是在膜脂中镶嵌有 3 个完整的蛋白质

当把种子浸入水中时，种子内的可溶性物质如可溶性糖类、无机盐及自由氨基酸等会渗漏到种子之外，这些渗漏出的物质多数带电荷。因此，渗漏的程度可从

种子浸提液的电导性看出，渗漏程度可说明细胞膜的完整性，当种子活力降低时，其各种可溶性物质的渗出量会增加，相应的浸提液的电导性也增加(表 8-5)。

表 8-5　新收获和贮藏 10 年的绛三叶种子糖、淀粉、自由氨基酸、无机磷和不溶性蛋白质含量及电导率、发芽率的变化

样品及处理	糖		淀粉	自由氨基酸		不溶性蛋白	无机磷		电导率	发芽率
	干种子/(mg/g)	浸出物/%	(干种子)/(mg/g)	干种子/(μg/g)	浸出物/%	(干种子)/(mg/g)	干种子/(μg/g)	浸出物/%	(mho/g 干种子/30 mL 水)	/%
新收获	74.7	0.6	207	513	0.5	330	539	0.9	48	99
贮藏 10 年*										
6-3	74.7	0.6	192	299	23.4	305	462	0.1	70	98
8-3	68.1	0.6	195	335	28.9	295	592	0.5	77	96
12-3	77.1	0.5	178	377	23.8	321	876	0.5	89	98
16-3	61.5	1.4	177	467	49.2	320	926	24.9	100	74
20-3	36.9	1.3	171	1 044	63.8	318	1 169	61.6	176	0
6-V	82.8	0.8	198	487	18.3	335	924	13.0	44	98
8-V	75.8	0.8	182	498	22.1	302	839	9.5	51	99
12-V	57.1	4.0	170	737	65.6	335	1 451	33.3	81	0
16-V	32.6	2.3	172	987	74.9	304	1 840	63.1	229	0
20-V	18.4	2.3	168	1 148	82.5	327	2 253	68.2	378	0
6-22	74.1	0.7	196	430	28.4	329	851	9.2	49	94
8-22	75.9	0.9	188	368	37.0	299	596	9.4	78	86
12-22	48.7	4.0	158	790	68.6	313	1 750	41.1	118	0
16-22	29.0	1.8	159	1 096	80.4	309	2 808	61.8	347	0
6-38	78.9	0.9	185	375	38.7	310	855	14.2	57	89
8-38	64.1	3.8	186	650	69.1	314	1 197	29.2	74	0
12-38	24.4	2.1	179	906	79.1	275	2 159	70.3	226	0

* 第一个数字表示种子贮藏时的原始含水量(%)；第二个数字为贮藏温度(℃)；V 为自然贮藏条件；资料来源：Ching 和 Schoolcraft，1968。

种子越劣变，其生理机能越衰退，对膜的修补能力越低。种子的渗漏现象在吸胀刚开始时速度最快，稍后随着膜的修补而恢复其完整性，渗漏随之减弱。活力高的种子，其修补能力亦高，渗漏亦少。

2. 细胞器的变化

在种子的劣变过程中，种子细胞内的各种细胞器均发生变化，包括细胞核、线粒体、液泡、质体和内质网等，其完整性均逐渐丧失。随着种子的衰老，细胞核常有染色质结块、颜色变深、核仁模糊等现象出现，甚至发生细胞核的破裂。液泡亦有破裂现象，其内含物外逸往往使酶的活力下降，并使渗漏现象加剧。质体受衰老的影响，表现为内外膜变形，重者则引起膨胀，间质密度下降，固有功能逐渐丧失。劣变后产生的畸形造粉粒，在种子吸胀萌动后，其淀粉含量不会发生变化。随着劣变的加深，内质网发生一系列的变化，先是出现不规则形状，之后出现膨胀现象，继而变得长而薄，最后只有一些肥短型的保留下来，与此同时，高尔基体亦有解体现象，数量减少。

线粒体在劣变过程中，首先其间质表现色浓而稠密，外形不规则，内部出现空隙。伴随着劣变的加重，线粒体的损伤不断加深，出现内膜与网壁连接的现象，除个别的突出嵴外，一般都出现收缩现象。更为严重时，内膜完全解体，整个线粒体出现膨胀，间质显得稀薄色淡，此时已进入不可逆的质变状态，其固有功能丧失。

3. 染色体畸变和基因突变

种子经过长期贮藏而至劣变，染色体畸变及基因突变的频率增加。当种子干燥贮藏时，染色体的损害程度可归结为一个包括温度、种子含水量及时间在内的函数。一般含水量越高或者温度越高，在单位时间内染色体的损害程度越大。当种子含水量及贮藏温度高时，种子的寿命必然缩短。大多数情况下，种子在某种贮藏环境中加速死亡，则染色体畸变的频率增加。大麦种子经人工加速老化处理后，其发芽率下降，伴随的染色体畸变频率增加(图 8-5)。染色体的畸变包括：单桥状、单断片，双桥状、双断片、单断片及单桥状、多断片，双断片及多桥状、双断片及双桥状等类型。

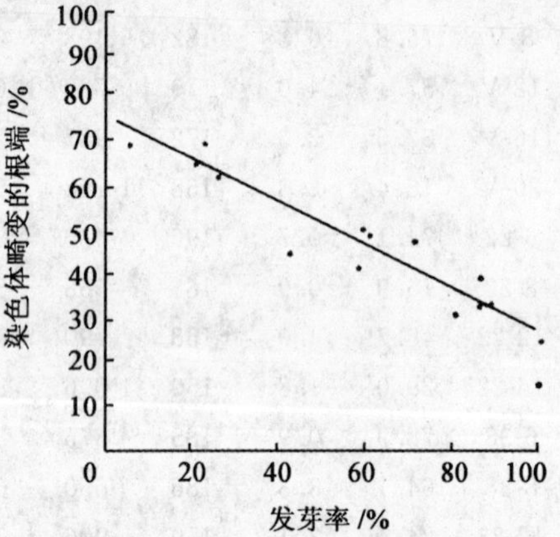

图 8-5　大麦种子加速衰老后，发芽率下降与根端第一次细胞分裂时具有一个或多个染色体畸变率的关系(Roose,1982)

种子老化后，基因突变增加，但大多数突变属隐性，不容易觉察。易于觉察的突变有花粉败育、种苗白化和叶绿体异常等性状。当种子老化劣变时，这些突变均有增加。

四、种子劣变的不可避免性和不可逆性

(一)种子劣变的不可避免性

在生产实践中,只能延缓种子的劣变速度,但不能完全消除劣变。在种子的贮藏中外界因素(如电离辐射、病虫害侵袭等)也会促使种子劣变,在这种情况下,劣变必然会发生。假如将种子贮藏在一个近乎理想的条件下(例如超低温条件),种子中所有与代谢有关的劣变起因都可以被排除,外界的干扰因素也可排除。但是,即使在这样的条件下,仍然不能消除引起劣变的因子之一——生物大分子自然变性。从理论上讲,除非使种子处于绝对零度(−273.3℃),否则就不能消除原子的运动,也就不能消除种子劣变的可能性。种子的劣变是不可避免的。

(二)种子劣变的可逆性与不可逆性

在某些情况下,劣变的种子经一定处理后,其发芽表现会较原来好一些,这样的处理称为"复壮"(revigouration)。在生产实践中,播前对种子进行的水分预措,及其他物理化学处理等多属于这类处理。

若以发芽力作为唯一的判别标准,则这样的复壮处理确实可逆转种子劣变。但应指出,发芽只是种子质量性状的一个方面,提高种子发芽力并不等于全面提高了种子质量。根据热力学第二定律"如无外界能量输入,任何独立的系统将不可逆地从高度有序状态向低度有序状态发展"。这一定律应用于种子上,若将种子看做是一个独立的系统,它将不可避免地从高度有序状态(生命力强)向低度有序状态(生命力降低)过渡。这样,种子的劣变从本质上讲就是一个不可逆的过程。然而,在种子中胚是决定种子生命现象的主要部分,将种子的胚与种子的其他部分看做是两个独立的系统,假若使用某些处理方法将种子其他部分系统的能量向种子胚这一系统中输入,则种子胚系统可以从较低的有序态向较高的有序态转变。这时就可说种子的劣变是可以逆转的。

种子劣变的逆转是极有限的过程。首先,它只能发生于种子的某些特征(如发芽)上,绝不可能使种子的总体活力得以恢复提高。其次,它只能发生于种子劣变过程中的某一阶段,活力很高的种子和活力太低的种子一般不会对"复壮"处理有明显的反应。再次,"复壮"处理只能有限地提高种子的活力,恢复的水平不会超过种子的最高初始水平。图 8-6 清楚地表示了种子活力水平下降与"复壮"处理活力恢复的关系。从图中可以看出,种子的劣变是一长期的、绝对的过程,而恢复仅仅是暂时的、相对的过程。

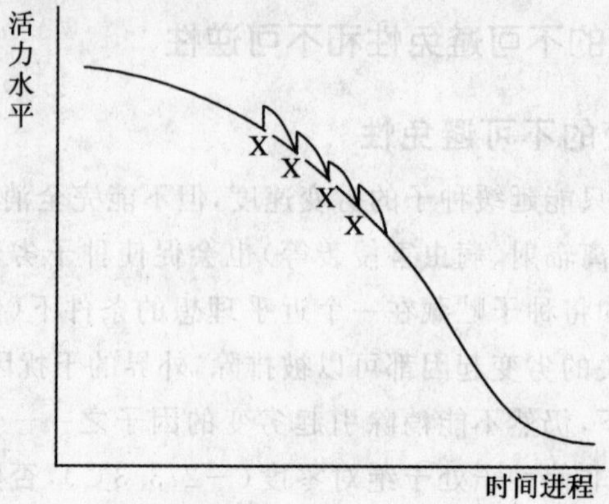

图 8-6 种子活力水平随出仓时间变化模式图

（X 显示出种子经复壮处理后活力暂时提高的情景）

五、延缓种子劣变的方法

(1)种子要充实饱满，无损伤。在采种栽培、种子收获、选种加工时都要避免强力机械作业。对于种子来说，肥料的三要素最重要的是钾，在采种栽培时，缺钾的种子往往是短命的种子。肥料供给充足时，休眠程度加深，因而抑制了种子自身的物质代谢，有效地抑制了劣变。

(2)降低种子含水量。除部分豆科植物种子含水量过低时种子老化加快外，大多数种子含水量低时可延长种子的寿命，抑制劣变。

(3)在低温、低湿条件下贮藏种子。驼绒藜种子活力劣变机理试验表明，劣变过程中，种子呼吸上升，呼吸底物消耗过大，呼吸酶系失活，种子活力下降，寿命缩短。因此，降低种子贮藏温度和湿度是提高种子活力和寿命的关键。抑制贮藏种子内的物质代谢，低温、干燥是最有效的方法。

六、种子劣变的修复

(1)吸湿—回干交替处理。研究表明，种子浸泡后再干燥，可抑制劣变，延长寿命。水合处理可能使有毒物质浸出和亚细胞系统的损伤得到部分修复和代换。在风干种子亚细胞中，大分子、膜及细胞器只发生损害的积累，而无修复的功能。在贮藏期充分吸水的种子，一边经受损害，一边得到修复。

(2)化学药剂处理。在几种不同化学药剂（如磷酸钠、氯化钠、草酸、半胱氨酸、碘化钾等）存在的条件下进行水化，其效果比单独用水水化的效果更好。大多数有效的化学物质能够控制自由基反应或成为抗氧化剂。也有研究表明,贮藏后的种子经水和化学试剂溶液处理后再干燥可极大地减轻种子在贮藏过程中活力的丧失。

(3)渗透调节处理。应用稀盐酸液(如 KNO_3、KH_2PO_4)或聚乙二醇(PEG)可对种子进行渗透调节处理,对种胚的生长、核酸的合成均有促进作用;种子经处理后,酯酶和磷酸酶活性显著提高,种子萌发时,其蛋白质合成较对照种子提前,其中以 PEG 渗透调节修复种子损伤的效果最佳。

第三节　种子的贮藏管理

一、种子贮藏的生物学基础

种子的基因型和种子成熟期间的环境以及收获、干燥和其他贮藏前的预处理决定了种子的潜在寿命。随后,种子活力的保持取决于合理的贮藏条件。种子的贮藏是包括从种子收获开始至播种为止的全过程,在此期间种子要经历不可逆的劣变过程,种子内部发生一系列的生理和生化的变化,直接影响种子的安全贮藏。种子贮藏(seed storage)的任务是采用合理的贮藏设备和先进的贮藏技术,人为地控制贮藏条件,使种子劣变降低到最低限度。

(一)贮藏种子的生命活动及代谢变化

种子的生命活动与周围环境之间的作用十分密切。温度、湿度和通气性对种子内部的生命活动都会产生直接或间接的影响。此外,每粒种子上都带有大量的微生物,种子中还混杂着含水量较高的杂草种子、昆虫及稃壳碎片等,当种子处于干燥状态时,这些混杂物呈不活动状态存在,当种子堆内贮藏条件恶化,特别是受到大气中变化不定的温度、湿度影响后,就为种子堆内微生物与仓虫的侵害、水分的加速传递创造了条件,其结果必然增强了种子的新陈代谢作用,最终导致种子质量的降低。

1. 贮藏种子的呼吸作用

呼吸作用是种子内活的组织在酶和氧的参与下将本身的贮藏物质进行一系列的氧化还原反应,最后放出二氧化碳和水,同时释放能量的过程。有生活力的种子时刻进行着呼吸作用,即使处于非常干燥或休眠状态的种子,其新陈代谢也并未停止,种子的生命活动与呼吸作用密切相关,呼吸是将种子内贮藏物质不断分解的过程，它为种子提供生命活动所需要的能量，使有机体生化反应和生理活动得以正常进行。因此，种子的呼吸作用是种子生命活动的集中表现。

(1)贮藏种子呼吸的性质。种子的呼吸作用根据是否需要外界氧气的参加而分为两类。一类为有氧呼吸，需外界氧气参加，通过三羧酸循环和细胞色素氧化系统将物质彻底分解，释放出大量能量。一个葡萄糖分子经过有氧呼吸分解后，可释放 $2\ 821.90\times10^{3}$ J 的能量；另一类为无氧呼吸，不需外界氧气参加，经糖酵解和发酵过程将物质不彻底分解，变成酒精或乳酸等，释放出的能量要大大低于有氧呼吸。

通常，种子在贮藏过程中，两种呼吸方式同时存在。在通风透气条件下，以有氧呼吸为主，呼吸强度高；在密封条件下，以无氧呼吸为主，呼吸强度低。

(2)贮藏种子的呼吸强度及影响因素。呼吸强度是指在一定的时间内，单位重量种子(以干重计)呼吸作用所释放的二氧化碳量(或吸收的氧气量)。种子的呼吸强度是表示种子呼吸强弱的指标，也是其生命活动强弱的量度，生命活动旺盛的种子是不耐贮藏的，因此，呼吸强度也是种子能否安全贮藏的一项重要的指标。

影响种子呼吸强度的因素。种子呼吸强度的大小，因牧草或草坪草种、品种、收获期、成熟度、种子大小、完整程度和生理状况而不同，同时还受环境条件的影响，尤其是水分、温度和通气状况。

①水分。呼吸强度随着种子含水量的增加而增强。干燥种子呼吸作用非常弱，潮湿种子呼吸作用很旺盛。因为种子内的酶类随种子水分的增加而活化，在酶的作用下，复杂的物质被转变为简单的呼吸底物。所以当种子吸湿变潮时，呼吸愈强，氧气的消耗量越大，放出的二氧化碳越多，贮藏物质的水解就越快。可见种子内游离水的增多是种子新陈代谢强度急剧增加的决定因素。

种子内出现游离水时，水解酶和呼吸酶的旺盛活动增强了种子呼吸强度和物质的消耗。当游离水出现时种子含水量称为临界水分，临界水分与种子贮藏的安全水分有密切的关系，而安全水分随各地区的温度不同而有差异。

②温度。种子的呼吸作用随温度的升高而加强，尤其是在含水量高的情况下，呼吸作用随着温度的升高不断增强(表 8-6)。但这种增强受一定温度范围的限制，超过正常生物学温度，呼吸作用可迅速降低。水分和温度是影响种子呼吸作用的重要因素，并且两者是相互制约的。干燥的种子即使在高温下，其呼吸作用也比潮湿种子在同样温度下低得多；同样，潮湿种子在低温条件下的呼吸强度比在高温下低得多。因此，干燥和低温是种子安全贮藏和延长寿命的必要条件。

表 8-6 密封罐贮藏多年生黑麦草种子含水量及贮藏温度对呼吸和发芽的影响

贮藏条件		贮藏 27 个月				贮藏 48 个月			
		种子呼吸				种子呼吸			
含水量 /%	温度* /℃	放出 CO_2 (mL/kg 种子)	吸收 O_2 (mL/kg 种子)	RQ	发芽率 /%	放出 CO_2 (mL/kg 种子)	吸收 O_2 (mL/kg 种子)	RQ	发芽率 /%
6	3	0.14	2.18	0.064	96	0.20	3.19	0.063	97
	V	0.12	3.87	0.031	92	0.92	6.86	0.134	94
	22	1.37	9.25	0.148	94	1.49	8.64	0.172	90
	38	4.75	13.40	0.354	89	5.27	14.87	0.354	87
8	3	0.20	2.57	0.078	96	0.20	3.45	0.058	98
	V	1.05	5.54	0.190	92	2.04	8.17	0.234	96
	22	2.14	8.21	0.261	96	2.52	8.92	0.283	95
	38	7.15	14.10	0.507	2	8.04	16.83	0.478	1
12	3	1.62	4.59	0.353	96	1.63	5.44	0.300	95
	V	6.71	11.71	0.573	88	11.67	16.98	0.687	12
	22	13.92	17.90	0.778	0	13.05	16.50	0.791	0
	38	—	—	—	0	—	—	—	0
16	3	13.38	18.34	0.730	92	13.36	17.60	0.759	90
	V	33.42	18.20	1.836	0	36.43	20.42	1.784	0
	22	—	—	—	0	—	—	—	0
	38	—	—	—	0	—	—	—	0
20	3	47.10	20.55	2.292	53	61.90	18.20	3.401	0
	V	60.40	20.47	2.951	0	90.50	18.20	4.973	0
	22	—	—	—	0	—	—	—	0
	38	—	—	—	0	—	—	—	0

* V 为自然贮藏条件；资料来源：Ching，1961。

③通气状况。种子堆的通气状况也影响种子的呼吸强度和呼吸方式。种子的呼吸强度总是通风条件下大于密闭贮藏。种子的含水量、温度越高，通风增加，呼吸强度越大。高水分种子处于密闭贮藏条件下，由于旺盛的呼吸，很快将种子堆或袋内部间隙的氧气耗尽，而转向缺氧呼吸，结果引起有毒物质积累，从而导致种子加速死亡，所以高水分含量的种子要注意通风。含水量不超过临界水分的干燥种子，由于呼吸作用非常微弱，对氧气的消耗慢，密闭贮藏可长期保持种子生活力。

④遗传性。蛋白质、油脂类种子的呼吸强度高于淀粉类种子。胚大或者胚占

整粒种子的比例大，呼吸强度就大。杂交种的种子呼吸强度高于常规种的种子。果壳坚韧的硬实种子、休眠期长的种子其呼吸强度均低于一般种子。

⑤种子质量。种子的成熟度、完整性、健康状况、受潮状况等均影响到种子呼吸强度的高低。成熟度低(瘪粒)、破损率高、感染病虫、受冻、受潮的种子其呼吸强度要高于完好种子。新种子的呼吸强度要高于陈种子的呼吸强度。

⑥化学物质。氮气、氢气、二氧化碳、一氧化碳、氨气以及农药气体对种子的呼吸作用也有明显的影响。氮气、氢气、二氧化碳、一氧化碳有延长种子寿命的作用，而氧气则有促进种子呼吸、缩短种子寿命的作用。目前，有些粮食部门采用脱氧充氮，或提高二氧化碳浓度等方法贮藏粮食，在杀虫灭菌的同时，也在一定程度上抑制了粮食的呼吸作用。

⑦仓虫和微生物。仓库害虫会破坏种子的完整性，一旦条件适宜时还会大量繁殖，促使种子呼吸作用加强，放出大量的热能和水汽，引起种子发热，影响种子寿命。种子发热往往伴随着种子发霉，在同一条件下，微生物繁殖释放的能量比种子代谢热多得多，因此种子本身呼吸热和微生物作用发热是相关的，三者(种子、仓虫和微生物)的呼吸构成种子堆的总呼吸，是导致种子发热的主要原因。昆虫的耗氧量为等量谷物耗氧量的 13×10^4 倍，栖息密度越高，氧的消耗量就越大。存在仓虫的情况下，氧气随温度增高而减少的速度很快。随着仓内二氧化碳的积累，仓虫就窒息死亡，但有的仓虫能忍耐 60%的二氧化碳。仓虫往往会随二氧化碳浓度的提高而死亡，但其死亡的真正原因是氧气的减少。当氧气的浓度降到 2%～2.5%时，就会阻碍仓虫和霉菌的发生。因此，在密闭条件下，由于仓虫本身的呼吸，使氧气浓度自动降低，阻碍仓虫继续发生，起到自动驱虫的作用。

2.贮藏种子的代谢变化

种子在贮藏期间，随着种子劣变的发生，种子代谢活性下降，逐渐丧失其发芽能力。

(1)膜的变化。种子干燥后，其细胞膜的完整性往往降低。在种子吸水后，细胞膜的完整性会重新建立，但随着贮藏年限的增长，其恢复细胞膜系统完整性的能力降低，以致完全丧失。细胞膜系统的完整性对正常的生理生化反应起着重要的作用，有些酶只有附着于膜上才会起作用，一旦与膜分离则作用大减或失去作用。与种子发芽有关的光敏色素亦是通过与膜结合而起作用的，当膜受到损害时，其作用受到极大的影响。

(2)酶活性的变化。随着贮藏时间的增加，种子内各种酶的活性也发生变化，除蛋白酶、磷酸化酶、肌醇六磷酸酶等水解酶的活性增强外，多种酶的活性普遍下降。如随贮藏时间的延长，牧草或草坪草种子中的过氧化氢酶、谷氨酸脱羧酶、苹果酸脱氢酶、细胞色素氧化酶(表 8-7)、酸性磷酸酶的活性明显降低。

表 8-7　新收获及贮藏 15 年的绛三叶吸胀种子可溶性蛋白、核苷酸、RNA、DNA、细胞色素氧化酶活性及蛋白质合成能力的变化

样品及处理	可溶性蛋白(μg/种子)	核苷酸(μg/种子)	RNA(μg/种子)	DNA(μg/种子)	细胞色素氧化酶(nmol/分·种子)	3H-苯丙氨酸渗入量(cpm/10 种子)
新种子	850	54.2	79.5	3.67	2.70	2 855
贮藏 15 年种子*						
6-3	755	47.6	77.2	3.07	2.98	1 855
8-3	700	41.0	72.3	3.80	1.90	1 760
12-3	750	40.2	78.0	3.67	1.90	1 495
16-3	670	36.2	72.7	3.27	1.52	860
20-3	550	25.8	69.2	3.00	0.68	365
6-V	745	44.2	74.5	3.73	2.73	1 785
8-V	750	47.2	68.2	3.20	1.92	1 225
12-V	515	38.0	76.9	3.47	0.61	360
16-V	380	25.8	70.9	3.53	0.40	10
20-V	290	17.1	76.5	3.83	0	0
6-22	810	40.2	77.5	3.67	1.75	1 790
8-22	719	47.3	75.0	3.33	1.52	930
12-22	590	37.2	74.5	3.40	0.75	185
6-38	782	37.2	76.5	3.60	1.41	865
8-38	658	39.2	79.0	3.47	0.77	545
12-38	355	23.0	70.6	3.35	0	105

* 第一个数字为种子含水量(%);第二个数字为贮藏温度(℃);V 为常温贮藏;资料来源:Ching,1972。

(3)脂质的自动氧化。脂质是细胞膜系统中的主要组成成分,当种子含水量降至 1%～5%时,包围着大分子的单层水膜成为不连续的,这样酶等大分子就可以与脂质直接接触,引起脂质的自动氧化,结果造成酶钝化、膜损伤及组蛋白变性、染色体的突变。脂质的自动氧化发生于所有细胞内,但在充分吸胀种子的细胞内,水在作用物与大分子间起到缓冲作用。同时,活细胞中所产生的维生素 E 是一种抗氧化剂,它能中和在脂质自动氧化过程中产生的活跃反应物。在干燥的种子中(含水量很低),虽然维生素 E 也能起同样的作用,但在反应过程中一旦用完,就不能重新合成,因此脂质自动氧化就引起细胞毁灭。种子含水量是影响脂质自动氧化的重要因素，当种子含水量从 12%～14%下降至 4%～6%时，呼吸代谢减弱，霉菌受到抑制，种子寿命延长。如果含水量低于 4%～6%，随着含水量的减少，脂质自动氧化量增大，此时种子寿命下降与脂质自动氧化的增强成比例。以种子含水量 4%～6%为界，低于此界时，种子劣变的发生主要是由于脂质自动氧化，高于此界时，则劣变决定于别的因子。

(4)染色体和 DNA 的变化。随贮藏时间的增加，种子萌发时细胞分裂中染色体崩坏现象增加。其中包括染色体小段的断裂，这些断片在细胞分裂完成时，往往被留于细胞核外而丧失。染色体崩坏的细胞数目与种子贮藏时间成正比，即种子贮藏时间越长，染色体的崩坏现象越严重。

3. 种子的后熟作用

(1)后熟的概念。种子成熟应包括形态上的成熟和生理上的成熟两方面，如果缺少其中任何一个条件，都不算是真正的成熟。种子达到形态成熟而被收获后，种子内部的生理生化过程还在继续进行，直到生理成熟。在此期间变化的实质是成熟过程的延续，又是在收获后进行的，所以称后熟。种子通过后熟作用，完成了生理成熟阶段，成为了真正成熟的种子。种子在后熟期主要是发生质的变化，而量的方面只减少，不增加。从形态成熟到生理成熟的变化过程，称为种子的后熟作用，完成后熟作用所需要的时间称为后熟期。

(2)影响后熟的因素。

①温度。通常较高的温度(不超过 45℃)有利于细胞内生理生化变化的进行，可促进种子后熟。如果种子长期贮存在低温条件下，细胞内生理生化变化非常缓慢，甚至处于停滞状态，阻碍了种子的后熟作用，从而降低发芽率。

②湿度。湿度对种子后熟作用也有较大的影响。如果空气相对湿度低，有利于种子水分向外扩散，促进后熟过程的进行；反之，空气相对湿度大，则不利于水分向外扩散，会延缓种子的后熟作用。

③通气。在通气良好的条件下，氧气供给充足时，可促进种子后熟作用；而二氧化碳却能阻碍种子的后熟作用。

(3)后熟与种子贮藏的关系。

后熟引起种子贮藏期间的“出汗”现象。新入库的牧草或草坪草种子由于后熟作用尚在进行中，细胞内部的代谢作用仍然比较旺盛，其结果是种子水分逐渐增多，一部分蒸发形成水蒸气，充满种子堆的间隙，一旦达到过饱和状态，水蒸气凝结成微小水滴，附着在种子表面，表现出“出汗”现象。种子收获后，如果未经充分干燥而入仓，在通风条件差的情况下，这种现象就更易发生。

后熟造成仓内不稳定。种子的"出汗"现象表明，旺盛的生理生化变化可引起种子堆内湿度的增加，导致游离的液态水吸附在种子的表面，导致了种子堆内水分的再分配，近一步加强了局部种子的呼吸作用，如果不及时采取措施就会引起种子的回潮发热，同时也会为微生物的发育创造有利的条件，严重时种子就会霉变结块甚至腐烂。因此刚收获的种子在贮藏时，如果含水量较高且没完成后熟作用，必须要采取有效措施（暴晒、通风等）来控制细胞内部生理生化变化，防止水分积聚过多。

在生产实践中，为防止后熟期不良现象的发生，必须适时收获，避免提早收获使后熟期延长；充分干燥，促进后熟的完成；入库后勤管理，勤检查，适时通风降温散湿。

4. 种子贮藏期间温度、水分的变化以及结露和发热现象

(1)贮藏种子温度的变化。在正常情况下，种子温度随气温而变化，因此，在气温上升季节(3～8月)，种子温度也随着上升，但低于仓库温度和气温；在气温下降的季节(9月至次年2月)，种子温度也随着下降，但高于仓库温度和气温。种子温度升降的速度一般要比气温滞后半个月到一个月，这种现象往往表现在当气温开始回升时种子温度还在继续下降；当气温开始下降时种子温度还在继续上升。

(2)贮藏水分的变化。种子堆内水分主要受大气相对湿度的影响而变化，一年中的变化随季节而不同，在正常情况下，低温和梅雨季节的种子水分较高，夏秋季节的种子水分较低。种子堆内会发生冷热空气对流，造成水分分层。此外，种子堆内还会发生水分扩散，也叫湿热扩散。所以在种子入库堆放时，必须把不同水分的种子分开堆放，以防干燥的种子受潮，影响种子的安全贮藏。

(3)贮藏种子结露。种子结露(seed dewing)是种子在贮藏过程中常见的现象。种子结露以后，含水量急剧增加，生理活动也随之加强，从而导致了发芽、发热、虫害、霉变等情况的发生，但这种现象可以通过加强管理，采取措施消除。即使在种子已经发生结露的情况下，将种子进行翻晒干燥、除水，不使其进一步发展，仍可避免种子遭受损失或减少损失。

种子水分能通过水汽的解吸和吸附作用而转移，这一规律叫做"水分再分配"。当高水分和低水分的种子堆在一起时，高水分的种子解吸水汽，降低水分，并在间隙中形成较高的湿度，使低水分的种子吸附水气而增加水分，经过再分配的种子水分，只会达到相对平衡，这是因为存在吸附滞后现象。温度越高，水分再分配(平衡)速度越快。因此，种子结露的预防是种子贮藏管理上经常性的工作。

(4)贮藏种子的发热。在正常情况下，种子温度随气温、仓库温度的变化而变化。如种子温度不符合这种变化规律，发生异常高温时即为发热(pyrexia)。种子

发热常由诸多因素造成，如贮藏期间新陈代谢旺盛，释放大量热量，积累在种子堆内，这些热量又进一步促进种子的生理活动，放出更多的热量和水分，如此循环往复，导致种子发热。这种发热多半发生于新收获或受潮的种子；微生物迅速生长和繁殖引起发热，在相同条件下，微生物释放的热量远高于种子。实践证明，种子发热往往伴随着种子发霉，微生物的生长繁殖是种子发热的主要原因；种子堆放不合理，种子水分过高和种堆过大，热量难以散发出去，以及种子堆各层之间，局部与整体之间温差较大，造成水分转移或结露，引起种子发热。仓虫活动；种子堆放不合理；仓房管理差或管理不当，如漏雨、返潮、通风不合理等也引起种子发热。

(二)微生物对贮藏种子的影响

1. 贮藏种子中微生物的来源及种类

种子的表面都聚集着大量的微生物，大体可分为附生、腐生和寄生 3 种。大部分以寄附在种子外部为主，多属于异养型。种子上微生物区系主要有 4 类：细菌类、霉菌类、酵母菌类和放线菌类。

种子中的微生物从其来源而言，可概括为田间(原生)和贮藏(次生)两类，前者主要指种子收获前在田间所感染和寄附的微生物类群，其中包括附生、寄生、半寄生和腐生微生物(真菌)；后者主要是种子收获后，以各种不同的方式，在脱粒、运输、加工及贮藏期间，传播到种子上的一些广布于自然界的霉腐微生物群(真菌)。在有限的水分条件下(干种子)田间微生物不能正常生长，而贮藏微生物在干燥的条件下生长良好，并能侵入种子，损害贮藏的种子。

种子贮藏期间微生物区系的变化，主要取决于种子含水量，种子堆的温、湿度和通气状况以及在这些环境中微生物的活动能力。新鲜种子中，通常以附生细菌为最多，其次是田间真菌，而霉菌类的比重很少。正常情况下，随种子贮藏时间的延长，其总菌量逐渐降低，其菌相将会被以曲霉(*Aspergillus*)、青霉(*Penicillium*)等为代表的霉腐微生物取代。贮藏真菌增加越多，田间真菌减少或消失越快，种子的品质也就越差。在失去贮藏稳定性的种子中，微生物区系的变化迅速而剧烈，以曲霉、青霉为代表的霉腐菌类，迅速取代正常种子上的微生物类群，旺盛地生长繁殖，同时伴有种子发热、生霉等一系列种子劣变症状的出现。

贮藏期间种子中常见的微生物及生长条件：

(1)细菌。细菌中以杆状菌为主，一般细菌生长发育需要较高的种子水分(16%～18%)，少数需 18%以上；最低温度 20～25℃，适宜温度 35～40℃，最高温度 50～60℃。一般情况下细菌对种子无破坏作用，在种子上与其他腐生霉菌有拮抗作用。而其中有些细菌，如黄色植生无芽孢杆菌及荧光假单孢杆菌具有合成维生素的能力，对种子形成和种子贮藏能起到一些有益的作用。

(2)霉菌。种子上发现的霉菌种类较多，大部分寄附在种子外部，部分寄生在种子内部的皮层和胚部，许多霉菌是对种子破坏性很强的腐生菌，其中以青霉和曲霉占首要地位。青霉要求的温、湿度范围较宽，适宜生长的种子水分为15.6%～20.8%，适宜温度为20～25℃，但温度达到38℃，低到7℃时也能生长。此类霉菌在种子上生长时，先从胚部侵入，或在种子破损部位开始生长，最初长出白色斑点，逐渐发展为丛生的毛(菌丛体)，数日后产生青绿色孢子，并发生特殊霉味。大多数曲霉对水分的要求为干性或接近于干性，阿姆斯特丹曲霉(*A. amstelodami*)、薛氏曲霉(*A. ehevalieri*)、匍匐曲霉(*A. repens*)、局限曲霉(*A. restrictus*)及赤曲霉(*A. ruber*)均能在水分为13.2%～15.0%的种子中生长。曲霉能引起种子体内有机物的分解，特别是能引起低水分种子的变质，对种子的危害性很大。

2.微生物对贮藏种子的影响及其控制

(1)种子生活力的影响。微生物侵入种子往往从胚部开始，因胚部化学成分中含有大量亲水基，所以胚部水分远比胚乳部分高，而且营养物质丰富，保护组织也较薄弱。胚是种子生命的中枢，一旦受到微生物损害，其生活力随之消失。霉菌对种胚的伤害力较强，种子贮藏过程中，种子发芽率总是随着霉菌在种子上的出现率的增加而下降，以致完全丧失。微生物引起种子发芽率降低和丧失的原因：微生物直接侵害和破坏种胚组织；某些微生物可分泌毒素，毒害种子；微生物分解种子内含物，形成各种有毒有害物质，造成种子正常生理活动障碍。

(2)引起种子的升温和霉变。微生物在适宜的条件下，利用其自身分泌的酶类分解种子的贮存物质，破坏种子的完整性，侵入种子内部，导致种子霉变。由于微生物在贮藏种子中的迅速生长，使种子堆温度不断升高，范围在40～60℃，含水量高或含破损种子比例大的种子堆会升温更高。随温度的升高，微生物的繁殖速度加快，在胚部或破损部位形成菌落，造成种子的霉烂和腐败，失去利用价值。

(3)种子霉变的控制。种子贮藏在干燥场所之前必须先经干燥，将其水分降低到安全水平，这是控制由真菌引起贮藏种子变质的主要方法。当种子水分与65%或更低的相对湿度相平衡时，大多数贮藏真菌不能侵害种子，但有些旱生型的真菌可侵染含水量稍高的种子。

由于种子堆的水分含量只能代表大部分种子水分的平均值，因此，即使整批种子的水分含量达到安全水平，仍有少数种子水分含量可能超过安全的限度。含水量过多的种子易受贮藏真菌的侵害，真菌一旦侵染，即可蔓延到全部种子，因此正确测定水分对种子霉变的控制是非常重要的。为了达到最佳贮藏效果，种子在收获后应尽快进行干燥，并进行彻底清选后，再贮藏到不会返潮的场所。

(三)仓虫对贮藏种子的危害及控制

1.仓虫对贮藏种子的危害

仓虫与微生物一样,也是贮藏种子遭受损害的重要原因之一。与贮藏种子有关的昆虫数百种,但只有50多种会危害种子的贮藏,而在这50多种中,有10多种会对种子造成严重的损害,包括米象、谷象、小谷长蠹虫、麦蛾、大谷盗、锯谷盗、谷鲣节虫和角胸谷盗。象鼻虫能咬穿种皮并损坏胚乳,其他仓虫则侵害种胚,这样将使种子的发芽潜力降低或全部丧失。仓虫危害种子的状况与虫种及其生活习性有关,有的害虫能将整粒种子蛀食一空,有的仅能蛀食破碎子粒;有的害虫能吐丝结网,把种子连接成团状,然后躲藏在其中蛀食种子;还有些害虫能使种子堆发热。另外,害虫的尸体、排泄物、皮屑以及丝网等物也会影响种子的质量。善飞的仓虫能迁移到未曾感染过的种子贮藏区。

种子也可从感染的贮藏装置或收获前的田间受到侵染。沙打旺实蜂在盛花期产卵于花的子房内,幼虫以乳熟种子的内含物为食,致使种子成熟期仅剩空壳。受害的沙打旺种子外皮凸凹不平,无光泽,轻压即破碎,溢出咖啡色液汁,种皮上有黑色斑沉积为幼虫粪便的沉着点。

2.仓虫的控制

控制仓虫的措施,首先是设法把侵染了虫害的种子清除掉。种子应进行严格清选,并将清选剩余物销毁,以防这些种子产生自生植株给害虫提供寄主。收获后清理农田,减少害虫侵染源。其次是利用自然或人工的高温、低温及光、声、射线等物理方法,破坏仓虫的生殖、生理机能及虫体结构,使之失去生殖能力或直接被消灭。再者是彻底清理和熏蒸所有搬运种子的设备、种子容器和贮藏场所,必要时可用杀虫剂。对有些害虫,在贮藏前或贮藏期间进行种子熏蒸,以达严格控制。种子熏蒸务必谨慎,熏蒸剂在某些条件下会伤害种子生活力。Young(1929)为了控制稻谷象鼻虫,进行了熏蒸剂对种子生活力影响的研究,发现苜蓿、三叶草、玉米、燕麦、黑麦、猫尾草等种子,可用二氯乙烷、甲酸异丙酯、氯代异丁烷、三氯乙烯最低致死浓度的两倍进行处理,其生活力并不严重下降,环氧乙烷和氯代醋酸甲酯则严重降低发芽率。溴甲烷是一种广泛运用于控制仓虫的熏蒸剂,以干燥种子低温和低气体浓度条件下熏蒸较为安全,对种子生活力的影响较小。

二、种子的贮藏管理技术

(一)牧草与草坪草种子的包装

经干燥、清选和分级后的种子应进行包装以利于贮藏和运输。包装可用麻袋、棉布袋、纸袋或薄膜(塑料或金属箔)袋、金属板或纤维板筒、玻璃罐、纤维板箱或其他材料制成的容器。贮藏准备成批出售的种子,包装容器可用较大的针织袋或多层纸袋、大纤维板筒、金属罐或纤维板箱(盒);零售的牧草或草坪草种子贮藏容器一般与成批出售的容器相同,但贵重的牧草、草坪草种子零售时或原种的包装容器一般是小纸袋、薄膜袋、压制的薄膜套、小纤维板盒或小金属罐。

所有的包装容器受以下因素影响:待包装种子的种类和数量、包装的形式、贮藏期限、贮藏温度、贮藏场所的相对湿度,以及所包装的种子准备贮藏、展览或出售的地区。能容纳种子并保护种子的包装容器应是由具有足够抗张力、抗破力和抗撕力的材料制成,可耐受正常的装卸操作。但除了掺入某些具有特殊保护性能的物质外,包装材料不能保证种子免受昆虫、鼠类或水分变化的影响。

采用多孔纸袋或针织袋包装,经短时间贮藏或在低温干燥条件下贮藏的种子,可保持种子的生命力,而在热带高温高湿条件下贮藏的种子或市场上出售的种子,如不进行严密防潮,就会很快丧失生活力。保存两个种植季节以上的种子往往需干燥并包装在防潮的容器中,以防生活力的丧失。常用的抗湿材料有聚乙烯薄膜、聚酯薄膜、聚乙烯化合物薄膜、玻璃纸、铝箔、沥青等,抗湿材料可与麻布、棉布、纸等制成叠层材料,防止水分进入包装容器。

国际市场上出售的牧草或草坪草种子一般用麻袋、编织袋、多层纸袋包装,每袋可装 50 磅或 100 磅(22.7 kg 或 45.4 kg),或 25 kg。种子袋的内层常为防潮的聚乙烯膜。棉布袋或麻袋常用手缚法或缝合法封口,以缝合法为多,绝大多数用机缝。如用聚乙烯和其他热塑塑料,通常将薄膜加压,并加热至 93.2~204.4℃,经一定时间即可封固。热封设备有小型手工操作的滚筒或棒条,从用脚控制的棒条、钳子和夹子,到复杂的自动制包、装包和封包机。有些封口设备利用恒温控制的棒条和滚筒,也有利用高强度短时间的热脉冲封口,可根据不同厚度材料进行调节。非金属或玻璃的半硬质或硬质容器,常用冷胶或热胶通过手工和机器进行封口。涂胶机器将容器的开口一端加工折叠后置压力下,直到上好胶为止。金属罐封口可以用人工操作,也可用半自动机械操作。

(二)种子的贮藏库

1. 仓库的基本特点

(1)防水。种子贮藏库绝对不允许雨、雪、地面积水或其他任何来源的水与种子接触。贮藏期间种子水分太高会加快呼吸作用、发热和霉菌生长,有时会促使种子萌动,这些都会降低种子的品质。种子仓库建筑的屋顶和墙壁上,必须消除小洞和裂缝,防止雨水和雪水进入仓库。木制板壁和屋顶上的裂缝和节孔必须填补,金属建筑物上的所有螺栓、螺钉都应加橡皮垫圈。土壤中的水分与种子接触后易被种子吸收,因此仓库建筑必须设具防水层的地板(地坪)。一般用沥青或油毡作地坪。仓库内墙面在种子堆高以下要刷沥青防潮。

(2)防杂。各种牧草和草坪草,特别是不同品种的种子间不易区别,所以每个种子批在贮藏时必须防止其他种子批种子的混入,贮藏库中对于散装贮藏的种或品种必须设有单独的仓库廒间。包装贮藏的种或品种必须分别堆垛,种子也可放在集装箱内。所有的袋、箱和仓廒必须明显地贴有标签。

(3)防鼠、防虫、防菌。仓库必须采取鼠类预防措施,减少鼠类采食和拖散混杂种子。金属和水泥建筑通常能提供很好的防鼠措施。仓库中应堵塞鼠类的进路,如墙壁和地板的裂缝、洞眼和未加网罩的气孔。仓内配备盖子紧密的铁柜也具有防鼠性能,布袋也可经过处理来预防鼠害。一座完善的仓库应使其部分或全部在任何时候都可进行熏蒸,以控制害虫。每次仓廒出空后进行彻底地清理和熏蒸消毒,可使害虫减少到最低限度。袋装或箱装的贮藏场地应经常保持清洁,防止害虫滋生。

真菌在潮湿、温暖的条件下生长最适宜,因此仓库建筑应保持低温、干燥的条件。仓库建筑的通风设备对防止水分的积累是必要的。仓库内温度的差异会引起水汽从高温处向低温处移动,通常是从种子堆内部移向种子堆表面,这种水分的移动能给真菌的生长提供适宜的条件,仓库内采取通风措施可防止水分累积,冷藏也可减缓水分的累积。

(4)防火。木制仓库火灾的隐患最大,作为种子仓库的木材要进行化学处理防止燃烧,木制建筑的内部和周围进行清洁处理,可减少火灾的危险。所有仓库建筑物,要配备专门的防尘、防火的电源插头和开关,可减少因电引起着火的机会。虽然金属和水泥建筑能够防火,但这种建筑中也应安装电路起火预防设备,因火花可能引起灰尘的爆炸和着火。温度和湿度特别高的地区,为了保持种子的品质,防止种子堆发热或起火,应控制仓库的温度和湿度。

2.种子仓库的类型

(1)普通贮藏库。普通贮藏库利用换气扇来调节库内温度和湿度。这种贮藏库的种子可贮藏1～2年。普通贮藏库要坐北朝南,要有良好的密封和通风换气性能。由于通风换气是根据冷气对流原理进行的,因此,库门、库窗的位置应是南北对称。窗户以钢质翻窗最好,有利于开关,而且严密可靠。窗户的位置高低适中,过高则屋檐影响通风透光,过低则影响库的利用率。

普通贮藏库应选择在地势高、气候干燥、冬暖夏凉的地区或场地,严防库址积水或地面渗水。库址应选在居民稀少、周围无高大建筑的地方,以利仓库的透风换气。普通库的贮藏时间短，需要频繁运输，贮藏库应选择在交通方便的地方，便于种子的调运。

(2)冷藏库。装有冷冻机和除湿机以调节库内温度和湿度的种子贮藏库，一般可贮藏 3～4 年或更长一些。冷藏库为了隔绝外界的热源和水分，种子贮藏室的墙壁、天花板和地板都必须能够很好地隔热和防潮。地板隔离材料通常要铺设一层热沥青的地基，隔热材料有纤维玻璃、泡沫喷涂、苯乙烯泡沫塑料等。天花板和墙壁通常用 1.3 cm 或更厚的水泥灰料涂上。

冷藏库不能开设窗户，门也必须很好地隔热和密封。大多数种子冷藏采用强制通风，使冷空气流过冷却旋管，然后分布到整个冷藏库内。大面积的房间则由管道系统使冷空气均匀分布于整个冷藏库。大部分冷藏库采取机械冷冻系统，冷藏库常常用液态或固态干燥剂的除湿器与冷冻过程相结合，或采取冷冻型除湿器吸引潮湿热空气，排到室外。

(3)牧草种质资源库。以保存牧草种质资源为目的的贮藏库，一般以贮藏种子为主。美国、中国、日本都有大型种质资源贮藏库。采用现代化的科学技术，建设低温、干燥、密封等理想贮藏条件下的种子贮藏库，用以长期保持各种种质生活力而不衰。依据条件可保存种子生活力达到几十年、几百年乃至几千年。在长期贮藏过程中，种子材料每隔 10 年、20 年或 30 年更新一次。

种质资源贮藏中根据贮藏年限的长短分为：①长期库，亦称基础库，贮藏环境通常是－20～－10℃，种子含水量 5％左右，种子贮藏期限是 50～100 年，长期库的重要特点是作保险性贮藏，一般不对育种家作资源分发，除非该资源无法从任何一个中期库取得；②中期库，亦称活期库，此类库为数众多，其贮藏条件是温度不高于 15℃，种子含水量在 9％左右，种子的贮藏寿命为 10～20 年，此类种质库对育种家分发育种材料。我国目前有作物(包括牧草)种质资源长期库一座，牧草种质资源中期库二座。

(三)种子的贮藏方法

1. 普通贮藏法(开放贮藏法)

所谓普通贮藏法(开放贮藏法)包括两方面内容：一种是将充分干燥的种子用麻袋、布袋、无毒塑料编织袋、木箱等盛装，贮存于贮藏库里，种子未被密封，种子的温、湿度(含水量)随贮藏库内的温、湿度而变化；另一种是贮藏库安装有特殊的降温除湿设施，如果贮藏库内温度或湿度比库外高时，可利用排风换气设施进行调节，使库内的温度和湿度低于库外或与库外达到平衡。

普通贮藏方法简单、经济，适合于贮藏大批量的生产用种，贮藏以 1～2 年为好，时间长了生活力明显下降（表 8-8）。

2. 密封贮藏法

种子密封贮藏法是指把种子干燥至符合密封贮藏要求的含水量标准，再用各种不同的容器或不透气的包装材料密封起来，进行贮藏。这种贮藏方法在一定的温度条件下，不仅能较长时间保持种子的生活力，延长种子的寿命（表 8-8），而且便于交换和运输。在湿度变化大，雨量较多的地区，密封贮藏法贮藏种子的效果更好。

表 8-8 贮藏在不同条件和贮藏容器中黑麦草种子的发芽率 %

贮藏条件/容器	1984	1985	1990	1994	平均值*
种子库（2℃，RH 10%～20%）					
玻璃罐	95.5	96.3	96.7	94.3	95.8
麻布袋	95.5	96.0	96.7	94.3	95.7
塑料袋	95.5	96.3	95.7	93.7	95.2
平均值*	95.5	96.2	96.4	94.1	
冰箱（4℃，RH 70%～90%）					
玻璃罐	95.5	94.3	93.0	89.7	92.3
麻布袋	95.5	94.7	94.7	87.7	92.4
塑料袋	95.5	95.7	94.0	93.0	94.2
平均值	95.5	94.9	93.9	90.1	
仓库（5～20℃，RH 50%）					
玻璃罐	95.5	92.0	62.7	—	77.4
麻布袋	95.5	94.0	36.0	—	65.0
塑料袋	95.5	93.7	84.0	—	88.9
平均值	95.5	93.2	60.9	—	

* 表中平均值为黑麦草 3 个种 9 个品种的均值；资料来源：Lewis 等，1998。

目前用于密封贮藏种子的容器有玻璃瓶、干燥箱、罐、铝箔袋、聚乙烯薄膜等。

试验结果表明，种子在中等温度条件下，密封防潮安全贮藏 3 年，含水量应为：紫花苜蓿 6%；三叶草、多年生黑麦草 8%；萠股颖、早熟禾、羊茅、鸭茅、野豌豆 9%；雀麦、一年生黑麦草、饲用玉米、燕麦 10%。

3. 低温除湿贮藏法

大型种子冷藏库中装备冷冻机和除湿机等设施，将贮藏库内的温度降至 15℃

以下，相对湿度降至50%以下，加强了种子贮藏的安全性，延长了种子的寿命（表8-8）。

将种子置于一定的低温条件下贮藏，可抑制种子呼吸作用过于旺盛，并能抑制病虫、微生物的生长繁育。温度在15℃以下时，种子自身的呼吸强度比常温下要小得多，甚至非常微弱，种子的营养物质分解损失显著减少，一般贮藏库内的害虫不能发育繁殖，绝大多数危害种子的微生物也不能生长，达到种子安全贮藏的效果。

冷藏库中的温度越低，种子保存寿命的时间越长，在一定的温度条件下，原始含水量越低，种子保存寿命的时间越长。

4. 种子的超干贮藏

超干种子贮藏（ultradry seed storage），亦称超低含水量贮存（ultra-low moisture seed storage），是指水分降至5%以下，密封后在室温条件下或稍微降温的条件下贮存种子的一种方法。常用于种质资源和育种材料保存。种子超干燥贮藏作为一项新技术已普遍为人们关注。华北驼绒藜种子在超干（含水量4.2%～4.5%）和室外温度（−15～25℃）条件下贮藏，与低温贮藏效果基本相同，能显著延长种子的寿命。而且研究结果表明，在超干贮藏过程中，种子的同工酶（超氧化物歧化酶、过氧化物酶、酯酶）系统的活性增高，减缓种子老化，延长了贮藏寿命。种子超干保存能有效保持种子活力，提高种子的耐贮性。

种子超干贮藏技术的关键是超低含水量的获得和萌发预处理。种子干燥主要采用的方法有干燥剂室温干燥、鼓风硅胶干燥和冰冻真空干燥。种子萌发预处理时，根据种子“渗控”和“修补”的原理，采用PEG引发处理或回干处理和逐级稀释平衡水分的措施能有效地防止超干种子吸胀损伤，获得高活力的种苗。

超干处理提高种子耐藏性的效果已基本被世界各国科学家认可，但人们发现含水量过低可造成种子活力下降，但目前对造成这种伤害的原因尚不明确，或源于超干处理本身，或源于超干种子萌发前的急剧吸胀。研究表明，种子含水量并非越低越好，当脱水至某一阈值（最适含水量）以下时，对延长种子寿命无更大益处，反而会加速种子劣变。

5. 种子超低温贮藏

种子的超低温贮藏是指利用液态氮（−196℃）为冷源，将种子等生物材料置于超低温下，使其新陈代谢活动处于基本停止状态，而达到长期保持种子寿命的贮藏方法。在−196℃的低温度下，种子原生质、细胞、组织、器官和代谢过程基本停止并处于“生机暂停”的状态，极大地减少或阻止了与代谢有关的劣变。

种子超低温贮藏时，首先要寻找适合液氮保存的种子含水量，适合不同种子的冷冻和解冻技术，合适的包装材料（牛皮纸袋、铝箔复合袋等）和冷冻保护剂（二甲亚砜、甘油、脯氨酸、PEG 等）。

（四）种子贮藏期间的管理

种子是活的有机体，在贮藏期间会发生许多变化，为了保持种子生活力，延缓贮藏种子的衰老，贮藏期间的管理是至关重要的。

1.入库前的准备及入库

对尚未贮藏种子的仓库进行整理和清理，清除散落的异种、异品种的种子、杂质和垃圾等。凡用来盛装种子的容器、木箱和麻袋都要进行彻底清理，还要清除虫窝和补漏洞，然后进行药物消毒。消毒方法常采用喷洒药物和熏蒸。空仓消毒常用的药物有敌敌畏和马拉硫磷。用敌敌畏消毒时，每立方米用 80% 的敌敌畏乳油 100 mg，方法为将 80% 的敌敌畏乳油 1～2 g 对水 1 kg，配成 0.1%～0.2% 的稀释液喷雾，或将敌敌畏药液洒在麻袋上挂起来熏蒸。施药后密闭门窗 48～72 h，然后通风 24 h，方可入库。此外，还要检查贮藏库的防鸟、防鼠措施。

入库前的种子要进行种子的清选、干燥和质量分级，将种子含水量控制在安全水分含量的范围内。根据产地、收获季节、含水量、净度等分批包装，注明种子的产地、收获期、种类、认证级别、质量指标、种子批号等。

入库种子根据贮藏目的、仓库条件、种子种类及种子数量等情况进行堆放，一般的堆放形式有袋装堆放和散装堆放两种。

(1)袋装堆放。为管理和检查方便，堆垛时应距离墙壁 0.5 m，垛与垛之间相距 0.6 m，留操作道，垛高和垛宽根据种子干燥程度和种子状况而增减。含水量高的种子，垛越狭越好，便于通气散去种子内的水汽和热量。干燥种子可垛宽些。堆垛的方向应与库房的门窗相平行，有利于空气流通。

(2)散装堆放。在种子数量多、仓容不足或包装工具缺乏时，多采用此法，适宜存放充分干燥、净度高的种子。

2.种子堆内温度和水分变化规律

(1) 种子堆温度和水分的日变化。开放贮藏的种子种温在一昼夜间的变化叫日变化，通常种温以每日上午 6～7 时最低，以后逐渐上升，下午 5～6 时最高，以后又逐渐下降。上午 9 时左右仓温、种温、气温达到一致。种温的日变化不明显，仅对散装堆放种子堆表层 15cm 左右和沿壁四周有影响，变化幅度一般在 0.5～1℃，距表面 30 cm 以下几乎无变化。

种子水分受空气湿度影响较大，变化也较快，以每日凌晨 2～4 时最高，下午

4～6 时最低，变化范围在种子堆表面 15～20cm 处，30cm 以下影响较小。

(2)种子温度和水分的年变化。开放贮藏的种子其种温一年之中的变化称为年变化。种温的年度变化较大，在正常情况下，随着气温的升降而相应地升降。在气温的上升季节(3～8 月)，种温也随着上升，但种温低于仓温和气温；在气温下降季节(9 月～翌年 2 月)，种温也随着下降，但高于仓温和气温。种温升降的速度一般要比气温慢 0.5～1 个月。

种温的变化在种子堆各层之间也比较明显，各层之间变化的幅度受种子堆的大小、堆放方式(包装或散装)、库房结构密闭度及牧草种类等影响。小型种子堆、包装堆放、大粒种子及库房密闭性能差，种温随气温变化较快，各层次间的温差幅度也较小，基本上随气温在同一幅度内升降；反之，种温随气温变化较慢，各层次间的变化也较明显。种子堆温度在夏季上层＞中层＞下层；冬季下层＞中层＞上层，5～6 月和 11～12 月各层的种温很近，7～9 月和 1～3 月各层种温变化剧烈。

种子堆内的水分主要受大气相对湿度的影响而变化。正常情况下，低温和雨季的种子水分较高，其他季节种子水分较低。各层次种子水分变化各不相同，上层变化大，影响深度一般在 30 cm 左右，而其表面的变化尤为突出，中层和下层的变化较小。下层近地面 15 cm 左右的种子易受地面的影响，种子水分上升较快。故表面和近地面的种子受大气湿度影响较大。

3.贮藏期间种子的检查

种子的生命活动影响着仓内环境的变化，同时外界环境的变化也影响着种子堆温度和湿度的变化。为了使种子安全贮藏，在贮藏期间要定期检查仓内影响种子的各种因素，以便及时处理。

(1)种温的检查。种温的变化一般能反映出贮藏种子的安全状况，而且检查方法简单易行。检查温度的仪器有曲柄温度计、遥测温度计和杆状温度计等。检查种温需要划区定点，如散装种子在种子堆 100 m^2 范围内，分成上、中、下三层，每层 5 个检查点，共 15 处。包装种子则用波浪形设点的测定方法。如种子堆面积超出 100 m^2 时，要增加检查点。另外，对有怀疑的区域，如靠墙壁、屋角、近窗处以及有漏水渗水部位，应增加辅助点。一天内的检查时间以上午 9～10 时为好。

(2)种子水分的检查。根据种子水分的变化规律，检查时仍需划区定点，一般散装种子以 25 cm^2 为一小区，分三层 5 点，设 15 个检查点取样。各点取出的种子混合后进行分析。对有怀疑的检查点所取出的样品应单独分开。分析方法先用感官法，通过种子色泽、潮湿与否、有无霉味、是否松脆，确定是否需要进行仪器检查。检查周期，一年中第一、四季度每季 1 次，第二、三季度每月 1 次。

(3)仓库害虫及鼠雀检查。仓库害虫随温度的变化而迁移，春季移向南(偏东)

面0.33 m以下的部位，夏季多集中在种子堆表面，秋季移向靠北（偏西）0.33 m以下的部位，冬季则移向种子堆1 m以下的部位。冬季温度低，害虫危害少，春季气温回升，危害逐渐增大，秋季气温下降，危害逐渐减少。

一般采用筛检法，把虫子筛下来，分析害虫的种类及活虫头数。筛检害虫的周期，可根据气温、种温而定。一般冬季温度在15℃以下，每2～3个月检查1次，春、秋温度在15～20℃时，每月检查1次，温度超过20℃，每月检查2次，夏季高温期，则每周检查1次。

另外，注意鼠雀的检查，看仓库及种子堆旁有没有粪便、爪印、死尸及咬食的碎片、破碎的种子等。

(4)发芽率检查。种子在贮藏期间，其发芽率因贮藏条件和贮藏时间不同而发生变化。对种子进行定期发芽检查十分必要。根据发芽率的变化情况，及时采取措施，改善贮藏条件，以免造成损失。

一般情况下，种子发芽率应每4个月检查1次，在高温或低温之后，以及药剂熏蒸之后都应检查1次。最后一次检查不得迟于种子出库前10 d。

(5)检查结果。每次检查的结果必须详细记录和保存，以备前后对比分析参考，有利于发现问题，及时改进工作。

4. 贮藏种子的合理通风

种子入库后，无论是长期贮藏还是短期存放，都要在适当的时候通风。科学的通风管理可调节仓内温度、湿度，抑制贮藏期间种子生理活动，降低虫害和霉菌的发生几率，提高种子安全贮藏的保险系数。通风是种子贮藏期间的一项重要的管理措施。

新入库的种子呼吸强度大，微生物数量多，所以要经常测试库温和种温，掌握其变化规律。库房须配备温湿度计，坚持2～3 d测一次，并做好记录，为及时通风提供依据。

在选择通风方法时，通常采用自然通风，条件允许时可用机械通风。当仓内温度和湿度高于仓外时，应及时通风，降温排湿。当仓内温度与仓外一致，而湿度高于仓外时，或是仓内湿度与仓外一致，温度高于仓外时，也要进行通风，但要注意寒流的侵袭，防止种子堆内温差过大，引起表层种子结露，特别是夜间。当仓外温度高于仓内温度时，或者仓外湿度大于仓内湿度时，最好先不通风，待仓外温度或湿度小于仓内时再通风。另外，一天最低温和最高温时不能通风，因为温度最低，却是湿度最高的时候。

雨天、台风天气以及浓雾天气不宜通风。

5.贮藏种子结露预防和补救措施

防止结露的方法很多,关键在于采取适当措施缩小种子与空气、接触物之间的温差,具体有以下几种方法:

(1)保持种子干燥。当种子干燥时,生理活动受到抑制,而且能抑制虫、霉危害,在一般的温度条件下不至于发生结露。

(2)密闭门窗保温。季节交替时期,气温变化大,这时要密闭门窗,尽可能减少出入仓库的次数,以避免外界湿热空气的进入,预防结露。

(3)表面覆盖移湿。春季在种子堆表面覆盖1～2块麻袋片,外界高温空气进入仓库后,首先与麻袋片接触,达到露点后,在麻袋片上发生结露,从而避免了结露发生在表层种子上,待到天晴时将吸湿的麻袋片移至仓外晒干冷却再使用。

(4)翻动层面散热。秋末冬初随着气温下降,种子表层温度下降较快,而中下层的温度仍然较高,热气开始上流,导致了上层种子结露,经常翻动种子堆表面20～30 cm的种子,可以减小种子堆不同层面的温差。

(5)种子冷却入库。经过暴晒的种子,除热处理杀虫外,都应冷却入库,以预防结露。

(6)通风降温排湿。气温下降后,如果种子堆内温度过高,可采用机械通风法降温,使之降至与气温相近,可防止结露。

(7)仓内增温。用加热设备对仓内加热,减小室内外温差,可预防上层结露。

(8)冷藏种子增温。冷藏种子在高温季节出库时,为了防止种子表面结露,采取逐步升温的方式,将每次温差控制在5℃以下。

(9)结露的处理。当种子结露预防失误时,应及时采取措施加以补救。通过降低种子水分,防止种子进一步结露。通常的处理方法是倒仓、暴晒或烘干,也可以根据结露部位的大小进行处理。如果仅是表面层结露,可将结露部分的种子深至50 cm的一层揭去暴晒。如果结露发生在深层,则可采用机械通风排湿。当暴晒受到气候影响,也无烘干通风设备时,可根据结露部位采取就仓吸湿的方法,即用装有石灰的麻袋,平埋在结露部位,让其吸湿降水,经过4～5 d取出,如果种子水分仍然达不到安全标准,可更换石灰再埋入,直至达到安全水分为止。

6.种子发热的预防

根据种子发热的原因,可采取以下措施加以预防。

(1)严格掌握入库种子的质量。种子入库前必须严格清选、干燥和分级,做到不达标准不入库,对要长期贮藏的种子,标准应更高。入库时,必须要先经过冷却。

(2)做好清仓消毒,改善仓贮条件。贮藏条件的好坏直接影响种子的安全状况。仓库必须具备通风、密闭、隔湿、防热等条件，以便在气候剧变和多雨季节能做到密闭，而当仓内温湿度高于仓外时，又能及时通风，使种子能长期处于干燥、低温、密闭的条件下，确保安全贮藏。

(3)加强管理，经常检查。应根据气候变化规律和种子生理状况，制定具体的管理措施，及时检查，发现问题及早解决。种子发热后应根据种子结露发热的严重情况，采用翻耙、开沟、扒塘等措施排除热量，必要时进行翻仓、摊晾和过风等办法降温散湿。发过热的种子必须经过发芽试验，凡已丧失生活力的种子，不能再做种用。

参 考 文 献

[1] Abdul Baki. Biochemical differences between embryonic axes from green and sun-bleached lima bean seeds: synthesis of carbohydrates, proteins, and lipids. J Amer Soc Hort Sci, 1971, 96: 266-270.

[2] Baker M J, Williams W M. White Clover. CAB International, Wallingford. UK, 1987.

[3] Barton L V. Seed preservation and longevity. Now York: Interscience Publisher Inc, 1961:216.

[4] Bewley J D, Black M. Seeds Physiology of Development and Germination. Plenum Press, NY, USA, 1994.

[5] Bewley J D, Blanck M. Metabolism, control of dormancy. Physiology and biochemistry of seeds, Berlin: Springer, 1982:2.

[6] Buraon A, Bondesen O B, Verburgt W H, *et al*. The forage seed trade. In Forage Seed Production I, Fairey D T and Hampton J G ed. CAB International, 1997. 271-286

[7] Canode C L. Grass-seed production in the intermountain pacific north-west, USA. In Seed Production, P. D. Hebblethwaite ed. London, 1980: 189-202.

[8] Chen C C, Gibson P B. Effect of temperature on pollen-tube growth in *Trifolium repens* after cross- and self-pollinations. Crop Sci, 1973, 13: 562-566.

[9] Chilcote D O, Youngberg H W, Stanwood P C and Kim S. Postharvest residue burning effects on perennial grass development and seed yield. In Seed Production. Hebblethwaite P. D. ed., Butterworths London, 1980:91-103.

[10] Ching T M. Aging stresses on physiological and biochemical activities of crimson clover (*Trifolium incarnatum* L. var Dixie) seeds. Crop Sci., 1972, 12: 415-418.

[11] Ching T M. Respiration of forage seed in hermetically sealed cans. Agron J, 1961, 53: 6-8.

[12] Ching T M. 种子的发育. 种子,1985,1:68-80.

[13] Coates W. Effect of harvest method and date on *lesquerella* seed yields. Industrial Crops and Products,1996, 5:125-132.

[14] Cochrane M P, Duffus C M. Endosperm cell number in barley. Nature, 1981, 289:399-401.

[15] Cook J H, Yoshida S. Accumulation of ^{14}C-labelled carbohydrate before flowering and its subsequent redistribution and respiration in the rice plant. Proc Crop Sci Soc Jpn, 1972, 41: 226-234.

[16] Delpratt C J. The influence of harvest method on seed yield, seed size and germination capacity of *Bulbine bulbosa* (R. br.) haw. (*Liliaceae*). Seeds: Biology, Development and Ecology, 2007, 39-49, 440.

[17] Demelash L, Tigabu M, Oden P C. Separation of empty and dead-filled seeds from a seed lot of *Pinus Patula* with IDS technique. Seed Science and Technology,2002, 30:677-681.

[18] Douglas J L, Grabowski J M, Keith B C. A comparison of seed cleaning techniques for improving quality of eastern gamagrass seed. Seed Science and Technology ,2000,28:163-167.

[19] Ellis R J. Proteins as molecular chaperones. Nature, 1987, 328: 378-379.

[20] Emery R J N, Ma Q, Atkins C A. The forms and sourses of cytokinins in developing white lupine seeds and fruits. Plant Physiology, 2000, 123: 1592-1604.

[21] Erith A G. White clover (*Trifolium repens* L.). Duckworth, London, UK, 1924, 36:116-121.

[22] Fairey D T and Hampton J G. Forage Seed Production Volume I: Temperate Species. New York: CAB International, 1997

[23] Fu J R, Huang L P, Yang Y G, et al. Advances in the science and technology of seed. In: Fu J R, Khan AA (eds). Science Press, 1992:79-90.

[24] Giambalvo D, Amato G, Miceli Gd. Effects of harvesting methods on seed yield and quality of *Scorpiurus muricatus* L. Alternative functions of grassland. Proceedings of the 15th European Grassland Federation Symposium, Brno, Czech Republic, 2009,7-9 September :121-124.

[25] Hampton J G and Hebblethwaite P G. A comparison of the effects of growth retardants paclobutrazol (PP333) and flurprimidol (EL500) on growth, development and yield of *Lolium perenne* grown for seed. J. Appl.

Seed Prod., 1985, 3:19-23.

[26] Hampton J G and Tairey D T. Components of seed yield in grasses and legumes. In Forage Seed Production I, Fairey D T and Hampton J G ed., CAB International, 1997.

[27] Hampton J G. Effect of nitrogen rate and time of application on seed yield in perennial ryegrass cv. Grasslands Nui. NZ J. Exp. Agr., 1987, 15:9-16.

[28] Hampton J G. Herbage seed lot vigour: Do problems start with seed production. J. Appl. Seed Produ., 1991, 9: 87-93

[29] Hare M D, Wongpichet K, Tatsapong P, et al. Method of seed harvest, closing date and height of closing cut affect seed yield and seed yield components in *Paspalum atratum* in Thailand. Tropical Grasslands, 1999, 33:82-90.

[30] Harrington J K. Biochemical basis of seed longevity. Seed Sci & Technol, 1973, 1:453-461.

[31] Harrington J K. Conserve plant gene resource sect 13(Ⅲ). FAO Tech Conf Explor, 1967:1-22.

[32] Hazra C R, Sinha N C. Forage seed production- a technological development. South Asian Publishers Pvt. Ltd., New Delhi, 1996.

[33] Heide O H. Control of flowering and reproduction in temperate grasses. New Phytol., 1994, 128:347-362.

[34] Hopkinson J M and Clifford P T P. Mechanical harvesting and processing of temperate zone and tropical pasture seed. In: Proceedings of the ⅩⅦ International Grassland Congress. Palmerston North: Keeling & Mundy(1983) Ltd New Zealand, 1993:1 815-1 822

[35] Hopkinson J M. Environmental effects on quality of tropical pasture seed. Proc. Aust. Seed Res. Conf., 1977, 27.

[36] Hopkinson, J M. Improvement of seed yield of Siratro (*Macroptilium atropurpureum*). 1. Production and loss of seed in the crop. Trop Grassl, 1973.

[37] Hyde E O C. The function of the hilum in some Papilionaceae in relation to the ripening of the seed and permeability of the testa. Annals of Botany, 1954, 18:241-56.

[38] ISTA. International rule for seed testing. International Seed Testing Association, Bassersdorf, CH-Switzerland, 2010

[39] Kang M, Yu D Y. Research on cylinder electrostatic seed separating machine. Proceedings of the World Engineers' Convention, Vol E, Agricultural Engineering and Food Security, 2004: 142-146, 343.

[40] Kley G. Seed production of grass and clover species in Europe. IHSPG Newsletter, 1996, 24: 13-15

[41] Koostra P T, Harrington G F. Biochemical effects of age on membrane lipids of Cucumis sativus L. seed. Proceedings of International Seed Testing Association, 1969, 34: 329-340.

[42] Kowithayakorn L, Hill M J. A study of Lucerne seed development and some aspects of hard seed content. Seed Science and Technology, 1982, 10: 179-186.

[43] Krishnan S, Dayanandan P. Structural and histochemical studies on grain filling in the caryopsis of rice. Journal of Biosciences, 2003, 28: 455-469.

[44] Krishnan S, Ebenezer G A I, Dayanandan P. Histochemical localization of storagecomponents in caryopsis of rice (*Oryzasativa* L.). Current Science, 2001, 80(4): 567-571.

[45] Leprince O, van Aelst A C, Pritchard H W, et al. Oleosins prevent oil-body coalescence during seed imbibition as suggested by a low-temperature scanning electron microscope study of desiccation-tolerent and -sensitive oilseeds. Planta, 1998, 204: 109-119.

[46] Lestander T A, Oden P C. Sparation of viable and non-viable filled Scots pine seeds by differentiating between drying rates using single seed near infrared transmittance spectroscopy. Seed Science and Technology, 2002, 30: 383-392.

[47] Lewis D N, Marshall A H and Hides D H. Influence of storage condition seed germination and vigour of temperate forage species. Seed Sci & Technol, 1998, 26: 643-655

[48] Liaghat A R, Chaichi M R, Hosseini M B. Effect of deferred harvesting, sowing density and harvest intensity on forage yield, seed yield and percent hard-seedness of annual medic (*Medicago scutelatta* var Robinson). American-Eurasian Journal of Agricultural and Environmental Science, 2008, 3:

595-603.

[49] Lorenzetti F. Achieving potential herbage seed yields in species of temperate regions, Proc. 17th Int. Grassl. Congr. N. Z., 1993, 1 621-1 628.

[50] MAF. Seed Certification 1993-1994 Field and Laboratory Standards, MAF Quality Management, Christchurch, 1994.

[51] McDonald M B. Seed deterioration: physiology, repair and assessment. Seed Sci&Technol, 1999, 27: 177-237.

[52] Meijer W J M. Influence production in plants and seed crops of *Poa pratensis* L. and *Festuca rubra* L. as affected by juvenility of roller density. Netherl. J. Agric. Sci., 1984, 32:119-136.

[53] Murphy D J. The biogenesis and functions of lipid bodies in animals. plants and microorganisms, Prog Lipid Res, 2001, 40:325-438.

[54] Norderstgaard A. The effects of quantity of nitrogen, date of application and the influence of autumn treatment on the seed yield of grasses. In Seed Production, P. D. Hebblethwaited ed. London, 1980: 105-120.

[55] Patric J W, Offler C E. Compartmentation of transport and transfer events in developing seeds. Journal of Experimental Botany, 2001, 52:551-564.

[56] Priestly D A. Seed Ageing: Implication for seed storage and persistence in the soil. Ithaca: Cornell University Press, 1986.

[57] Rembert D H. Jr Ovule ontogeny, megasporogenesis and early gametogenesis in *Trfolium repens* (Papilionaceae). Am J Bot, 1977, 64: 482-488.

[58] Reyes Benlloch, Cristina Navarro, José Pío Beltrán, et al. Floral development of the model legume Medicago truncatula: ontogeny studies as a tool to better characterize homeotic mutations. Sex Plant Reprod, 2003, 15: 231-241.

[59] Roose G E. Induced genetic changes in seed germplasm during storage, In Khan A A ed. The Physiology and Biochemistry of Seed Development, Dormancy and Germination, Elsevier Biochemical press, Amsterdar, 1982: 409-434.

[60] Ryle G J A. Effects of light intensity on reproduction in S48 timothy (*Phleum pratense* L.). Nature, 1961, 10:176-197.

[61] Ryle G J A. Physiological aspects of seed yield in grasses, In The Growth of Cereals and Grasses, Milthorpt, F. L. and J. D. Ivins ed. Butter-

worths, London, 1966: 106-120.

[62] Simon E W. Plant membranes under dry condition. In Dry Biological System ALP, New York, 1978: 205-224.

[63] Stanwood P C. Cryopreservation of seed germplasm for genetic conservation. In: Kartha K K ed. Cryopreservation of plant cells and organs, Florida: CRC Press, 1985.

[64] Sundstrom F J, Guzman P, Stewart R F. California Crop Improvement Association Disease Inspection Program: Production practices for clean seed. Horttechnology ,2003,13:48-49.

[65] Thomas R G. Reproductive development. In: Baker M J and Williams W M, eds. White clover, United Kingdom, 1987:62-106.

[66] Thomson J R. An Introduction to Seed Technology. London:Leonard Hill, 1979.

[67] Trethewey J A K, Rolston M P. Carbohydrate dynamics during reproductive growth and seed yield limits in perennial ryegrass. Field Crops Research , 2009, 112:182-188.

[68] Wanner G, Tormanek H, Theimer R R. The ontogeny of lipid bodies (spherosomes) in plant cells. Planta, 1981, 51:109-123.

[69] Wernecke E D. The influence of season, stage of maturity, harvest frequency and climatic factors on forage yield, quality, and seed production of grass introductions. Dissertation Abstracts International,1978, B 38:5133.

[70] Win Pe. A study of seed development, seed coat structure and seed longevity in "Grasslands Pawera" red colver(*Trifolium pretense* L.). PhD Thesis, Massey University, New Zealand,1978.

[71] Xu N, Bewley J D. SEM of alfalfa embryo development, Plant Cell Reports, 1992, 11:279-284.

[72] Yamanobe T. Use of ethanol immersion, forced air and seed coat colour for separating empty seeds from *Pinus densiflora* and *Pinus thunbergii* seed lots. Seed Science and Technology , 2008, 36: 243-248.

[73] Yuan J, Yu T, Wang K S. A hybrid intelligent approach for optimal control of seed cleaner. knowledge Enterprise:Intelligent Strategies in Product Design, Manufacturing, and Management , 2006, 207:780-785,1046.

[74] 阿拉塔,达丽.浅论牧草种子生产. 中国草地,1998(6):71-72.

[75] 北京农业大学牧草种子实验室. 牧草种子科学与技术资料汇编. 牧草种子形态识别与净度检验(张义君),全国牧草种子培训班教材,1991. 24.
[76] 北美官方种子认证机构协会(AOSCA). 种子认证手册,1971,2003.
[77] 毕辛华,戴心维. 种子学. 北京:农业出版社,1998
[78] 陈宝书,解亚林,辛国荣. 草坪植物种子. 北京:中国林业出版社,1999: 6-28, 69-89.
[79] 陈宝书. 红豆草. 兰州: 甘肃科学技术出版社,1992.
[80] 陈强,柳卫东,李卫军. 不同磷肥处理对苜蓿种子产量的影响. 新疆农业科学,2007,44(2): 231-234.
[81] 董新红,宋明. 种子劣变的原因及其防止与修复. 中国种业,2002,1:39-40.
[82] 杜宝红,石凤翎,高翠萍. 扁蓿豆种子发育形态解剖结构观察与分析. 种子,2007,26(6): 7-11.
[83] 俄勒冈州立大学. 俄勒冈种子认证手册,1999.
[84] 傅家瑞. 种子生理. 北京:科学出版社,1985.
[85] 葛伟萍,符义坤,陈宝书,等. 牧草种子中检疫性杂草种子的鉴别. 甘肃农业大学学报,1995,30(1):48-55.
[86] 郭华仁,张松彬. 种子学概论. http://seed.agron.ntu.edu.tw/vtseed/vtseed.htm.
[87] 国家质量技术监督局. NY/T1238-2006 牧草与草坪草种苗评定规程. 北京: 中国标准出版社,2006.
[88] 国家质量技术监督局. 豆科草种子质量分级 GB 6141-2008. 北京:中国标准出版社,2008.
[89] 韩建国,Rolston M P. 新西兰牧草种子生产. 世界农业,1994,187:18-20.
[90] 韩建国,毛培胜. 牧草种子生产的地域性. // 洪绂曾,任继周. 草业与西部大开发. 北京:中国农业出版社,2001:30-35.
[91] 韩建国,毛培胜. 我国牧草种子生产中的问题及对策. // 中国草原学会第五次代表大会论文集,1998.
[92] 韩建国. 加拿大的牧草种子生产. 世界农业,1997,222:37-39.
[93] 韩建国. 牧草种子学. 北京:中国农业大学出版社,2000.
[94] 韩建国. 欧盟的牧草种子生产. 世界农业,1997,216:38-39.
[95] 韩建国. 实用牧草种子学. 北京:中国农业大学出版社,1997.
[96] 汉弗莱斯 L R,里弗勒斯 F. 牧草种子生产——理论及应用. 李淑安,赵俊权,译. 昆明:云南科技出版社,1989.

[97] 何玉惠,赵哈林,刘新平,等. 小叶锦鸡儿种子大小变异对萌发和幼苗生长的影响. 种子,2008,27(8):10-12,13.

[98] 胡晋. 种子生物学. 北京:高等教育出版社,2006.

[99] 黄建中,李扬汉,章毓英. 检疫性寄生杂草菟丝子的研究——十五种菟丝子种子的扫描电镜观察. 杂草学报,1991,5(2):24-30.

[100] 黄伟坚. 浅谈种子的贮藏管理. 北京:华南热带农业大学学报,2003.

[101] 黄振英, Gutterman Y,胡正海,等. 白沙蒿种子萌发特性的研究Ⅰ黏液瘦果的结构和功能. 植物生态学报,2001,25 (1):22-28.

[102] 吉尔格拉,杨三莹,黄智英,等. 内蒙古自治区牧草种子生产现状及对策的浅析[J]. 内蒙古草业,2008,20(3):56-57.

[103] 贾慎修. 草地学. 2 版. 北京: 中国农业出版社,1995.

[104] 江生泉,韩建国,王赟文,刘富渊,张泽宏. 冬季放牧和春季火烧对新麦草生长与种子产量的影响. 草地学报,2008,16(4):341-346.

[105] 江苏农学院. 植物生理学. 北京:农业出版社,1993.

[106] 蒋昌顺. 海南省热带牧草种子生长的现状、问题与建议. 中国草地,1994,(1):69-72.

[107] 金文林. 种业产业化教程. 北京:中国农业出版社,2003: 197-211.

[108] 李聪,张智山,王晓斌,等. 中国草种子生产现状及需求分析调研报告. 2006 中国草业发展论坛论文集,2006. 78-84.

[109] 李科,朱进忠. 多效唑对苜蓿种子增产效果的研究. 新疆农业科学,2006,43(3): 205-208.

[110] 李科,朱进忠. 喷施稀土对苜蓿种子增产效果的研究. 新疆农业科学,2006,43(4): 286-288.

[111] 李科,朱进忠. 硼、钼元素对苜蓿种子的增产效果. 草业科学,2009,26(1): 61-63.

[112] 李琪,孙建华,陈江辉. 甘肃省牧草种子生产调查报告. 草业科学,1992,9(1):52-54.

[113] 李雪锋,李卫军. 灌溉对苜蓿种子产量及其构成因子的影响. 新疆农业科学,2006, 43(1):21-24.

[114] 李玉荣,韩建国,孙彦,等. 新麦草种子劣变过程中生理生化变化. 草地学报,2005,13(3):180-189.

[115] 联合国经济合作与发展组织(OECD). 牧草与油料作物种子认证规程,1988.

[116] 刘贵林. 先进的牧草种子收获和加工工艺及装备应用前景探讨. 草业科学，1999,(6):38-42.

[117] 刘国贞,吴福海,宋华东,等. 种子劣变机理的研究进展. 山东省农业管理干部学院学报,2007,23(1):159-160.

[118] 刘美良,陈庆. 种子贮藏期间的发热与防控. 农业与技术,2004,24(3):144-145.

[119] 刘昭明,闰文平. 苜蓿切叶蜂及其对紫花苜蓿种子生产的影响. 黑龙江畜牧兽医，2005(1):49-51.

[120] 毛培胜,韩建国,樊奋成. 收获时间对无芒雀麦种子质量和产量的影响. 草业科学,2002,增刊:128-132.

[121] 毛培胜,韩建国,戚贵彦. 收获时间对老芒麦种子质量的影响. 中国草地,2002,6:21-27.

[122] 毛培胜,韩建国,盛亦兵. 不同收获期苇状羊茅种子活力测定方法的比较研究. 草地学报,1999,7:121-128.

[123] 毛培胜,韩建国,宋锦峰,等. 高羊茅种子发育过程中的生理生化变化. 草地学报,1997(1):1-7.

[124] 毛培胜,韩建国,王培,戎郁萍. 施肥对无芒雀麦和老芒麦种子产量的影响. 草地学报,2000,8(4):273-278.

[125] 毛培胜,韩建国,吴喜才. 收获时间对老芒麦种子产量的影响. 草地学报，2003,1:33-37.

[126] 美国爱达荷州作物改良协会. 爱达荷种子认证规程,1996.

[127] 美国联邦种子法规—种子认证条例,1973,1981.

[128] 莫本田,唐成斌,罗天琼,等. 贵州草业问题与牧草种子产业化技术体系建设. 贵州农业科学,2006,34(4):67-69.

[129] 内蒙古农牧学院. 牧草及饲料作物栽培学. 北京:农业出版社,1987.

[130] 农业部畜牧业司,全国畜牧总站. 草种检验员培训教程. 北京:中国农业出版社,2009.

[131] 彭启乾,林伯和,杨耿玺. 牧草种子科学与技术. 中国农科院草原研究所，1980: 47-57.

[132] 彭闪江,黄忠良,彭少麟,等. 植物天然更新过程中种子和幼苗死亡的影响因素. 广西植物,2004,24 (2):113-121.

[133] 浦心春,韩建国,毛培胜,等. 加速老化对高羊茅种子生理生化特性的影响. 草地学报,1998,,6(3):191-196.

[134] 浦心春，韩建国，王培，等. 高羊茅种子生活力丧失过程中遗传物质的降解. 草地学报，1996，4(3)：180-185.

[135] 闰敏，张英俊，铁云华，马兴跃. 生长调节剂对白三叶种子产量及产量构成要素的影响. 草业科学，2007，24(4)：58-62.

[136] 宋松泉，程红焱，姜孝成. 种子生物学. 北京：科学出版社，2008.

[137] 苏加楷. 牧草种子生产. 中国农业百科全书・畜牧业卷. 北京：农业出版社，1996. 416-417.

[138] 孙建华. 一种区别苜蓿和草木樨种子的鉴定方法. 中国专利大全，1991：08-28.

[139] 孙启忠，桂荣，那日苏. 我国西北地区苜蓿种子产业化发展优势与对策. 草业科学，2000，17(2)：65-69.

[140] 万占全. 重视发展甘肃牧草种子生产. 中国草业科学，1987，4(6)：54-55

[141] 汪晓峰，景新明，郑光华. 含水量对种子贮藏寿命的影响. 植物学报，2001，43(6)：551-557.

[142] 王立群，杨静，石凤翎. 多年生禾本科牧草种子脱落机制及适宜采收期的研究. 中国草地，1996，3：7～16.

[143] 王明霞，易津，乌仁其木格. 人工劣变处理对华北驼绒藜种子活力的影响. 中国草地，2003，25(4)：31-35.

[144] 王全珍，王月林，崔健. 内蒙古牧草种子生产现状及发展建议. 中国草地，1999，(1)：68-74.

[145] 王殊华. 种子质量特殊检验. 种子世界，1986，7：44-45.

[146] 王显国，韩建国，刘富渊，仲勇. 疏枝对紫花苜蓿倒伏状况、种子产量和产量构成因子的影响. 2006，23(2)：27-30.

[147] 王彦荣，刘友良，沈益新. 种子劣变的生理学研究进展综述. 草地学报，2001，9(3)：159-164.

[148] 王彦荣，孙建华，余玲，等. 我国西北西南地区牧草种子质量及其影响因素分析. 草业科学，1995，12(1)：60-65.

[149] 王彦荣. 丹麦种子质量管理体系. 国外畜牧学——草原与牧草，1996，72：47-49.

[150] 王赟文，韩建国，姜丽. 紫花苜蓿种子高产灌溉技术研究进展. 种子，2004，23(11)：36-40.

[151] 乌仁其木格，易津. 超干燥和低温贮藏对华北驼绒藜种子劣变及同工酶的影响. 草地学报，2003，11(2)：125-133.

[152] 希斯 M E,巴恩斯 R F,梅特卡夫 D S. 牧草—草地农业科学. 4 版. 黄文惠,苏加楷,张玉发,等,译. 北京:农业出版社,1992.
[153] 新西兰农渔部. 种子认证田间与实验室标准,1994.
[154] 许延志,丁连生. 甘肃省牧草种子生产概况. 中国草业科学,1987,4(5):60-61.
[155] 薛万新,杨竹莹,樊玲霞. 种子质量检测的 10 种特殊方法. 中国蔬菜,1999,3:57-59.
[156] 闫敏,张英俊,韩建国,耿文诚,吴维群. 水分对白三叶种子产量及产量构成要素的影响. 草地学报,2005,13(3):209-214.
[157] 颜红波,周青平,刘文辉. 青海省牧草育种现状及发展方向. 青海畜牧兽医杂志,2009,39(2):35-37.
[158] 颜启传. 美国品种纯度检验的实用方法. 种子,1987,30(4):47-52.
[159] 颜启传. 种子学. 北京:中国农业出版社,2001:32-64.
[160] 杨国柱. 青海省牧草种子业的现状和展望. 中国草地,1994(1):73-76.
[161] 印丽萍,颜玉树. 杂草种子图鉴. 北京:中国农业科技出版社,1996:96-116,273-301.
[162] 曾彦军,王彦荣,李春杰. 我国西北地区牧草种子生产现状及存在问题浅析. 草业科学,1996,13(5):40-43.
[163] 张铁军,耿志广,王赟文,王显国,毛培胜,刘富渊. 施用杀虫剂防治害虫对紫花苜蓿种子产量的影响. 草业科学,2009,26(11):143-147.
[164] 张铁军,韩建国,王赟文,刘富渊,张泽宏. 刈割残茬对新麦草种子产量和产量构成的影响. 草业科学,2008,25(10):84-87.
[165] 张艳红,易津. 偃麦草属 5 种植物种子发育过程中生理生化的研究. 中国草地学报,2007,29(6):52-57.
[166] 张义君. 四十种豆科牧草种子的鉴别. 种子,1981(2):64-75.
[167] 张义君. 怎样识别种子. 牧草种子科学与技术资料汇编(一). 中国农业科学院草原研究所,1980,58-61.
[168] 赵雪梅,班秀丽,周紫阳. 种子贮藏与种子寿命. 吉林农业,1998,10:12-13.
[169] 周艺林,刘贵材. 贵州牧草种子生产的现状、问题及建议. 种子,1996(3):48-49.